BIOLOGÍA CELULAR

PROYECTO EDITORIAL
CIENCIAS BIOLÓGICAS

Directores:
Benjamín Fernández
Juan-Ramón Lacadena

BIOLOGÍA CELULAR

Benjamín Fernández Ruiz
Guillermo Bodega Magro
Isabel Suárez Nájera
Enriqueta Muñiz Hernando

EDITORIAL
SINTESIS

Ilustraciones: Luis Monje Arenas
(Director del Gabinete de Dibujo y Fotografía Científica
de la Universidad de Alcalá de Henares)
y Guillermo Bodega Magro

© EDITORIAL SÍNTESIS, S. A.
Vallehermoso, 34 - 28015 Madrid
Tel.: 91 593 20 98
http://www.sintesis.com

Depósito Legal: M-448-2000
ISBN: 84-7738-745-1

Impreso en España - Printed in Spain

Entre todo lo que el hombre mortal puede obtener en esta vida efímera por concesión divina, lo más importante es que, disipada la tenebrosa oscuridad de la ignorancia mediante el estudio continuo, logre alcanzar el tesoro de la ciencia, por el cual se muestra el camino hacia la vida buena y dichosa, se conoce la verdad, se practica la justicia y se iluminan las restantes virtudes...

Fragmento de la carta bulada que el papa Alejandro VI (Rodericus Borgia) envió al cardenal Cisneros el 13 de abril de 1499 autorizándole a crear un colegio universitario en Alcalá de Henares.

ÍNDICE

Tema 7

Tema 6

Tema 2

Tema 5

Tema 3

Tema 7

Tema4

Prólogo

Una de las ramas de la ciencia que mayor desarrollo está teniendo en estos últimos años es sin duda la Biología Celular. El avance en la aplicación de nuevos métodos y tecnologías ha influido notablemente en un conocimiento más profundo tanto de la célula en su conjunto, como de cada uno de sus componentes y de la célula en relación con su medio.

En la Citología clásica, la información nos la proporcionaba el microscopio óptico con los datos obtenidos por las técnicas de tinción, sean monocrómicas como las anilinas del método de Nissl, bicrómicas como la famosa técnica de la hematoxilina-eosina o las impregnaciones metálicas de Golgi y las de la Escuela Neurohistológica Española fundada por Cajal y continuada por Río-Hortega, Tello, Achúcarro... Las técnicas tetracrómicas de Herlant o Papanicolau han supuesto una ayuda inestimable para el conocimiento de la citología adenohipofisaria y vaginal.

Más tarde, las técnicas de la inmunocitoquímica y el desarrollo de las técnicas al servicio de la microscopía electrónica supusieron un importante avance en el conocimiento de la estructura y la función de los componentes celulares y de las distintas estirpes citológicas. Se elaboraron modelos que respondían a estructuras hasta entonces no observables, como es el caso de la membrana plasmática, se dieron a conocer los sistemas de membranas simples como las del retículo y del Golgi, lisosomas, peroxisomas y membranas dobles, como la envoltura nuclear y las de plastos y mitocondrias. El descubrimiento por Palade de sus famosos gránulos o ribosomas, y el conocimiento de su composición y función, supuso un avance decisivo para acercarnos a la frontera de la Biología Molecular.

En estos últimos años las técnicas bioquímicas en general (aislamiento, cromatografía, purificación), junto con las de inmunomarcaje e hibridación *in situ,* PCR, citómetro de flujo, etc., han proporcionado un horizonte nuevo en el estudio e investigación de la moderna Biología Celular.

En la Biología Celular que presentamos hemos pretendido aunar los conocimientos ya acrisolados por el tiempo con los datos modernos recientemente publicados en las revistas de la especialidad. Para cada componente celular se consideran su estructura, tanto al microscopio óptico como al electrónico, su composición bioquímica, su función o funciones y, cuando es necesario, su repercusión en la patología; además, hemos incluido desde las teorías sobre el origen de la célula hasta las hipótesis más novedosas sobre el envejecimiento y la muerte celular, los procesos de transducción de señales o el mecanismo de ubicación de proteínas, que ha supuesto a su descubridor, Günter Blobel, la concesión del premio Nobel de Medicina de 1999. Junto a estos temas de evidente actualidad, hay que reconocer una ausencia en nuestro trabajo, como es la falta de un tema dedicado a la matriz extracelular. Razones de espacio nos lo han impedido.

Somos conscientes de que nuestra ciencia avanza a tal velocidad que, probablemente, cuando estas páginas salgan a la luz ya se habrán producido y publicado nuevos descubrimientos. Éste es un hecho que siempre se ha de asumir y que a la vez supone un estímulo para una formación constante. La Biología Celular es una ciencia muy viva, dinámica, y con frecuencia algunos de sus logros saltan a los medios de comunicación como primeros pasos en una posible aplicación clínica.

Para determinados temas hemos sometido nuestros originales al examen de personas altamente cualificadas, cuyas opiniones han contribuido a mejorar nuestro texto. Desde estas líneas nuestro agradecimiento a los Profesores Bartolomé Sabater, Esther Ferrer, Marta Torroba y Julio Pérez.

La Editorial Síntesis, con su dinámico grupo de trabajo, está empeñada en llevar a acabo un proyecto editorial con la idea de que autores nacionales elaboremos libros de nivel universitario, claros, precisos, modernos, de fácil manejo y asequibles económicamente. Agradecemos su iniciativa y el que nos haya otorgado la confianza para colaborar en este proyecto. Esperamos no defraudarles.

Hemos pretendido que éste sea un libro hecho por universitarios para universitarios. En este sentido consideramos que puede ser de ayuda en aquellas formaciones universitarias donde la Biología Celular es una disciplina básica: Biología, Bioquímica, Medicina, Odontología, Veterinaria, Farmacia, Enfermería, Fisioterapia, Podología, determinadas ingenierías, como Montes y Agrónomos, y Ciencias Medioambientales.

Finalmente, quiero tener un emocionado recuerdo para quien fue mi maestro en Citología allá por el curso 58-59 (en 2.º curso de Biológicas), el Profesor Alfredo Carrato Ibáñez. Él sabía estar al día en los conocimientos y lograba, mediante su excelente manejo de la tiza, entusiasmarnos con sus dibujos a todos aquellos que teníamos inquietud por conocer más y mejor esa pequeña unidad viviente a la que llamamos *célula*. Y si el Profesor Carrato representa mi raíz en la Biología Celular, mis hojas y frutos son los coautores de estas páginas: Guillermo Bodega Magro, Isabel Suárez Nájera y Enriqueta Muñiz Hernando. Ellos fueron mis discípulos y han sabido darme a través de los años su gratitud y amistad. En esta ocasión me han proporcionado, además, su inestimable colaboración. Su gran capacidad de trabajo y su preocupación por ofrecer en sus clases lo mejor han sido factores decisivos en la elaboración del presente trabajo. Por su juventud y dinamismo merece especial mención Guillermo Bodega, auténtico motor del libro y que además, junto a otro antiguo alumno, Luis Monje, Director del Gabinete de Dibujo y Fotografía Científica de la Universidad de Alcalá de Henares, han llevado a cabo las ilustraciones que acompañan el texto. Creo que la calidad de las mismas revaloriza la obra. Muchas gracias queridos Guillermo y Luis; para un antiguo profesor sois un orgullo.

Benjamín Fernández Ruiz

La célula

1

1.1. Reseña histórica

La palabra "célula" aparece utilizada por vez primera por Hooke (1665) y se aplica a los pequeños alveolos o poros de un delgado corte de corcho; este tipo de estructura también fue descrito por Hooke en otros vegetales como zanahoria e hinojo. Hooke, en realidad, sólo percibió de la célula su exoesqueleto, su pared. Sin embargo, Malpighi (1672) y Grew (1672) llegaron a comprender que determinadas partes de la planta iban a estar formadas por pequeñas unidades elementales. En 1674 Leeuwenhoek describió los protozoos y nueve años después las bacterias.

El nombre y el concepto de estas unidades elementales va evolucionando con los años hasta llegar al establecimiento de la teoría celular. Por ejemplo, la fibra de Haller (1757), los cilindros tortuosos de Fontana (1781) y la idea de Dutrochet (1776-1817) de que todo estaba formado por utrículos aglomerados, tanto en vegetales como en animales fueron conceptos previos al establecimiento del concepto de célula. Fueron Schleiden y Schwann (1839) por separado y simultáneamente los que establecieron la "teoría celular", concluyendo que la célula era la unidad constitucional y funcional de los seres vivos. Este concepto se fue ampliando y treinta años después alcanzaba casi el concepto actual. Entre los científicos que contribuyeron a ello en la segunda mitad del siglo XIX destacan los nombres de Remak, Virchow (con su célebre aserto *"omnis cellula e cellula"*), Henle, Purkinje, Ranvier, Nageli, Strasburger... y el de Ramón y Cajal, que con la teoría neuronal dio validez universal a la teoría celular.

En el siglo XX y debido al inmenso despliegue técnico se produce un avance espectacular en el conocimiento de la célula, por ejemplo, aparece el microscopio de luz polarizada (Schmidt, 1929), el de contraste de fases (Zernicke, 1938) y sobre todo los microscopios electrónicos de transmisión (Knoll, Ruska y Von Borries, 1931) y el de barrido (Boyde, 1965); además de nuevas técnicas como microscopía electrónica de alto voltaje, difracción de rayos X... que han contribuido enormemente en el conocimiento de la estructura celular.

Desde el punto de vista fisiológico uno de los hechos más importantes es el establecimiento de cultivos celulares (Carrel, 1913). En los últimos años, la aparición de técnicas inmunocitoquímicas e inmunohistoquímicas han permitido la localización celular o tisular y la cuantificación de proteínas usando anticuerpos específicos contra ellas, y especialmente la técnica de la PCR (reacción en cadena de la polimerasa) que ha permitido la clonación y posterior análisis de material genético.

Aun siendo válido el concepto clásico de la célula como unidad constitucional y funcional de los seres vivos, hoy día, merced al gran desarrollo de la biología molecular, se llega a considerar la célula como "un organismo elemental en el que las acciones integradas de los genes producen determinados grupos de proteínas que, junto con otras moléculas, constituyen las estructuras características que llevan a cabo actividades relacionadas con la cualidad de la vida: *crecer, reproducirse, responder* a estímulos y *comunicarse* con su entorno".

1.2. Clasificación de los seres vivos atendiendo a su organización celular

Atendiendo al criterio del enunciado, los seres vivos se pueden clasificar en:

1. *Seres vivos acelulares.* Se incluyen en este grupo: virus, viroides, virusoides y priones. La consideración de seres vivos a los priones es objeto de controversia. En cualquier caso, el estudio de estos seres es más propio de la microbiología.
2. *Seres vivos celulares.* Existen dos tipos de organización: procariota y eucariota.

1.2.1. Célula procariota

Suelen ser células pequeñas, entre 1 y 10 µm, aunque pueden llegar a 60 µm. Poseen membrana, por fuera de ella una pared celular de composición variable dependiendo del grupo y a veces, por fuera de ésta, puede existir una capa (cápsula o vaina) de material gelatinoso. Los micoplasmas son una excepción a todo esto pues poseen un tamaño de 0,2 µm y carecen de pared celular. El protoplasma posee dos regiones bien diferenciadas: *a)* el lugar donde se halla el material genético, que es desnudo (sin histonas) llamado *nucleoide* o *cromosoma bacteriano,* y *b)* el citoplasma restante, de aspecto homogéneo, donde destacan los ribosomas.

Pueden presentar flagelos pero de estructura totalmente diferente al flagelo eucariota, se dividen por fisión binaria y sus enzimas respiratorios se localizan en unas invaginaciones de la membrana llamadas *mesosomas.* Las cianobacterias poseen unas membranas fotosintéticas en el interior celular.

La organización procariota es unicelular y se clasifica en dos *phyla: arqueobacterias* y *eubacterias.* Las arqueobacterias incluyen a las bacterias metanogénicas, las bacterias halófilas y las bacterias termacidófilas. Las eubacterias incluyen los micoplasmas, cianobacterias o algas verde-azules y el resto de bacterias. Ambos *phyla* pertenecen al reino *Monera.* Es interesante considerar que las células procariotas fueron los únicos seres vivos sobre el planeta durante casi 2.000 millones de años antes de la aparición de los eucariotas.

1.2.2. Célula eucariota

Básicamente se diferencia de las células procariotas por la presencia de una membrana envolviendo el material genético, la existencia de todo un sistema de endomembranas que compartimenta la célula y la aparición de un citoesqueleto. Estas células suelen poseer mayor tamaño que las procariotas; entre 10-100 µm, aunque algunas pueden medir hasta

1 m; por ejemplo, neuronas motoras cuyo soma se localiza en la región lumbar de la médula espinal e inervan la musculatura más distal del pie. Su forma es muy variada y depende fundamentalmente de su función. Poseen envoltura nuclear formada por una doble membrana y ADN con histonas, ribosomas (distintos de los bacterianos) y un sistema de endomembranas que compartimenta la célula y genera toda una serie de orgánulos especializados en diferentes funciones: retículo endoplásmico rugoso, retículo endoplásmico liso, aparato de Golgi, lisosomas, peroxisomas... Además possen mitocondrias y plastos, donde se localizan las enzimas responsables del metabolismo energético y un citoesqueleto complejo y muy desarrollado. Su mecanismo de división es la mitosis. Es frecuente que sus orgánulos presenten un orden determinado, lo cual recibe el nombre de *polaridad celular*.

La organización eucariota puede ser tanto unicelular como pluricelular existiendo tres grandes grupos: hongos, plantas y animales, y así tenemos protozoos, protofitas y hongos unicelulares y metazoos, metafitas y hongos pluricelulares. *Protista* es el término que se aplica a los eucariotas unicelulares.

1.3. Compartimentación y polaridad

Éstos son dos conceptos que han ido estrechamente ligados a la evolución celular y en el proceso evolutivo se han ido desarrollando y mejorando.

Desde el punto de vista celular se entiende por *compartimentación* la posibilidad de una célula de poseer áreas estancas donde desarrollar determinadas funciones de modo que si estos compartimentos estancos no existiesen sería imposible, muy poco probable o con poca eficiencia llevar a cabo determinadas funciones de modo simultáneo. Por ejemplo: el compartimento transcripcional es el núcleo, el traduccional el citoplasma; las proteínas citoplásmicas se sintetizan en el citoplasma, las de membrana y secreción lo hacen en el RER; los fenómenos digestivos se llevan a cabo en lisosomas, los sintéticos en otros orgánulos. La estructura que ha servido para generar estos compartimentos es la membrana. En general estos compartimentos o "entidades funcionales" son áreas caracterizadas por sus componentes estructurales, enzimas y/o otras proteínas funcionales.

La *polaridad* se puede definir como la ordenación específica que presentan los orgánulos en algunas células. Existen células que no presentan polaridad (muchas células sanguíneas) pero la mayoría de ellas suelen estar polarizadas y algunas muestran altos grados de polarización (neuronas, células caliciformes, células plasmáticas...). La polarización es básica en el desarrollo de la función celular; por ejemplo, en la transmisión del impulso nervioso, en el transporte de moléculas a través de una célula epitelial, en los procesos de secreción a un conducto secretor, en el desarrollo del huevo fertilizado o de las semillas vegetales... En este fenómeno, el citoesqueleto presenta una gran importancia pero también parecen existir genes específicos que determinan polaridad.

1.4. Evolución y origen celular

El posible origen de las primeras moléculas fue bien ilustrado por el experimento de Miller (1953): CO_2, CH_4, NH_3 y H_2 calentados con agua y activados con descargas eléctricas generaban moléculas orgánicas pequeñas como CNH (cianuro de H) o formaldehído (HCOH), que en solución acuosa sufrían reacciones que podían conducir a la posible aparición de: amino-ácidos, nucleótidos, azúcares y ácidos grasos; más concretamente ácido acético, ácido láctico, glicina, alanina, urea, aspártico... De este modo tenemos el primer paso en la evolución que es la (1) *aparición de moléculas sencillas*. A partir de estas moléculas sencillas pudieron (2) *aparecer polipéptidos y polinucleótidos*. Es más que probable que en la génesis de estas molé-culas pudiesen estar implicadas las arcillas (pudieron servir de molde) o los polifosfatos inor-gánicos (predecesores del papel del ATP en los procesos de condensación) y que algunos iones pudiesen actuar como catalizadores. Posteriormente y tras algunos cambios, algunos de estos polinucleótidos pudieron llegar a catalizar su propia síntesis (autocatálisis) o la de otros. Expe-rimentalmente se han llegado a obtener polinucleótidos y polímeros parecidos a polipéptidos llamados *proteinoides* de Pm cercano a los 20 kDa. Otras moléculas que también pudieron aparecer por condensación fueron polisacáridos y lípidos, estos últimos de gran importancia para la posterior aparición del primer ancestro celular. Considerando la existencia de poli-péptidos y polinucleótidos parece que estos últimos serían peores catalizadores pero mejores para autocopia por génesis de cadena complementaria (molde). El ARN pudo ser uno de estos polinucleótidos y debido a su estructura (presenta zonas aparantes y no aparantes que le permiten generar formas muy complejas) parece una molécula ideal pues: *a)* puede transmi-tir información al replicarse (función informativa) y *b)* su estructura le puede dotar de activi-dad catalítica (función catalítica). De este posible modo aparecería una (3) *molécula con capa-cidad autorreplicante y con posibilidades catalíticas* para algún proceso más; nace así la *ribozima*. Es probable que se generasen casi infinitos tipos de ribozimas pero sólo aquellas que supervivieran bien en el caldo original se replicaron con eficacia y fueron efectivas. En su supervivencia pudieron ser factores determinantes: estabilidad, interacción con otras molécu-las y capacidad replicativa. Todo este proceso pudo tener lugar hace 3.500-4.000 millones de años, aproximadamente unos 1.000 millones de años después de la formación de la Tierra. Probablemente la aparición de diferentes tipos de ribozimas y su trabajo en conjunto pudo ser el primer torpe esbozo de síntesis de proteínas. Una ribozima como molde, otra ribozima como transportador de aminoácidos y algunos polipéptidos como ayuda. Piénsese en la analogía que existe entre este primer sistema y el actual, pues los ribosomas no son sino ARN y proteí-nas. De este modo pudo aparecer el *primer embrión de código genético* y por tanto la apari-ción de nuevas proteínas, algunas de ellas con importantes actividades enzimáticas. Ésta es la *teoría génica del origen de la vida*, hoy día más aceptada que la teoría proteica. Según la *teo-ría proteica del origen de la vida*, la formación de agregados proteicos fue básica en la géne-sis de la primera célula. Oparin (1965) desarrolló una teoría según la cual un proceso de coa-cervación, que conducía a la formación de gotículas microscópicas capaces de llevar a cabo algunas transformaciones químicas muy sencillas, fue crucial para llegar a formar la primera célula. Experimentalmente se llegaron a obtener microesferas a partir de proteinoides. Estas microesferas son estructuras rodeadas por una membrana semipermeable (no lipídica) for-mada por aminoácidos no polares que contenían en su interior proteínas atrapadas.

Es más que probable que la (4) *primera célula o progenote* resultase de la unión de molé-culas de lípidos (en este sentido la aparición de moléculas anfipáticas como los lípidos es un hecho crucial) que formaron micelas que en su interior incluían mezclas de diferentes ribozi-mas. Algunas de estas estructuras incluyeron los tipos de ribozimas adecuados y pudieron comenzar una evolución diferente, dentro de su propio compartimento. Este primer procariota pudo aparecer hace aproximadamente 3.500 millones de años. Oparin desarrolló la teoría del *protobionte* o primer ancestro celular formado por una membrana y macromoléculas con actividad catalítica (probablemente proteínas) en su interior. Posteriormente el ADN, por ser más estable, quedó para guardar la información, las proteínas para realizar la actividad catalítica y el ARN quedó en papeles intermediarios entre uno y otras, participando en el proceso biosintético de proteínas. Este (5) *ancestro procariota anaeróbico con ADN como material genético* puede ser el *urgenote*. La proliferación de estos primeros ancestros anaerobios heterótrofos determinó el empobrecimiento del medio en el que vivían conduciendo a la supervivencia de aquellas "células" que utilizaban compuestos sencillos como CO_2 y la luz como fuente de energía. Parece posible que estas primeras células fotosintéticas surgieran hace 3.000 millones de años y que al principio no liberasen oxígeno en su actividad, pues es muy probable que utilizasen sulfuro de hidrógeno en vez de agua. La aparición de heterótrofos consumidores de oxígeno tuvo que ser muy posterior porque la elevación de los niveles de oxígeno en la atmósfera fue muy lenta.

El desarrollo posterior más aceptado es la teoría endosimbióntica de Margulis (1970, 1981). La aparición del primer eucariota se sitúa hace 1.500 millones de años y el término (6) *urcariota* hace referencia a este primer eucariota ancestral. En el paso de procariotas a eucariotas hay dos importantes fenómenos; el primero de ellos es el doble proceso endosimbióntico que da lugar a la posterior aparición de plastos y mitocondrias y que conllevó un aumento en el tamaño celular. Este mayor tamaño (segundo fenómeno) determinó un mayor volumen celular y por ello una más alta necesidad de intercambio con el medio (solutos, nutrientes...). Para favorecer estos procesos de intercambio se pudo producir un mayor aumento de superficie de membrana que conllevó la formación de repliegues. Posteriormente algunos de estos repliegues se pudieron especializar y formar la envoltura nuclear, el sistema de endomembranas... En el momento actual se ha descrito la existencia de una especie (*Giardia*) que presenta características intermedias entre procariotas y eucariotas y se puede considerar como una evidencia de este proceso evolutivo. *Giardia* es un microorganismo parásito intestinal unicelular que puede causar algunas enfermedades en humanos. Es binucleado con núcleos de tipo eucariota, con numerosos flagelos tipo eucariota, anaerobio, posee citoesqueleto pero carece de mitocondrias, cloroplastos, RE y Golgi. La posibilidad de que la estructura de esta especie se haya generado a partir de una célula eucariota por pérdida y modificación de orgánulos mediante un proceso de especialización a la vida parasitaria también debe ser considerada, aunque el análisis de su ADN muestra a *Giardia* más relacionado con bacterias que con células eucariotas.

En la evolución de seres unicelulares a pluricelulares tienen gran importancia los fenómenos de adhesión celular y un posible primer paso en este proceso es la formación de colonias celulares. Posteriormente uno de los pasos clave fue la especialización de las capas celulares más externas para protegerse del medio (aparición de epitelios). Una vez hecho esto comienzan a aparecer los distintos tejidos. De nuevo, el aumento de tamaño del animal provoca la aparición de sistemas como el digestivo y el sanguíneo. La necesidad de coordinación entre los diferentes órganos y tejidos es clave en la aparición del sistema nervioso y endocrino.

Membrana plasmática   2

2.1. Generalidades

La membrana plasmática, según Palade (1967), es "un complejo molecular que delimita la frontera de un territorio celular particular". Representa el límite entre el medio extracelular y el intracelular. La vida celular se inició con la aparición de dicha membrana con el fin de establecer y mantener las diferencias entre el contenido celular y el medio extracelular.

Su existencia se sospechó antes de poder ser observada. Dado que por su pequeño grosor (unos 75 Å) no es visible con el microscopio óptico, únicamente se puede visualizar con el microscopio electrónico. La membrana supone una auténtica interfase que delimita a las células y actúa como un filtro altamente selectivo. Desde el punto de vista de la permeabilidad se dice que es una estructura semipermeable pues es permeable para algunas moléculas e impermeable para otras. Aquellas moléculas impermeables que es necesario introducir o expulsar de la célula necesitan sistemas de transporte a través de la membrana.

Todas las membranas celulares en las células eucariotas, ya sea la membrana plasmática o las membranas endocelulares (endomembranas o membranas internas) responden a una estructura general común que al microscopio electrónico se manifiesta como una doble capa oscura (osmiófila) delimitando una capa intermedia clara (osmiófoba); el concepto de "unidad de membrana" hace referencia a este patrón estructural común. La capa externa de la bicapa lipídica recibe el nombre de capa exoplásmica, la interna el de capa protoplásmica. La membrana posee, en condiciones normales, dos superficies; la superficie exoplásmica (ES) y la protoplásmica (PS); además, mediante las técnicas de criofractura se generan otras dos; la superficie de fractura de la cara exoplásmica (EF) y la de fractura de la cara protoplásmica (PF) (figura 2.1).

capa = Schicht

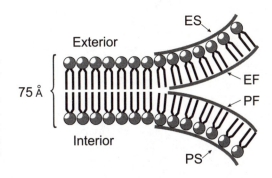

FIGURA 2.1. Superficies generadas en la membrana plasmática al aplicar técnicas de criofractura. *ES*: superficie externa de la capa exoplásmica. *EF*: superficie de fractura de la capa exoplásmica. *PF*: superficie de fractura de la capa protoplásmica. *PS*: superficie externa de la capa protoplásmica.

Exterior

75 Å

Interior

ES

EF

PF

PS

2.2. Composición química

El estudio de la composición química de la membrana plasmática implica en primer lugar su aislamiento del resto del citoplasma y posteriormente la utilización de los métodos bioquímicos y biofísicos necesarios para determinar sus componentes. Es usual utilizar la membrana plasmática de los eritrocitos humanos, dado su gran número y la no existencia de membranas endocelulares.

La membrana del eritrocito humano contiene: 52% de proteínas, 40% de lípidos y 8% de hidratos de carbono. No obstante, la proporción de estas moléculas, especialmente la relación proteína/lípido varía bastante dependiendo del tipo de membrana a considerar (cuadro 2.1). En general la membrana plasmática presenta un menor índice proteína/lípido que las membranas internas celulares.

CUADRO 2.1
Relación proteína/lípido en diferentes membranas

Tipo de membrana	Proteína/lípido
Animal	
Mielina	0,25
Plasmática hígado	1,5
RER hígado	2,5
REL hígado	2,1
Mitocondrial interna hígado	3,6
Mitocondrial externa hígado	1,2
Golgi hígado	2,4
Núcleo hígado	2,0
Bastón retinal	1,0
Vegetal	
Plasmática	0,9
Cloroplasto	1,9
Procariotas	
Bacillus	2,8
Staphylococcus	2,4
Escherichia coli	2,8

2.2.1. Lípidos de membrana

Son moléculas de naturaleza anfipática pues poseen un extremo hidrofílico o polar y un extremo hidrofóbico o no polar. Cuando estas moléculas se sitúan en un ambiente acuoso orientan sus polos hidrofóbicos hacia el interior formando micelas esféricas o bicapas lipídicas.

A) Tipos de lípidos

Las lípidos más abundantes son: fosfolípidos, glucolípidos y esteroles. Los fosfolípidos están presentes en todas las membranas. Los glucolípidos predominan en la membrana plasmática, en particular en la superficie ES y en el cloroplasto. Los esteroles también predominan en la membrana plasmática excepto en bacterias, donde no existen. En el cuadro 2.2 se ilustra la diferente proporción de estos tipos de lípidos en diferentes membranas.

CUADRO 2.2
Porcentaje de diferentes tipos de lípidos

Membrana	Fosfolípidos	Glucolípidos	Esteroles
Animal			
Plasmática	50-60	5-17	15-22
Mitocondrial interna	80-90	<5	<5
Mitocondrial externa	80-90	<5	5-8
Lisosomas	70-80	5-10	10-15
Retículo endoplásmico	70-80	<5	5-10
Núcleo	85-90	<5	10-15
Golgi	85-90	<5	5-10
Peroxisomas	90-95	<5	<5
Mielina	50-60	15-25	20-25
Eritrocito	70-80	5-10	20-25
Vegetal			
Plasmática	30-65	10-20	25-50
Mitocondria	90-95	<5	<5
Cloroplasto (envoltura)	20-30	65-80	<5
Cloroplasto (tilacoide)	35-45	50-70	<5
Retículo endoplásmico	70-80	5-15	10-20
Bacterias			
Plasmática	50-90	10-50	0

- *Fosfolípidos*

Existen tres clases: derivados del diacilglicerol (DAG), esfingolípidos y lisofosfolípidos. La cantidad de los diferentes tipos de fosfolípidos puede variar de modo importante en las diferentes membranas.

— *Derivados del DAG.* Lo son todos los de vegetales, procariotas y la mayoría de los de las células animales. Poseen dos restos acilos y su longitud suele ser entre 14 y 24 átomos de carbono (C14 y C24) en animales, C16 y C18 en vegetales y C15 y C19 en procariotas. A menudo están insaturados o poliinsaturados; en animales es frecuente que posean más de seis insaturaciones con un resto acilo insaturado y el otro no, en plantas no es frecuente más de tres y los procariotas no poseen insaturaciones (excepto *Mycobacterium phleii*). El grupo fosfato puede ir unido a una base nitrogenada (colina, etanolamina o serina), inositol o glicerol; de este modo se obtienen los más habituales, que son: fosfatidilcolina (PC), fosfatidiletanol (PE), fosfatidilserina (PS), fosfatidilinositol (PI) y fosfatidilglicerol (PG). El PG es raro en membranas de células animales, pero su derivado, el difosfatidilglicerol (DPG) o cardiolipina, es corriente tanto en procariotas como eucariotas. Su síntesis se lleva a cabo a partir del ácido fosfatídico (PA), generado en el citoplasma mediante dos reacciones de acilación del glicerol fosfato. El PA se transfiere a la capa citosólica de la membrana del retículo endoplásmico, mediante una fosfatasa se transforma en DAG y una fosfotransferasa le añade la base correspondiente ya fosforilada.

— *Esfingolípidos*. Son lípidos que llevan esfingosina o derivados, un ácido graso y un grupo polar. En las células animales los más abundantes son las esfingomielinas (SM) y destacan las que llevan fosforiletanolamina y fosforilcolina como bases. La fitoesfingosina es la más abundante en vegetales.

— *Lisofosfolípidos*. Sólo representan del 1 al 3% de los lípidos totales. Les falta un grupo acilo por acción de alguna lipasa sobre un fosfolípido precursor. Perturban la estabilidad de la membrana y pueden actuar como detergentes.

• *Glucolípidos*

— *Derivados del diacilglicerol*. Típicos de la membrana de las bacterias y de las células vegetales. Los más corrientes presentan uno o dos restos de galactosa, si bien a veces pueden presentar glucosa. En mamíferos son poco comunes y el único tipo encontrado es el galactosildipalmitoilglicerol.

— *Glucoesfingolípidos*. Exclusivos de membranas de células animales. Su azúcar puede ser bastante heterogéneo desde el punto de vista estructural (lineal o ramificado, de cadena corta o de cadena larga). Los azúcares pueden ser variados, incluyendo azúcares N-acetilados, entre los que destaca el N-acetilneuramínico (NANA o ácido siálico). Atendiendo a la naturaleza del oligosacárido asociado se pueden clasificar como:

a) Cadenas cortas no ramificadas (menos de 5 restos).
b) Cadenas largas y ramificadas (entre 20 y 50 restos).
c) Gangliósidos (ramificados, con bastante NANA y entre 3 y 7 restos).

También se pueden clasificar como:

a) Neutros o *cerebrósidos*.
b) Ácidos o *gangliósidos*. Los gangliósidos son muy abundantes en la membrana plasmática de las células nerviosas o neuronas y más concretamente en las vainas de mielina.

- *Esteroles*

Están prácticamente ausentes en las membranas de células procariotas. Se trata de lípidos neutros, siendo el *colesterol* la molécula más representada en las membranas de las células eucarióticas animales y el estigmasterol o el fitoesterol en la de células vegetales. Los esteroles son más abundantes en las membranas plasmáticas que en las endomembranas y juegan un papel fundamental en la fluidez de las mismas.

B) Implicaciones de los lípidos de membrana en la fisiología celular

Los lípidos de membrana y sus derivados son moléculas que cumplen importantes funciones en relación con la fisiología celular. Con el fin de estructurar las funciones en las que están implicados consideraremos dos partes:

a) Lípidos de membrana.
b) Derivados.

a) Lípidos de membrana:

— Son los principales responsables de las propiedades físico-mecánicas de la membrana; por ejemplo: fluidez y elasticidad.
— Generan un entorno adecuado para las proteínas de membrana, pudiendo, mediante cambios en su concentración, modificar la actividad de éstas.
— Son responsables de la asimetría de membrana, propiedad importante implicada en fenómenos de activación celular, apoptosis...

b) Derivados:

— Como ácidos grasos tienen importantes propiedades regulatorias de la actividad de muchas proteínas; por ejemplo: fosfolipasas, proteínkinasas (PKs), adenilato y guanilato ciclasa, canales iónicos...
— A partir del ácido araquidónico se generan los eicosanoides (leucotrineos, prostaglandinas y tromboxanos), que actúan en la respuesta inflamatoria.
— El DAG (diacilgicerol) y el PIP_2 (fosfatidil inositol difosfato) son moléculas importantes en mecanismos de transducción.

C) Propiedades de los lípidos de membrana

- *Movimiento*

Para su demostración se marca el grupo polar o hidrofílico. Se conocen tres tipos de movimientos de los lípidos en la membrana plasmática: rotación, difusión lateral y "flip-flop" (figura 2.2).

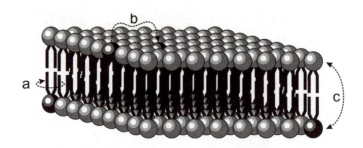

FIGURA 2.2. Movimiento de lípidos. Movimiento de rotación (*a*), movimiento de difusión lateral
o traslación (*b*) y movimiento de flip-flop o translocación entre capas (*c*).

— *Rotación* o giro de la molécula en torno a su eje mayor. Es responsable en alto grado de los otros movimientos y es el más frecuente. Su frecuencia es de 10^{-9} sg; es
decir, que lo están realizando continuamente.
— *Difusión lateral,* las moléculas lipídicas pueden difundirse libremente de manera
lateral dentro de la bicapa. Su frecuencia es de 10^{-7} sg, por lo que también se puede considerar que este movimiento ocurre continuamente.
— *Flip-flop* es el movimiento de una molécula lipídica de una monocapa a otra y se
produce con la ayuda de unas enzimas llamadas flipasas (o fosfolípido transloca-
sas). Es poco frecuente (10^5 sg).

• *Fluidez*

Aunque no exclusivamente, la fluidez depende sobre todo de la presencia de los lípidos en la membrana. La fluidez o viscosidad de la membrana es de vital importancia ya que
proporciona una estructura resistente pero no rígida, permite interacciones entre las distintas moléculas componentes (lípido-lípido, lípido-proteína, proteína-proteína), facilita el
ensamblaje con otras membranas (vesículas, por ejemplo) y permite el flujo de moléculas
a su través. La fluidez de la bicapa lipídica depende de diversos factores:

a) Del grado de insaturación de las cadenas hidrocarbonadas: a mayor grado de insaturación, mayor fluidez. A mayor presencia de ácidos grasos saturados, menor fluidez y por tanto mayor viscosidad.
b) Del tamaño del resto acilo; a mayor longitud del resto acilo mayor viscosidad.
c) De la presencia de colesterol. El colesterol es muy abundante en la membrana plasmática de las células eucariotas. La molécula de colesterol se sitúa en la bicapa lipídica de manera que el grupo polar se sitúa junto a la cabeza del fosfolípido y el anillo de colesterol inmoviliza parte de las cadenas hidrocarbonadas fosfolipídicas
dejando el resto de las cadenas flexibles; a la vez impide interacciones entre los restos acilos de los fosfolípidos. El hecho de que fluidifique y estabilice a la vez hace
que se le considere un estabilizante de fase fluida.

insaturación =

• *Distribución*

Los lípidos, al igual que el resto de los componentes de la membrana, tienen una distribución *asimétrica*; es decir, la composición de lípidos de la capa E no es simétrica a la de la capa P. En el cuadro 2.3 se ilustra esta característica.

CUADRO 2.3
Composición lipídica de las capas E y P de la membrana del eritrocito

Tipo de lípido	Capa P	Capa E
PC	26	74
PE	77	23
PS	95	<5
PI	100	–
SM	17	83
Glucolípidos	<5	95
Colesterol	50	50

Esto determina que las cargas también estén asimétricamente distribuidas pues la PS posee carga negativa; además, los lípidos insaturados son más abundantes en la cara interna, lo que hace a esta capa algo más fluida. El origen de la asimetría viene determinado desde el proceso de síntesis de la membrana pues los fosfolípidos se incorporan en la cara P de la membrana del retículo; además, el hecho de que la glucosilación ocurra en el lumen del retículo determina que los azúcares queden ubicados en la cara E. Puesto que los fosfolípidos se incorporan en la cara P han de ser transferidos a la cara E para evitar que una crezca más que otra. Las proteínas que transfieren estos lípidos reciben el nombre genérico de *flipasas* (ver movimiento de lípidos).

Además de asimétrica, los lípidos poseen una distribución *heterogénea* a lo largo de la membrana. Existen dominios o parches más o menos fluidos, lo cual viene determinado por la distinta funcionalidad de determinadas zonas de la membrana, por ejemplo: superficie basal, apical, lateral. Un considerando importante es que cada proteína necesita un determinado entorno lipídico y que sólo con esos lípidos posee el entorno idóneo para optimizar su actividad. En este sentido, el entorno lipídico puede ser responsable de regular la actividad de determinadas proteínas, por ejemplo, los receptores.

2.2.2. Proteínas de membrana

Representan el componente que le confiere a la membrana sus funciones específicas.

A) Clasificación

Según su ubicación en la membrana se distinguen las siguientes clases de proteínas:

— Tipo A. Proteínas transmembrana que atraviesan la bicapa lipídica una única vez. También se les denomina *proteínas transmembrana unipaso.*

— Tipo B. Proteínas transmembrana que atraviesan la bicapa lipídica varias veces, por lo que también se les denomina *proteínas transmembrana multipaso.*

— Tipo C. Proteínas unidas por enlaces débiles a los grupos cargados de los lípidos o a los dominios hidrofílicos de las tipo A o tipo B.

— Tipo D1. Ancladas a membrana mediante un resto acilo.

— Tipo D2. Ancladas a lípidos pero de un modo más complejo, generalmente a través de PI altamente glucosilado.

— Tipo E. Sólo ubicadas en una bicapa de la membrana. Muy escasas, la única posible parece ser el citocromo b5.

Existe, además, otra posible clasificación:

1. Proteínas integrales de membrana:

    a) Monotópicas: integradas en una sola capa (tipo E).
    b) Bitópicas: transmembrana unipaso (tipo A).
    c) Politópicas: transmembrana multipaso (tipo B).

2. Proteínas periféricas de membrana: unidas por enlaces débiles a otros componentes de la membrana (tipo C).
3. Proteínas ancladas a lípidos (tipo D).

En general, las proteínas periféricas o extrínsecas se aíslan con facilidad por procedimientos suaves, debido a su débil unión con las otras moléculas de la membrana. Por el contrario, las proteínas integrales o intrínsecas, que son la mayoría, sólo pueden ser extraídas por procedimientos drásticos (detergentes fuertes).

B) Movilidad de las proteínas de membrana

Las proteínas, al igual que los lípidos, poseen movimiento; sin embargo, no todas presentan la misma movilidad. La movilidad de las proteínas se determina mediante la técnica FRAP (recuperación de fluorescencia después de fotoblanqueo). Básicamente consiste en marcar con fluorescencia al anticuerpo que reconoce a la proteína cuya movilidad queremos averiguar. Se incuban las células con el anticuerpo y se observa la distribución de la fluorescencia en la célula. Mediante un rayo láser se fotoblanquea un área de membrana y se mide el tiempo que tarda en recuperar la fluorescencia; a menor tiempo mayor movilidad proteica. Los factores que afectan a la movilidad de las proteínas son:

a) La presencia de uniones estrechas.
b) Su relación con elementos del citoesqueleto o de la matriz extracelular.
c) La formación de grandes agregados proteicos, pues éstos difunden peor.
d) La viscosidad lipídica.

2.2.3. Carbohidratos de membrana

Los hidratos de carbono son el componente minoritario de la membrana y no aparecen como moléculas independientes pues se presentan asociados covalentemente a lípidos (glucolípidos) o a proteínas (glucoproteínas). No parecen contribuir de modo importante a la organización de la membrana como tal, pero juegan un importante papel en los procesos de estabilización de proteínas de membrana, reconocimiento y adhesividad celular.

La distribución de los carbohidratos es asimétrica, ya que únicamente se sitúan en la cara externa de la capa E (ES), constituyendo la cubierta celular o *glicocálix*. La observación del glicocálix en microscopía óptica requiere la tinción específica del PAS o del azul alcián y en microscopía electrónica el contraste con el rojo de rutenio o el nitrato de lantano. Al glicocálix se le atribuyen diversas funciones, no todas bien conocidas. Entre otras se dan como posibles:

a) Contribuir al reconocimiento y fijación de determinadas sustancias que la célula incorporará mediante fagocitosis o pinocitosis.
b) Intervención en los fenómenos de reconocimiento celular, particularmente claves durante el desarrollo embrionario.
c) Estabilización de la estructura plegada de la proteína.
d) Propiedades inmunitarias; por ejemplo, los carbohidratos constituyentes del glicocálix eritrocítico son los responsables de los grupos sanguíneos ABO y MN.
e) Relación con las moléculas componentes de la matriz extracelular.

En general, los glucolípidos son poco abundantes (1 de cada 10 lípidos), sus cadenas de carbohidrato suelen ser más cortas y no suelen ser ramificados; por el contrario, las proteínas son casi todas glucoproteínas y sus restos de carbohidrato suelen estar muy bien desarrollados y casi siempre ramificados.

La membrana también posee proteoglucanos, moléculas complejas formadas por un eje proteico al que se unen diferentes glucosaminglucanos (GAG). Existen dos grandes familias de proteoglucanos: sindecanos (unidos a proteínas) y glipicanos (unidos a fosfatidil inositol (PI)).

2.3. Modelos de membrana

La membrana plasmática no es observable con el microscopio óptico y al microscopio electrónico aparece como una doble capa osmiófila (oscura) delimitando una capa intermedia osmiófoba (clara). Sobre esta base se elaboraron una serie de modelos que pretendían explicar la distribución de las moléculas que componen la membrana.

2.3.1. Modelos lamelares

Fueron los más primitivos (Overton, 1902; Gorter y Grendel, 1925) y suponían a la membrana constituida exclusivamente por una doble capa lipídica sin contenido proteico. Mucha más aceptación tuvo el conocido modelo de Danielli y Davson (1935), según el cual las membranas biológicas están constituidas por una doble bicapa lipídica, cuyos grupos polares están orientados hacia afuera y recubiertos por una monocapa proteica en cada lado; se le llamó modelo en sándwich. Este modelo explicaba la baja tensión superficial de las membranas ($0,5$-1 din/cm^2) debido a la presencia de las proteínas, pero no explicaba el paso rápido del agua y de los metabolitos solubles en ella (figura 2.3).

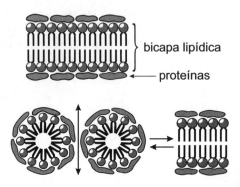

bicapa lipídica

proteínas

FIGURA 2.3. Modelos de membrana. En la parte superior se ilustra un modelo lamelar y en la inferior uno micelar. Los poros serían las zonas intermicelares (flecha vertical). La interconversión de un tipo estructural en el otro (flechas horizontales) intentaba explicar las variaciones en permeabilidad de las membranas.

2.3.2. Modelos micelares

Según estos modelos, las moléculas de la membrana se disponen en micelas esféricas. La membrana estaría constituida como un polímero formado por la yuxtaposición de numerosas subunidades. Cada subunidad representaría una *micela* de naturaleza fosfolipídica y su conjunto estaría rodeado por una capa glucoproteíca (figura 2.3).

2.3.3. Modelo del mosaico fluido

En la actualidad el modelo de aceptación general y que integra la mayoría de los datos obtenidos por diversas técnicas es el propuesto por Singer y Nicholson (1972), denominado como modelo del *mosaico fluido*.

Este modelo sostiene que:

1. Los lípidos y las proteínas integrales están dispuestas en un mosaico.
2. Las membranas biológicas son estructuras fluidas en las que los lípidos y proteínas pueden realizar movimientos de difusión lateral dentro de la bicapa.
3. Las membranas son estructuras asimétricas en cuanto a todos sus componentes: lípidos, proteínas y carbohidratos.

La membrana es considerada, por tanto, como un mosaico fluido en el que la bicapa lipídica es la red cementante de la membrana y las proteínas unidas o embebidas interaccionan unas con otras y con los lípidos pero manteniendo la capacidad de moverse lateralmente en la fase lipídica fluida (figura 2.4).

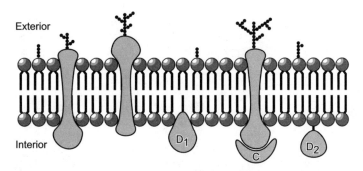

FIGURA 2.4. Membrana del mosaico fluido. Lípidos y proteínas se disponen formando un mosaico. Los hidratos de carbono aparecen ubicados en el exterior celular y la proporción de glucolípidos es muy baja. El esquema también muestra algunos de los diferentes tipos de proteínas de membrana (C, D_1 y D_2).

2.4. Membrana y envejecimiento

Con el envejecimiento celular, los ácidos grasos poli-insaturados se peroxidan y comienzan a interaccionar entre ellos y con otros componentes, lo cual puede determinar una pérdida parcial de asimetría y deficiencias en el funcionamiento proteico. Además, un deficiente funcionamiento de las flipasas podría contribuir a aumentar dicha pérdida de asimetría.

Existen evidencias experimentales demostrando que:

— Peroxidando membranas, el flip-flop aumenta.
— El contenido y la distribución asimétrica del colesterol se modifica con la edad.

2.5. Transporte a través de membrana

La comunicación de la célula con el medio extracelular está mediada por la existencia de la membrana plasmática que envuelve la célula. Por tanto, la membrana tiene que permitir el intercambio de materiales necesarios para la vida celular. En relación con el transporte a su través, la membrana es una estructura semipermeable pues permite el paso de algunas moléculas pero no de otras.

Con el fin de ordenar los distintos tipos de transporte a través de membrana comenzaremos considerando dos tipos: el transporte de moléculas pequeñas y el de moléculas grandes.

2.5.1. Transporte de moléculas pequeñas

El transporte de estas moléculas (figura 2.5) se clasifica atendiendo a dos criterios:

a) Criterio de gasto energético; en este caso el transporte puede ser *pasivo* (sin gasto de energía) o *activo* (con gasto de energía).
b) Criterio que considera el número de moléculas transportadas y el sentido del transporte; en este caso el transporte puede ser *sencillo* (uniporte) si se transporta una molécula o *cotransporte* cuando se transportan dos o más. El cotransporte, a su vez, puede ser *simporte* (todas las moléculas en un mismo sentido) o *antiporte* (en sentidos opuestos).

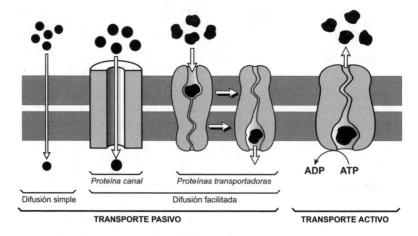

FIGURA 2.5. Diferentes tipos de transporte de moléculas pequeñas a través de membrana. La abundancia de la molécula a transportar a un lado y otro de la membrana refleja el gradiente de concentración.

A) Transporte pasivo

Se produce sin gasto energético directo y puede efectuarse mediante los mecanismos de *difusión simple* y *difusión facilitada*.

• *Difusión simple*

Este mecanismo ocurre siempre a favor de gradiente; es decir, las moléculas viajan del lugar donde están en mayor concentración hacia donde se encuentran a menor concentración. Las moléculas son siempre pequeñas y pueden ser hidrofóbicas como el O_2, CO_2, N_2, benceno... o sin carga o con carga neutra como el H_2O, la urea, el glicerol, el etanol...

• *Difusión facilitada*

En este mecanismo están implicadas proteínas de membrana que se encargan de ayudar en el transporte. Existen dos tipos de proteínas: canal y transportadoras o "carriers".

Los canales pueden estar formados por una única proteína multipaso (tipo B) cuya estructura genera un poro acuoso en el centro, o bien por la asociación de varias proteínas que delimitan en su centro un poro acuoso (el canal). El estudio en profundidad de los canales se ha podido realizar gracias a la técnica de "patch-clamp" (figura 2.6). Los canales mejor conocidos son los canales iónicos. Estos canales transportan un único tipo de ion y los más estudiados son los de Na^+, K^+, Ca^{2+} y Cl^-.

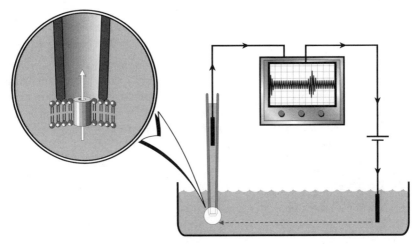

FIGURA 2.6. Técnica de "patch-clamp". La base de la técnica es adherir un pequeño fragmento de membrana a la punta de una micropipeta de vidrio que funcionará como un electrodo. La apertura o cierre del canal ubicado en el fragmento de membrana será detectado por un osciloscopio. El sistema es alimentado con corriente continua.

Permiten un transporte muy rápido de iones, hasta 1 millón de iones por segundo, y son responsables del potencial de membrana; normalmente tienen cinéticas de transporte lineales en relación con su gradiente y no se suelen saturar a concentraciones fisiológicas. Su apertura o cierre se regula mediante: *voltaje, ligando* o *estímulo mecánico*. El ligando puede ser una molécula externa; por ejemplo, los neurotransmisores, o una molécula interna como calcio, nucleótidos, ácidos grasos... Son susceptibles de ser fosforilados, pero la fosforilación no suele abrirlos o cerrarlos sino modificar su umbral de apertura o cierre; por ejemplo, puede que fosforilados sea más fácil su apertura o cierre o que estén más o menos tiempo cerrados o abiertos. El canal de K^+ parece que se abre y cierra continuamente de modo constitutivo (hasta 3 aperturas en 25 milisegundos); su estado abierto/cerrado se explica diciendo que el canal está más tiempo abierto o más tiempo cerrado (predominio de un estado sobre el otro), no que el canal se abra o cierre a medias (esto implicaría una modificación del diámetro del canal); cuando un canal se abre o cierra lo hace al completo. Entre los canales también destacan las *aquaporinas*, que son canales específicos para agua.

Las proteínas transportadoras, también llamadas permeasas o "carriers", pueden llevar a cabo transporte del tipo sencillo o cotransporte; especialmente usual es el cotransporte de alguna molécula y un ion. Si el cotransporte es de tipo antiporte, a la proteína transportadora también se le llama intercambiador. Estos transportadores interaccionan con la molécula a transportar de modo muy específico (análogo a la unión enzima-sustrato) y el mecanismo de transporte se realiza mediante un cambio conformacional (figura 2.5). Están implicados en el transporte de moléculas polares como iones, aminoácidos, nucleótidos, monosacáridos... Se conocen peor que las proteínas canal; no obstante, los casos mejor conocidos están relacionados con el transporte de iones. Los "carriers" iónicos, en general, no suelen provocar movimientos de carga a través de la membrana salvo los transportadores de glucosa-Na^+, aminoácido-Na^+ y Na^+-Ca^{2+}. Entre los intercambiadores destacan los de Na^+/H^+ (dentro/fuera), Cl^-/CO_3H^- (dentro/fuera), $3Na^+/2Ca^{2+}$ (dentro/fuera) y $4Na^+/Ca^{2+}/K^+$ (dentro/fuera/dentro). Transportan iones de modo más lento que los canales, alrededor de 50.000 iones por segundo, y se suelen regular por fosforilación y por ligando.

Dentro del apartado de transporte pasivo es obligado considerar los *ionóforos*. Éstos son pequeñas moléculas hidrofóbicas que se ubican en la membrana modificando la permeabilidad de ésta. La mayoría los producen microorganismos para debilitar a competidores, por lo que se han empleado como antibióticos. Se han descrito dos tipos: fijos o formadores de canales (*gramicidina A*) y móviles (*valinomicina*).

B) Transporte activo

Es el transporte a través de la membrana que se efectúa contra gradiente y/o supone un gasto energético, directo o indirecto. Se pueden considerar hasta cuatro mecanismos:

• *Bombas iónicas*

Las hay de dos tipos: las F_0-F_1 y las E_1-E_2. Normalmente se regulan por las concentraciones iónicas de ambos lados de la membrana; no obstante, una de ellas, la ATPasa Ca^{2+}-dependiente, es modulable por el complejo Ca^{2+}-Calmodulina. Su flujo iónico es inferior al de los canales iónicos y "carriers" iónicos, pues se cree que su máxima capacidad de transporte es de aproximadamente 600 iones por segundo. Las primeras (F_0-F_1) son las clásicas ATPasas de mitocondrias y cloroplastos que trabajan con protones. El paso de protones a favor de gradiente a través de la ATPasa determina la formación de ATP por parte de la enzima. Por el contrario, el movimiento de protones en contra de gradiente se produce gastando ATP.

Las E_1-E_2 trabajan con otros iones y las mejor conocidas son la $3Na^+/2K^+$ (fuera/dentro), la $2H^+/2K^+$ (fuera/dentro) y la $2Ca^{2+}$ que siempre retira Ca^{2+} del citosol pudiendo sacarlo al exterior celular o almacenarlo en el REL.

La mejor conocida es la primera de ellas, la ATPasa Na^+/K^+-dependiente; está formada por una subunidad catalítica transmembrana de 100.000 Da y una glucoproteína asociada de 45.000 Da. Bombea $3Na^+$ hacia el exterior y $2K^+$ hacia el interior celular en contra de un gradiente de concentración, para lo cual necesita consumir energía hidrolizando el ATP. Esta bomba posee capacidad electrogénica puesto que saca tres cargas positivas e introduce dos dejando a la célula cargada negativamente. La carga negativa del interior celular evita la entrada de Cl^- a la célula. La presencia de Na^+ y Cl^- en el exterior celular compensa la mayor presión osmótica que posee la célula, de este modo se evita que se produzca un flujo de agua hacia el interior celular. Si se inhibe la bomba con *ouabaína* (compite con el sitio de unión del K^+), la célula estalla puesto que es osmóticamente más activa que el medio extracelular y esto determina la entrada de agua a la célula. En conjunto, la bomba Na^+/K^+ es responsable parcial del mantenimiento del potencial de membrana, la regulación del volumen celular y de otros sistemas de transporte.

- *Bombas dirigidas por luz*

La más conocida es la bacteriorrodopsina, que acopla el transporte de moléculas a la obtención de energía obtenida a partir de la luz.

- *Cotransporte asociado a gradiente electroquímico*

También llamado *transporte activo secundario,* pues el consumo de ATP no es directo. El caso mejor conocido es el cotransporte de glucosa. El Na^+, más abundante en el medio extracelular, tiende a entrar a la célula a favor de gradiente a través de una proteína transportadora (difusión facilitada) que a la vez transporta glucosa en contra de gradiente. No hay gasto directo de ATP en el transporte de glucosa pero la fuerza iónica que lo impulsa es generada mediante consumo de ATP (bomba Na^+/K^+).

- *Translocación de grupo*

Es bastante usual en bacterias. Para explicarlo se puede partir de una situación en la que la molécula a transportar tienda a entrar por difusión a la célula; llegado un momento se alcanza el equilibrio entre la concentración intra y extracelular y el transporte por difusión se detiene. En este momento, y mediante gasto de energía, se modifican las moléculas del interior celular (translocación de grupo); y se genera un nuevo gradiente que permite una nueva entrada de moléculas desde el exterior al interior de la célula.

2.5.2. Transporte de moléculas grandes

En el transporte de macromoléculas consideraremos tres mecanismos: endocitosis, exocitosis y transcitosis.

A) Endocitosis

Es el proceso mediante el cual la célula es capaz de tomar partículas del medio externo. Para que se realice se ha de producir una invaginación de la membrana plasmática en la que se encuentra el material extracelular a ingerir. Esta invaginación se estrangulará, originando una vesícula con el material ingerido en su interior; la vesícula queda en el interior de la célula.

Dependiendo de la naturaleza y del tamaño de las partículas englobadas, se distinguen los siguientes tipos de endocitosis:

— *Pinocitosis*, también llamada *endocitosis de fase fluida* pues lo capturado es líquido o partículas de muy pequeño tamaño. Las vesículas presentan clatrina. En la terminología inglesa este proceso se denomina *cellular drinking*.

— *Rofeocitosis*, se denomina al proceso de incorporación de las moléculas de ferritina. Los eritroblastos se unen a células del sistema retículo endotelial y captan grandes porciones de éstas.

— *Fagocitosis* o *cellular eating* consiste en la ingestión de grandes partículas, como es el caso de microorganismos, restos celulares... La membrana plasmática al invaginarse con las partículas da origen a los fagosomas, también llamados *vacuolas fagocíticas,* que posteriomente se unirán a lisosomas para que el material ingerido sea degradado y utilizado como alimento por la célula.

El mecanismo de endocitosis actúa en muchos microorganismos como un factor de alimentación y/o defensa contra agentes patógenos. También está muy desarrollado en células del sistema reticuloendotelial, macrófagos, neutrófilos, histiocitos, etc.

En los casos anteriores se puede producir una incorporación de material bastante heterogéneo al interior celular; sin embargo, existe un proceso, la *endocitosis mediada por receptor*, que presenta una gran especificidad pues sólo se endocita la sustancia para la que existe el correspondiente receptor. Además, es un proceso bastante rápido. Existen bastantes tipos de sustancias transportadas al interior celular mediante este mecanismo; por ejemplo, insulina, hierro, LDL...

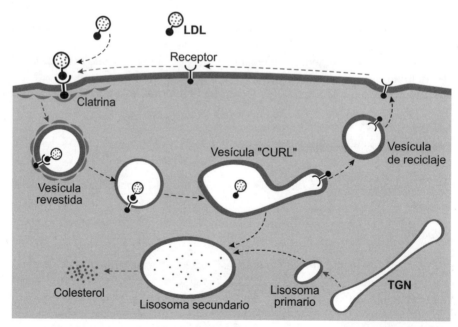

FIGURA 2.7. Endocitosis mediada por receptor. Para ilustrar el proceso se ha escogido como modelo el transporte de colesterol asociado a las *LDL* (lipoproteínas de baja densidad). *TGN*: cisterna *trans* del dictiosoma (aparato de Golgi), el acrónimo deriva del término inglés *"trans-Golgi-network"*.

Muy básicamente, el proceso se puede subdividir en los siguientes pasos (figura 2.7):

— Unión de la molécula a transportar al receptor.
— Agrupación de los receptores, si no lo estaban previamente, en una foseta revestida.
— Formación de una vesícula revestida.
— Pérdida de revestimiento y fusión de varias vesículas para formar el endosoma.
— Alargamiento del endosoma y liberación del ligando del receptor. De este modo se forma una vesícula llamada CURL que tiene una zona tubular (se ubican los receptores) y una zona globular (se ubican los ligandos).
— Separación de las dos porciones. La vesícula con los receptores va hacia membrana para iniciar un nuevo ciclo; el destino de la vesícula que lleva los ligandos dependerá de la naturaleza de éstos.

Algunos de los mecanismos implicados en este proceso son:

- *La foseta revestida y la internalización del producto*

La foseta revestida sirve para concentrar el producto a transportar, aunque en algunos casos (LDL) los receptores se pueden concentrar previo a la unión del ligando. Pero, ¿cómo se produce la concentración?, ¿cómo se determina el inicio de la internalización? Parece ser que en ambos casos pueden estar implicadas las mismas moléculas: un fragmento de la región citoplásmica del receptor (o *cola del receptor*), adaptinas y clatrina.

La cola citoplásmica del receptor ha mostrado ser muy importante en los procesos de endocitosis mediada por receptor estudiados hasta el momento. Esta zona posee un fragmento de 8 a 10 aminoácidos (al menos una Tir y abundantes aminoácidos de carga positiva) que parece ser clave en la concentración e internalización (figura 2.8). Los lípidos también pueden tener importancia en la estructuración de la foseta; no se incorporan al azar sino que se les incluye o excluye selectivamente (mecanismo desconocido).

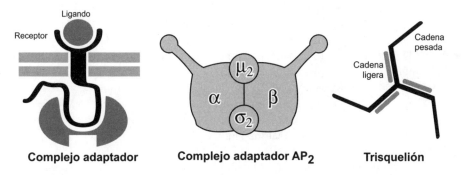

FIGURA 2.8. Ensamblaje del conjunto ligando-receptor-complejo adaptador (izquierda), del complejo adaptador AP_2 (centro) y de una molécula de trisquelión (derecha). En la izquierda, la muesca que presenta el complejo adaptador en su parte de abajo es el lugar de anclaje del trisquelión. De modo análogo al AP_2, el complejo adaptador AP_1 estaría formado por γ, β', μ_1 y σ_1. El trisquelión consta de tres cadenas de clatrina pesadas y tres de clatrina ligeras; también participan otras proteínas en menor grado pero no se ilustran aquí.

En el proceso de internalización la clave es la génesis de una vesícula y para ello es necesaria la interacción de clatrina con la cola del receptor. En esta interacción es esencial la existencia de complejos adaptadores (AP) que actúan como puentes entre la cola del receptor y las moléculas de clatrina. Se han descrito dos complejos adaptadores, el AP_1 y el AP_2 (figura 2.8). Ambos son heterotetrámeros, el AP_1 se ubica en la cisterna TGN del aparato de Golgi y el AP_2 parece localizarse en la membrana plasmática.

A las proteínas del complejo adaptador se les ha llamado *adaptinas* y son una familia. Su función es ligar la clatrina al complejo ligando-receptor, o mejor, a la cola del receptor ya modificada tras la unión de la molécula a transportar. Por su parte, la clatrina (junto con otras proteínas de menor importancia cuantitativa) se agrupa formando el trisquelión y existen, en cada trisquelión, tres clatrinas pesadas y tres ligeras; a su vez las ligeras pueden ser α o β. Los trisqueliones, mediante lo que parece un proceso ATP-dependiente, interaccionan unos con otros formándose de este modo las zonas con alta densidad de receptores; en este fenómeno de polimerización de trisqueliones también parece estar implicada la proteína de estrés de 70 kDa (HSP70). En principio, la polimerización generaría redes planas de hexágonos; algunos de éstos pasarían finalmente a pentágonos (es probable que haya un paso heptagonal transitorio), lo que determinaría la curvatura del plano inicial y el inicio de la invaginación. Como ejemplo válido está la construcción de algunos balones de fútbol donde, para lograr la esfera, se alternan hexágonos y pentágonos. Además es más que probable que en este proceso haya implicadas enzimas del tipo kinasa y también proteínas con actividad GTPásica, pues inhibidores de estas últimas detienen el proceso. Se cree que una de estas GTPasas puede ser la dinamina y se ha hipotetizado que su papel sería la generación de una estructura en hélice para terminar de formar la vesícula por estrangulación. Además, es necesaria la reorganización de lípidos más fluidos (fusogénicos) para cerrar la membrana. El tema de la reorganización lipídica se verá con más profundiddad en el proceso de exocitosis.

- *El endosoma*

Una vez formada la vesícula se produce la retirada de clatrina e inmediatamente después se produce la fusión de esta vesícula con alguna estructura endosomal (conjunto de orgánulos relacionados con la endocitosis). Este proceso de retirada de clatrina es dependiente de ATP y se ha descrito la participación de una proteína con actividad ATPásica parecida a la dineína (ver 3.3.3, proteínas dinámicas).

Tras formarse la vesícula se produce un cambio iónico en su interior que modifica las cadenas ligeras de clatrina del trisquelión y que determina la unión de una ATPasa. En este proceso de desclatrinización es necesario gastar tres ATPs para retirar un trisquelión. Ya antes de desnudarse totalmente de clatrina algunas vesículas comienzan a confluir formando el endosoma.

El conjunto de endosomas recibe el nombre de *compartimento endosomal* y existen dos grandes subtipos de endosomas: tempranos y tardíos. Se dice que los primeros están relacionados sobre todo con el reciclaje del receptor, mientras que los segundos lo están con el procesado o rotura del ligando; de hecho, la diferencia entre unos y otros es que sólo los tempranos poseen todavía el receptor; es decir, en ellos hay material de reciclaje. Dentro de los tempranos hay dos subgrupos:

a) *Sorting* o de distribución (también llamados *vesículas CURL*) que contienen moléculas que van a ser degradadas y/o recicladas (por ejemplo, LDL y su receptor).
b) Los de reciclaje, que sólo contienen moléculas de reciclaje (el receptor de LDL).

Dentro de los endosomas tardíos se incluyen los endosomas tardíos y los lisosomas.
Aunque carecen de material de reciclaje poseen un receptor muy especial que sí se recicla,
el receptor de Man-6-P (MPR). De hecho, la presencia de este receptor diferencia a los endosomas tardíos (lo poseen) de los lisosomas (no lo poseen).

Existen, además, otros criterios de clasificación para los endosomas que utilizan la presencia de proteínas marcadoras, características estructurales o propiedades físico-químicas.

a) La presencia de LAMP (proteína de membrana asociada al lisosoma) y LGP (glucoproteína de membrana lisosomal), que marcan lisosomas.
b) La presencia de proteínas *rab*. Las *rab* son GTP-proteínas que se anclan a membrana mediante un resto acilo unido a Cis. Los endosomas tempranos llevan *rab*4, *rab*5
y *rab*11; los tardíos *rab*7 y *rab*9.
c) La morfología de los diferentes endosomas también varía. Los de distribución son
túbulo-vesiculares, los de reciclaje totalmente tubulares y los tardíos bastante heterogéneos. Los lisosomas destacan por su mayor densidad electrónica.
d) La acidificación también es diferente; el pH del endosoma de distribución va de 5,9
a 6,0, el de reciclaje de 6,4 a 6,5, el tardío de 5,0 a 6,0 y los lisosomas de 5,0 a 5,5. La
acidificación es esencial para el desenganche del ligando y receptor y se genera
mediante una ATPasa H^+-dependiente. Los endosomas tempranos poseen ATPasa
Na^+/K^+-dependiente que genera carga positiva en el interior del endosoma y hace
más difícil la introducción de protones; el tardío no la posee. El pH induce cambios
conformacionales que afectan a la región citoplásmica de algunas proteínas y podría
servir como indicador de maduración de los endosomas y permite o no su fusión
con otros.

B) *Exocitosis*

Es el mecanismo por el cual las macromoléculas contenidas en vesículas citoplásmicas
son transportadas desde el interior de la célula al medio extracelular. Uno de los problemas
más interesantes de todo el proceso es el mecanismo de fusión de membranas vesicular y
plasmática. Además, en el acercamiento de la vesícula a la membrana plasmática es importante la despolimerización del citoesqueleto submembranoso de actina que, de lo contrario, actúa como una barrera impidiendo el proceso. El mecanismo exocitótico no es del todo
bien conocido; sin embargo, se conocen algunas moléculas necesarias para su ejecución.

a) *Calcio*. Se requiere un aumento de Ca^{2+} intracelular para que se inicie el proceso. El
aumento de Ca^{2+} provocaría, al menos, un doble efecto. Por un lado determinaría la
pérdida de anclaje al citoesqueleto de algunas vesículas de exocitosis (anclaje mediado por fodrina) y provocaría la fragmentación de la actina por activación de gelsolina (ver 3.2.1). Por otro lado, activa anexinas.

b) *Anexinas.* También llamadas *calpactinas* o *lipocortinas,* son una familia de proteínas Ca²⁺-dependientes que se unen a fosfolípidos y pueden mediar la fusión de la vesícula por interacción a modo de puente con la membrana de la vesícula y la membrana plasmática. Entre ellas destacan la lipocortina I o anexina I, la endonexina II o anexina V y la synexina o anexina VII (ver apartado 3.5).

En el proceso de exocitosis, tras la llegada del estímulo que dispara el proceso, se ha propuesto la siguiente cadena de acontecimientos: aumento de Ca²⁺ en citoplasma, activación de algunas ABP *(Actin Binding Proteins)* tales como fodrina y gelsolina y de anexinas (esto determina el acercamiento y la fijación de la vesícula a la membrana plasmática), movimiento de fosfolípidos y generación del poro.

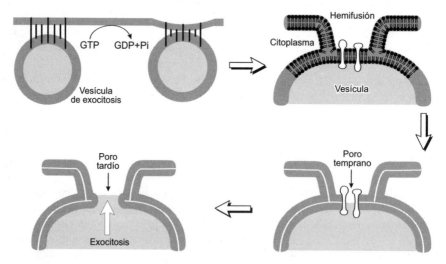

FIGURA 2.9. Hipotético mecanismo de fusión entre una vesícula de exocitosis y la membrana plasmática. El anclaje y acercamiento de la vesícula a la membrana plasmática podría ser realizado por anexinas y GTPasas. La reorganización de lípidos, las propias anexinas y algunas fosfolipasas podrían ser piezas importantes en el proceso de hemifusión y en la génesis del poro temprano. La reorganización final hacia una estructura más estable conduciría hacia el poro tardío y el final de la exocitosis.

Tal como se ilustra en la figura 2.9, se postula la formación de una ligera depresión en la membrana. En su génesis son esenciales el Ca²⁺, GTP, actina y algunas anexinas. El modelo también implica un fenómeno físico de hemifusión de membranas que conlleva la aparición de dos zonas altamente inestables. En la zona común se localizarían las anexinas, responsables de la formación de un canal o poro temprano que dispararía el resto del proceso. Los lípidos también poseen una extraordinaria importancia en este proceso. Parece ser que en la zona de fusión hay movimiento de lípidos de modo que en estas áreas abundan lípidos más fusogénicos; por ejemplo, PE y PS son más fusogénicos que PC y SM; parece ser que en estas áreas también abundan el DAG, lisofosfolípidos y lípidos insaturados, que determinan una mayor fluidez de la membrana. La presencia de DAG y lisofosfolípidos implica, obviamente, de modo directo la activación de algunas fosfolipasas.

C) Transcitosis

Es el conjunto de fenómenos que permiten a una sustancia atravesar el citoplasma de una célula. Implica el doble proceso: endocitosis-exocitosis. Es típico de las células endoteliales que constituyen los capilares sanguíneos.

2.6. Potencial de membrana

Es la diferencia de carga eléctrica entre los dos lados de la membrana; es decir, entre la matriz extracelular y el citoplasma. Se genera por un pequeño exceso de iones positivos sobre negativos en el exterior y al revés en el interior.

Esta diferencia de carga sólo se puede generar mediante: bombas electrogénicas activas y por difusión pasiva de iones. El potencial de la membrana mitocondrial se genera mediante una bomba ATPasa-H$^+$. En plantas y hongos el potencial de membrana plasmática se genera principalmente por bombas electrogénicas. Sin embargo, en las células animales la mayor importancia la tiene el movimiento pasivo de iones a través de la membrana.

En las células animales, la ATPasa-Na$^+$/K$^+$ mantiene un balance osmótico correcto en la célula, evita que ésta estalle. Esto se lleva a cabo manteniendo una baja concentración de Na$^+$ en el interior celular. Como hay poco Na$^+$, en el interior celular existen otros cationes de modo abundante para balancear el posible exceso de carga negativa generado por los aniones fijos en la célula (moléculas orgánicas cargadas negativamente). Este papel de balance se lleva a cabo principalmente por K$^+$, que es activamente bombeado al interior por la ATPasa-Na$^+$/K$^+$ y que puede moverse fuera de la célula por simple difusión a través de la membrana gracias a la existencia de canales sumidero de K$^+$. La presencia de estos canales hace que el K$^+$ alcance prácticamente un equilibrio en el que la fuerza de atracción que produce el exceso de cargas negativas en el interior de la célula contrarresta la tendencia del K$^+$ a salir por difusión a través de estos canales sumidero. El potencial de membrana es la manifestación de esta fuerza de atracción (fuerza eléctrica) y puede ser medido en función del gradiente de concentración del K$^+$.

Veamos un ejemplo: suponemos que no hay diferencia de voltaje a través de la membrana (potencial 0) pero la concentración de K$^+$ es mayor dentro que fuera de la célula; obviamente, el K$^+$ tiende a salir, deja a la célula cargada negativamente y genera un potencial que tiende a oponerse al flujo de salida de K$^+$. El flujo de salida del K$^+$ será 0 cuando el potencial de membrana iguale a la fuerza generada por el gradiente de concentración de K$^+$. Los iones Cl$^-$ también tienden a equilibrarse a través de la membrana pero el potencial generado por el K$^+$ los mantiene fuera de la célula. Para una célula idealizada el potencial en el que no hay flujo de iones a través de la membrana es el potencial de reposo (la ecuación de Nernst expresa esta condición de equilibrio). La ecuación falla algo en las células, pues éstas son permeables a otros iones que modifican ligeramente los valores esperados.

¿Qué pasa si se para la bomba Na$^+$/K$^+$? Como esta bomba es electrogénica (saca tres iones Na$^+$ y mete dos iones K$^+$) se produce una pequeña caída de potencial. El potencial se mantiene unos minutos hasta que el Na$^+$ va entrando y tiende a igualarse su concentración dentro y fuera de la célula. Esta entrada de Na$^+$ provoca entrada de agua que puede determinar la muerte celular.

2.7. Anclaje, adherencia y reconocimiento celular

Salvo las células sanguíneas, todas las células del organismo se asocian estrechamente con otras células y/o con la matriz extracelular. Para que esto ocurra tiene que existir un paso previo: las células han de reconocerse. Existen, por tanto, tres posibles conceptos de interés: reconocimiento, adhesión y anclaje. Aunque no es fácil delimitarlos claramente, sí es posible considerar que el reconocimiento sólo consiste en la capacidad de una célula de interaccionar con otra o con alguna estructura de la matriz extracelular. El mecanismo suele ser de tipo ligando-receptor en las dos direcciones y puede ser transitorio (fenómenos migratorios) o servir de base para el establecimiento de un sistema posterior de mayor adhesión. Diferenciar conceptualmente adhesión y anclaje es prácticamente imposible; sin embargo, es fácil diferenciarlos del concepto anterior (adherencia), pues en este caso la célula queda firmemente unida a otra célula y/o a la matriz. Es interesante apuntar aquí que la definición del diccionario también otorga un carácter de sujeción más firme para el término "anclaje" que para el término "adhesión".

El concepto "uniones intercelulares" es un concepto clásico en la Citología e incluso es usado en la moderna Biología Celular. Es también clásico considerar que existen tres tipos de uniones de membrana: adherentes, ocludentes y comunicantes. Aunque las primeras están directamente implicadas en mecanismos de adhesión/anclaje, no es menos cierto que las otras dos también son responsables, aunque en mucho menor grado, de fenómenos de adhesión. Las uniones ocludentes serán consideradas en este capítulo aún cuando su función es la de aislamiento; sin embargo, las uniones comunicantes se considerarán en el capítulo dedicado a mecanismos de comunicación celular (capítulo 13).

2.7.1. Uniones intercelulares

Las uniones intercelulares o uniones de membrana se pueden clasificar atendiendo a dos criterios (figura 2.10):

a) Funcional:

- Estrechas, ocludentes o impermeables *(tight junction):* impiden el paso de moléculas a través de las células que las poseen.
- Comunicantes o en hendidura *(gap junction):* permiten la comunicación entre dos células.
- Adherentes o de anclaje: anclan unas células a otras o al medio.

b) Superficie ocupada:

- Zónulas: cuando la unión es un cinturón que rodea a toda la célula.
- Fascia: ocupan una zona más o menos extensa de la membrana.
- Mácula: ocupan un área muy pequeña.

Aunque en principio podrían existir nueve posibilidades, al combinar unas con otras sólo existen los tipos que veremos a continuación.

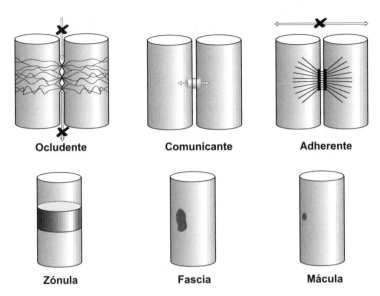

Ocludente   **Comunicante**   **Adherente**

Zónula   **Fascia**   **Mácula**

FIGURA 2.10. Clasificación de los tipos de uniones de membrana atendiendo a su función (mitad superior) y al área que ocupan (mitad inferior).

A) Uniones estrechas

Sirven para impedir el libre paso de moléculas grandes entre células adyacentes, por lo que suelen separar medios externos de internos y por esta función se localizan fundamentalmente entre células epiteliales. Son especialmente importantes en aquellos epitelios que contactan con líquidos; por ejemplo, intestino, riñón, epéndimo, vasos sanguíneos... Conviene recordar aquí que también son la base estructural que da lugar a la aparición de la barrera hematoencefálica. Ultraestructuralmente se caracterizan por la no existencia de espacio intercelular entre las dos membranas. La unión está formada por una especie de red anastomosada que forma una banda que rodea totalmente a la célula. La formación de esta red dota de mayor seguridad a la unión pues es mucho más improbable que la existencia de fallos o roturas en la red determine la pérdida de aislamiento (figura 2.11).

La red es tanto más impermeable cuantos más elementos filiformes (hebras de cierre) posea. En este sentido, no todos los epitelios son igual de impermeables, especialmente para moléculas de bajo Pm; por ejemplo, para el Na^+ las células intestinales son 10.000 veces más permeables que las de la vejiga.

Su arquitectura molecular (figura 2.12) se ha intentado explicar con diferentes modelos que hacían responsables proteínas en unos casos y lípidos (modelo micelar) en otros. Hoy no se duda de que su arquitectura molecular está fundamentalmente basada en proteínas; de hecho se demostró que:

a) Los lípidos no difundían a través de ellas (postulado del modelo micelar).
b) La inhibición de la síntesis de proteínas prevenía su formación.
c) La red era resistente a la extracción con detergentes.

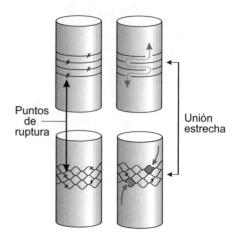

FIGURA 2.11. Posible efecto de una hipotética ruptura en una unión estrecha organizada en forma de cinturones paralelos (arriba) y en forma de red anastomosada (abajo). Cuatro interrupciones de los cinturones de ocludina en idénticos puntos determinan la pérdida de estanqueidad para toda la unión en un caso y sólo para dos pequeñas celdas de la red en el otro.

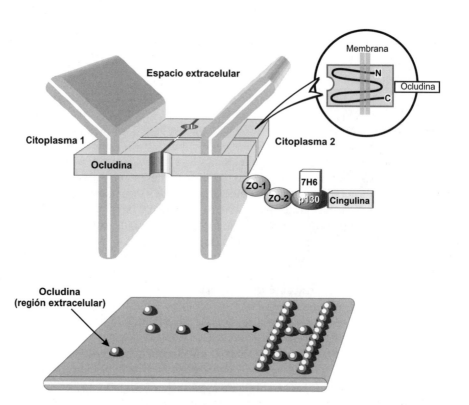

FIGURA 2.12. En la parte superior se muestra la posible participación de la ocludina y otras proteínas en la estructuración y establización de una unión ocludente. En el círculo se detalla la posible estructura de la ocludina; N y C indican los extremos carboxilo y amino terminal de la proteína. La parte inferior ilustra el dinamismo de la unión estrecha, la ocludina puede polimerizar o despolimerizar para formar redes de mayor o menor extensión.

El modelo actual propone la existencia de una proteína transmembrana (proteína TJ u ocludina, 65 kDa) que se enfrentaría con la de la membrana adyacente. Además, incluye la existencia de toda una serie de proteínas asociadas como ZO-1, ZO-2, 7H6, cingulina... La espectrina (proteína importante en el citoesqueleto submembranoso) podría asociarse a la ZO-1 y la cingulina podría relacionar la unión estrecha con los filamentos de actina. La existencia de algún tipo de cadherina (se verán más adelante) también se ha postulado, pues el tratamiento con anticuerpos anti-cadherina desestabiliza o impide la formación de la unión; el bloqueo de Ca^{2+} tiene efectos similares.

Es interesante considerar que la unión estrecha no es una estructura fija, todo lo contrario, es una estructura bastante dinámica. De hecho, la polimerización de ocludinas determinaría la formación de los filamentos de la red; sin embargo, la dinámica y la reversibilidad del proceso no son bien conocidas.

B) Uniones comunicantes

Son uniones de tipo fascia que por su función se considerarán en el tema dedicado a comunicación celular (apartado 13.2.5).

C) Uniones adherentes

Son uniones cuya función es principalmente mecánica, de anclaje; por ello, abundan en tejidos sometidos a fuertes tracciones como el tejido muscular, la capa epitelial de la piel... Se pueden clasificar como sigue:

a) Con microfilamentos:

    1. Bandas de adhesión (célula-célula).
    2. Contactos focales (célula-matriz).

b) Con filamentos intermedios:

    1. Desmosomas (célula-célula).
    2. Hemidesmosomas (célula-matriz).

Aunque a continuación detallaremos, en lo posible, la estructura molecular de las diferentes uniones adherentes, conviene recordar que todas ellas presentan una estructura general que incluye la existencia de:

1. Una proteína transmembrana que en el caso de las uniones célula-célula es de tipo cadherina y en el caso de las uniones célula-matriz es de tipo integrina.
2. Una/s proteínas de unión que median la unión entre las proteínas transmembrana y el citoesqueleto.
3. Los elementos del citoesqueleto que pueden ser microfilamentos o filamentos intermedios.

El tipo de filamento intermedio (también llamado *tonofilamento*) depende del tipo celular en que se localice la unión.

- *Bandas de adhesión*

Son zónulas adherentes implicadas en el anclaje célula-célula. Al microscopio electrónico se reconocen por la existencia de dos áreas densas submembranosas relacionadas con microfilamentos y un material de aspecto filamentoso que se encuentra en el espacio intercelular. En su arquitectura molecular las proteínas transmembrana son cadherinas, las proteínas de unión o intermedias estarían representadas principalmente por cateninas que servirían para el anclaje de los microfilamentos o filamentos de actina (figura 2.13).

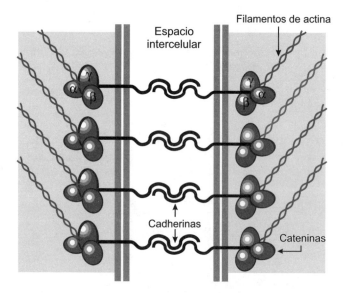

FIGURA 2.13. Banda de adhesión. Las cateninas median la unión entre las cadherinas (proteínas integrales de membrana) y los filamentos de actina.

- *Contactos focales*

Son máculas adherentes que sirven a algunas células en cultivo para adherirse a la superficie del recipiente en que están siendo cultivadas. La proteína transmembrana es una integrina. Las principales proteínas de unión son talina y vinculina, aunque también participan otras como tensina, paxilina... El citoesqueleto está representado por filamentos de actina, estructurados por medio de la α-actinina y proteínas de encapuchamiento (figura 2.14). Además de estas proteínas, típicamente estructurales, los contactos focales también pueden llevar asociadas otras proteínas del tipo kinasa que podrían servir a la célula para informarle acerca del sustrato sobre el que la célula se asienta.

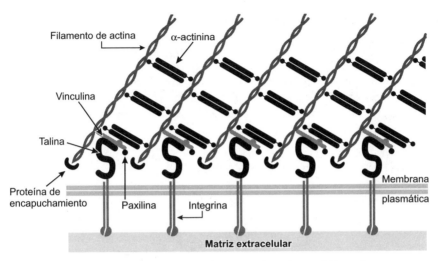

FIGURA 2.14. Contacto focal. Los filamentos de actina también reciben, en este caso, el nombre de *fibras de estrés*.

- *Desmosomas*

Es una unión del tipo mácula adherente cuya función es el anclaje entre células (figura 2.15). Estructuralmente son bastante parecidos a las bandas de adhesión pues también poseen un material filamentoso en la zona intercelular y dos placas electrodensas a las que se anclan los filamentos intermedios. La proteína transmembrana es del tipo cadherina (se verán posteriormente). La placa estaría formada por desmoplakinas y placoglobinas y sería el lugar donde se anclarían los filamentos intermedios.

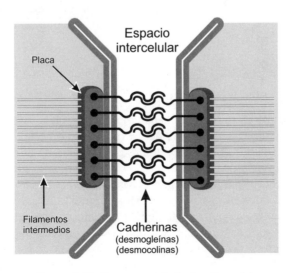

FIGURA 2.15. Desmosoma (mácula adherente).

• *Hemidesmosomas*

Son máculas adherentes cuya función es el anclaje de la célula a la matriz extracelular (figura 2.16). Estructuralmente recuerdan, tal y como su nombre indica, a la mitad de un desmosoma; sin embargo, son molecularmente bastante diferentes. La proteína transmembrana es del tipo integrina y la placa estaría formada por BAPG1 (zona más cercana a las integrinas) y por HD1 y otra proteína de 200 kDa (zona más próxima al citoesqueleto). El citoesqueleto lo formarían filamentos intermedios.

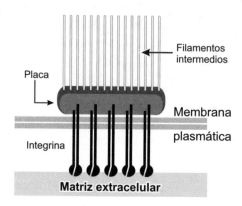

FIGURA 2.16. Hemidesmosoma.

2.7.2. Proteínas implicadas en la relación célula-matriz extracelular

Se analizan aquí las proteínas de membrana que son capaces de reconocer a los componentes de la matriz extracelular y se unen a ellos determinando la adhesión de las células al medio que las rodea. Existen diferentes proteínas de membrana que llevan a cabo esta unión pero las más conocidas son las integrinas.

A) Integrinas

Aunque las integrinas están principalmente implicadas en la relación célula-matriz extracelular es necesario indicar que también pueden mediar unión célula-célula. Las integrinas son heterodímeros formados por glucoproteínas transmembrana de un solo paso. El heterodímero resulta de la unión de una subunidad α (120-180 kDa) y otra β (90-110 kDa) (figura 2.17). El dominio extracelular les sirve para reconocer componentes de la matriz y el intracelular para unirse al citoesqueleto; por tanto, estas proteínas se anclan a componentes de los dos lados de la membrana pudiendo "integrar" acontecimientos externos e internos. Se expresan en la mayoría de las células y la variedad de integrinas que expresan las células es muy alta pues se han descrito 8 tipos de subunidad β y 15 de α. Esto posibilitaría la génesis de más de un centenar de diferentes integrinas; sin embargo, sólo existen unos pocos tipos, alrededor de 20, y es que no todas se unen con todas. La terminología de las integrinas ha cambiado y de hecho algunas de ellas han tenido otros nombres que son todavía usados, por ejemplo: α_2-β_1 fue la GPIaIIa, glucoproteína plaquetaria; α_5-β_1 fue la GPIcIIa, α_L-β_2 fue LFA-1 (factor de adhesión leucocitaria); α_m-β_2 fue MAC-1... Por último, recordar que las integrinas además de participar en fenómenos transitorios de adhesión también son parte integrante de estructuras mucho más estables vistas previamente: los contactos focales y los hemidesmosomas.

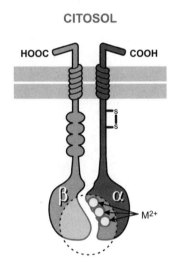

FIGURA 2.17. Integrina. Las zonas globulares en la zona extracelular de la subunidad β son áreas ricas en cisteína. En la subunidad α se indica la existencia de un puente disulfuro y las zonas de ubicación de cationes divalentes (M^{2+}). La zona circular más clara se ha situado sobre el área implicada en la unión con la matriz extracelular.

• *Estructura molecular*

Sus dominios citoplásmicos suelen ser cortos (50 aminoácidos), excepto la β_4 (1.000 aminoácidos). Los dominios extracelulares son grandes; mayores de 75 kDa para las β y mayores de 100 kDa para las α. El extremo NH_2 se localiza extracelularmente.

La β posee un segmento rico en Cis repetido 4 veces y las α poseen un pequeño segmento que puede estar repetido hasta 7 veces con la responsabilidad de ligar los cationes (Ca^{2+} y Mg^{2+}) necesarios para que la integrina forme el heterodímero. La región de la matriz extracelular reconocida por las integrinas se une en la zona de los cationes y a la unión contribuyen las unidades α y β, aunque la que mayor especificidad da es la α.

La región citoplásmica interacciona con componentes del citoesqueleto como talina y α-actinina, aunque hay bastantes variantes. La mayoría de las integrinas interaccionan con actina pero la β_4 lo hace con filamentos intermedios; por ello quizá sea esta integrina la que se localice en las uniones de membrana tipo hemidesmosoma.

• *Sitio de unión*

Las principales moléculas a las que se unen son moléculas de la matriz extracelular: colágeno, fibronectina, laminina, trombospondina, vitronectina, osteopontina, factor de Von

Willebrand..., pero también lo pueden hacer a otros componentes de la membrana celular: ICAM-1, ICAM-2, VCAM... Las integrinas reconocen secuencias cortas de 3 a 6 aminoácidos; la más frecuente es la secuencia RGD, aunque también reconocen otras como EILDV, DGEA o KQAGDV.

- *Adhesividad*

Una célula puede modificar su adhesividad dependiendo de (1) la expresión de distintos tipos de integrinas, (2) del número de integrinas expresadas y (3) modulando o modificando la afinidad de las integrinas expresadas. Esto puede llegar a extremos de activación-desactivación de la integrina. Existen numerosos procesos en los que es necesaria la activación de integrinas; por ejemplo:

1. La α_{IIb}-β_3 (plaquetas) no une ligandos solubles, así evita la formación de trombos, sólo lo hace cuando está activada. La activación es producida por un cambio conformacional que viene determinado por distintos mecanismos: proteínas G, aumento del pH, aumento de Ca^{2+}, aumento del turnover del PI o activación de PKs.
2. La adhesión de linfocitos T a las APC (células presentadoras de antígeno) necesita la activación de α_L-β_2 (LFA-1) ya sea vía complemento o por la PKC (proteínkinasa C).

- *¿Son transductores las integrinas?*

O lo que es lo mismo, ¿funcionan como auténticos receptores? Parece que sí lo hacen. Una vez que la integrina se une a su ligando, ella misma actúa sobre moléculas relacionadas con mecanismos de transducción. Esto puede determinar un conjunto de respuestas más o menos complejas que pueden inducir la expresión de algunos genes o incluso la expresión y/o activación de otras integrinas. En el mecanismo de activación se postula que la integrina sufre un cambio conformacional y pasa de cerrado (inactivo) a abierto (activo). Se dice además que las integrinas son transductores de doble vía: de dentro hacia fuera *(inside to out)* y de afuera hacia adentro *(outside to in)*. El mecanismo *"inside to out"* consiste en la regulación de la afinidad y conformación de la integrina desde dentro de la célula de modo que la célula sea capaz, a partir de ese momento, de reconocer y responder ante un determinado sustrato. Por el contrario, la llegada de una molécula externa a la integrina que provoca una cascada de acontecimientos en la célula se dice que es mecanismo *"outside to in"*.

Hay algunos ejemplos interesantes. Cuando fragmentos de fibronectina se unen a la integrina $\alpha_5\beta_1$ se produce inducción de metaloproteasas en fibroblastos; si la fibronectina que se une está intacta no hay tal inducción, por lo tanto las integrinas también parecen estar implicadas en fenómenos de regulación y recambio de matriz. También se sabe que la integrina $\alpha_v\beta_3$ activa a una colagenasa que rompe el colágeno tipo IV y que esto es típico de células cancerígenas para romper las láminas basales y hacer metástasis.

El mecanismo de transducción mejor conocido está relacionado con enzimas del tipo Tir-Kinasa. Parece ser que la activación de determinadas integrinas podría determinar a su vez la activación de una Tir-kinasa llamada FAK por su asociación a contactos focales (FAK, kinasa de adhesión focal, apartado 3.1.4); recuérdese que las integrinas son las proteínas transmembrana en este tipo de unión de membrana. Esta FAK podría mediar acciones sobre citoesqueleto o incluso el control de la expresión génica.

- *Disintegrinas*

Son polipéptidos que poseen la secuencia RGD y por tanto una alta afinidad por las integrinas. Una de las más conocidas es la elegantina. La mayoría de ellas se encuentran en venenos de algunas serpientes actuando como inhibidores de ligandos naturales. Se les suele dar uso como anticoagulantes, en caso de circuitos extracorpóreos, y como antimetastásicos.

2.7.3. Proteínas implicadas en la relación célula-célula

En general, las células pueden asociarse de dos maneras para formar tejidos:

1. Por proliferación de unas células fundadoras, de manera que la progenie se mantiene asociada por interrelación con la matriz que las rodea o con las otras células.
2. Por migración, de manera que un conjunto de células invade a otro y se terminan organizando de modo conjunto.

Cualquiera que sea el origen, las células que integran un tejido tienen forzosamente que reconocerse entre sí; por ejemplo, si disociasemos varios tejidos hasta conseguir una suspensión la reasociación es preferente entre las células derivadas del mismo tejido. A todas las moléculas que están implicadas en fenómenos de adhesión y reconocimiento celular se les da el nombre genérico de *CAM (cell adhesion molecule)* y la gran mayoría de ellas se pueden clasificar en cinco grupos:

1. Cadherinas.
2. Lectinas y selectinas.
3. Glucosiltransferasas.
4. Algunos miembros de la superfamilia integrinas.
5. Ciertos miembros de la superfamilia inmunoglobulinas.

Los mecanismos de adhesión intercelular no son totalmente iguales en los diferentes seres vivos; sin embargo, todos ellos usan dos estrategias comunes:

a) Mecanismos Ca^{2+}-dependientes.
b) Mecanismos Ca^{2+}-independientes.

Según las moléculas que interaccionan también se dice que existen mecanismos: homofílico, heterofílico y puente intercelular (figura 2.18).

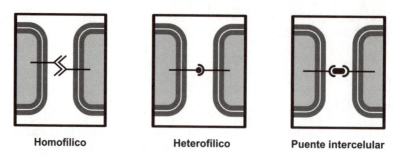

Homofílico   **Heterofílico**   **Puente intercelular**

FIGURA 2.18. Mecanismos básicos de reconocimiento. En el homofílico el reconocimiento se da entre moléculas iguales, en el heterofílico las moléculas son diferentes y en el mecanismo de puente intercelular es
necesaria la participación de otra molécula.

A) Cadherinas

Son glucoproteínas tipo A (transmembrana unipaso) Ca^{2+}-dependientes con funcionamiento de tipo homofílico (figura 2.19). La familia de cadherinas es bastante amplia, al menos
más de doce miembros; las más clásicas son las E (epitelial), N (neural) y P (placentaria). Posteriormente aparecieron las R, B y EP y hoy hay una larga lista algunas de las cuales no tienen propiedades adhesivas (la M y la T, esta última anclada al PI) y otras diferentes como las
cadherinas desmosomales (desmocolinas y desmogleínas). Al igual que en el caso de las integrinas, algunas cadherinas todavía arrastran la terminología que se les dio en el momento de
su descripción; por ejemplo, la cadherina N fue denominada A-CAM o NcalCAM; la cadherina E fue denominada uvomorulina o Cell-CAM; la cadherina B fue denominada como K-CAM...

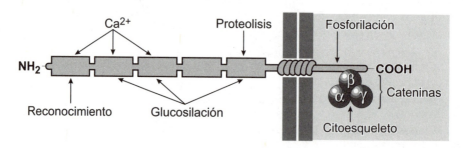

FIGURA 2.19. Cadherina. Se indican la funcionalidad de algunas zonas de la proteína, sus zonas de glucosilación, su unión a otras moléculas o iones y algunas posibles modificaciones como proteolisis y fosforilación.

Estructural y funcionalmente una cadherina ha de presentar dominios para: 1. reconocimiento adhesivo de otras cadherinas; 2. unión al Ca^{2+}; 3. integración en la membrana;
4. interacción con el citoesqueleto; 5. glucosilación, y 6. posibilidad de un procesado pos-
traslacional que puede incluir fosforilación y/o proteolisis.

Las cadherinas interaccionan con el citoesqueleto; filamentos de actina en el caso de las bandas de adhesión y filamentos intermedios en el caso de los desmosomas. En el caso de los filamentos de actina la interacción con la cadherina viene mediada por un tipo de proteínas de unión llamadas *cateninas*. Hay tres cateninas: α (homóloga con la vinculina y también une actina), β y γ. En el caso de los filamentos intermedios, las proteínas que median la interacción son las desmoplakinas y las placoglobinas. Además de las cateninas, las cadherinas parece que también pueden interaccionar con unas fosfotransferasas de azúcares (proteínas de membrana).

Las propiedades adhesivas mediadas por cadherinas pueden venir reguladas por la expresión de un tipo u otro de cadherina y por la fosforilación de las cadherinas ya existentes.

B) Selectinas y lectinas

En el tiempo, el concepto "lectina" aparece antes que el de "selectina"; además, las selectinas son un tipo de lectina, por ello se estudiarán previamente. Una lectina, por definición, es una proteína capaz de reconocer restos de azúcares; las selectinas, por tanto y de ahí su nombre, serían un tipo de lectina con una función específica.

• Lectinas

Son proteínas que reconocen carbohidratos; además también poseen otros dominios para interaccionar con otras moléculas. La mayoría son de tipo aglutinina (poseen más de 1 dominio de unión del mismo tipo) pero algunas carecen de esa capacidad. Aparecen en todos los seres vivos aunque las mejor conocidas son las de vegetales, pues fue donde primero se describieron; entre ellas la más conocida es la concanavalina A. En la célula pueden localizarse en membrana, citoplasma y/o núcleo. Las de membrana son auténticos receptores implicados en fenómenos de adhesión intercelular y migración, al igual que de adhesión con moléculas de la matriz (elastina y laminina). Algunas lectinas pueden ser secretadas fuera de la célula.

En animales hay dos tipos: las C-lectinas, que son Ca^{2+}-dependientes y aparecen asociadas a superficie o extracelularmente, y las S-lectinas, que pueden aparecer en todas las posiciones. Entre las C-lectinas destacan las selectinas y las colectinas.

• Selectinas

Son un grupo de C-lectinas (figura 2.20) con el dominio lectina en el extremo amino terminal; el carbohidrato más importante que reconocen es el tetrasacárido sialil-Lewis (siálico y fucosa). Las selectinas son expresadas por tres tipos celulares: leucocitos, plaquetas y células endoteliales. A su vez existen tres tipos de lectinas: L, P y E, llamadas así por predominar o ser exclusivas en alguno de los tipos celulares citados; de hecho, las L se localizan en leucocitos, las P predominan en plaquetas y las E en las células endoteliales. Las L son expresadas de modo constitutivo por la mayoría de los leucocitos circulantes, las E y las P necesitan ser inducidas para aparecer en membrana. Estructuralmente son bastante parecidas: todas poseen el dominio lectina N-terminal Ca²⁺-dependiente, un dominio tipo EGF y 2, 6 y 9 fragmentos llamados *SCR (short consensus repeat)* (selectina L, E y P respectivamente). La región citoplásmica es más larga en P y más corta en L. El dominio lectina es el principal implicado en reconocimiento y está bastante conservado, por ello se cree que los dominios EGF y SCR deben de influir en la especificidad de cada lectina.

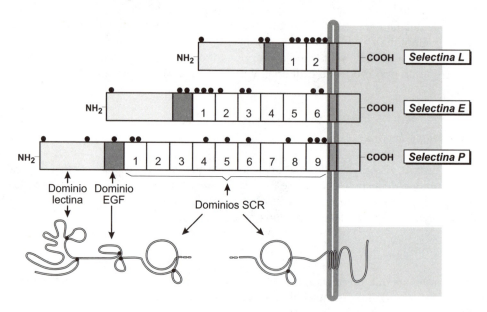

FIGURA 2.20. Selectinas. La diferencia más notoria entre las distintas selectinas es el número de dominios SCR *(short consensus repeat)*. Las bolas negras indican sitios de posible glucosilación. En la parte inferior se indica la posible estructura del péptido de una selectina genérica; en este caso las bolas negras indican la localización de puentes disulfuro.

Parece que las selectinas podrían actuar como transductores de modo que, tras la unión de la selectina, se produjese algún tipo de señal que activase a algunas integrinas (activación *inside to out* vía selectina); esto determinaría una unión más firme de la célula a la estructura correspondiente. No se duda que además puedan provocar otros efectos como generación de radicales de oxígeno. Su vía de transducción no es bien conocida pero se implica al Ca²⁺ y a la PKC; en algunos estudios también se han implicado a PTKs (proteínas Tir-kinasas).

Las L-selectinas las expresan constitutivamente los leucocitos y se cree que pueden actuar en fenómenos de ubicación de los diferentes tipos leucocitarios.

Las P-selectinas aparecen en plaquetas y células endoteliales. Se almacenan en los gránulos α de las plaquetas y los de Palade-Weibel de las células endoteliales. Tras estimulación son incorporadas a la membrana. Estimulantes habituales son: citoquinas, trombina e histamina. La P-selectina reconoce monocitos, neutrófilos y algunos otros leucocitos.

La E-selectina (ELAM-1 o CD62E) se encuentra fundamentalmente en células endoteliales y se induce por agentes proinflamatorios (TNF, IL-1...). Reconoce principalmente neutrófilos, por lo que su función es bastante parecida a la P-selectina.

- *Colectinas*

Son un grupo de proteínas solubles de estructura oligomérica (de 9 a 27 subunidades asociadas como trímeros). En cada trímero los dominios lectina se ubican en el extremo carboxilo terminal y el resto de la estructura es una triple hélice de tipo colagenoso. Los trímeros se pueden agrupar formando estructuras cruciformes o en ramillete. Se les ha implicado en respuesta inmune innata.

C) Glucosiltransferasas

Son enzimas que se encargan de transferir azúcares y, aunque su localización más conocida es el aparato de Golgi, se han descrito algunas en la membrana plasmática. La más conocida de ellas es la β1-4galactosiltransferasa (GalTasa), que difiere de la del Golgi por la existencia de un fragmento citoplásmico más largo (13 aminoácidos). Este fragmento estaría implicado en su ubicación y en el mantenimiento de relaciones con el citoesqueleto (actina), pues para que la GalTasa funcione como una molécula de adhesión celular es necesario que esté anclada al citoesqueleto.

La cantidad de GalTasa que aparece en la membrana está altamente regulada y su función como CAM o como molécula de adhesión a matriz ha sido demostrada en fenómenos de fertilización y de desarrollo. Esta enzima funciona reconociendo azúcares de otras proteínas, ya sean de matriz, lámina basal o de otras células. No es bien conocido si esta molécula puede funcionar como un transductor, pero parece ser que es capaz de generar señales intracelulares, que en el caso de la fertilización podrían iniciar procesos de fusión de membrana. El hecho de que esta enzima pueda fosforilarse apoya la idea de que puede funcionar como un auténtico receptor, aunque también es probable que la fosforilación pueda estar implicada en la relación o no con los componentes del citoesqueleto. Por último, ya hay descritas otras glucosiltransferasas como son fucosilTasa y sialilTasa, pero sus funciones no son aún bien conocidas.

D) Integrinas

Hasta el momento sólo muy escasos miembros de la superfamilia integrinas aparecen implicados en el reconocimiento célula-célula y lo hacen reconociendo ICAM (integrina $\alpha_L\beta_2$) o VCAM (integrina $\alpha_4\beta_1$). ICAM y VCAM son miembros de la familia de proteínas que se estudiará a continuación.

E) Superfamilia inmunoglobulinas

En esta familia, todas las moléculas que la integran poseen el dominio inmunoglobulina (IG). El dominio IG es un plegamiento proteico (aproximadamente 70-110 aminoácidos) que genera una estructura de dos capas, una capa con tres cadenas (β lámina) antiparalelas de polipéptido y la otra con cuatro, también β-láminas antiparalelas; las dos capas están unidas por un puente disulfuro (figura 2.21).

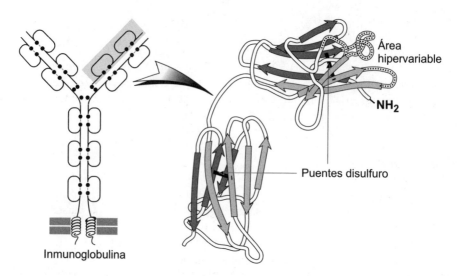

FIGURA 2.21. En la izquierda se ha representado la estructura de una inmunoglobulina destacando especialmente los dominios inmunoglobulina, bucles generados por un puente disulfuro (bolas negras). En la derecha se ha ampliado el área sombreada en gris indicando la posible arquitectura molecular de este fragmento del péptido. La región del péptido punteada es la zona hipervariable, encargada de la unión con el antígeno. Las flechas del dibujo se corresponden con β-láminas y el color más claro u oscuro intenta reflejar que se ubican casi formando una capa. El dominio superior, que posee el extremo amino terminal, se corresponde con la región variable de la cadena ligera del anticuerpo y el inferior con la región constante de la misma cadena ligera.

En esta superfamilia están incluidos: anticuerpos, receptor de células T, proteínas MHC, los co-receptores CD4, CD8 y CD28, receptor Fc, Thy-1, el complejo CD3 y otras proteínas implicadas en adhesión que son las que veremos a continuación.

La molécula mejor conocida es la N-CAM *(neural-cell adhesion molecule)*. Es una proteína que media un reconocimento homofílico Ca^{2+}-independiente y se expresa en neuronas y astrocitos provocando su asociación. Existen varias formas de N-CAM, para cada una existe un ARNm distinto generado por diferente procesado a partir de un único gen. La proteína tiene cinco dominios IG extracelulares. Una de ellas se haya anclada al PI y no posee dominio intracelular (figura 2.22). La diversidad se genera fundamentalmente por la región transmembrana y la citoplásmica.

El patrón de expresión de estas proteínas N-CAM varía en el desarrollo, por lo que se les supone una gran importancia en mecanismos de migración y estructuración del tejido nervioso; de hecho, su bloqueo con anticuerpos anti-N-CAM determina patrones aberrantes y no funcionales. Dentro del tejido nervioso además de la N-CAM existen otras, por ejemplo:

— NgCAM, neurofascina, NrCAM, L1.
— F3/F11, contactina.
— MAGP (glucoproteína asociada a mielina), PO.

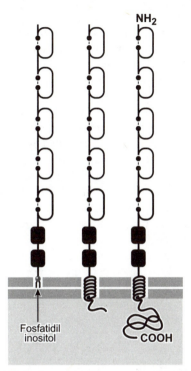

FIGURA 2.22. Tipos de N-CAM. Cada una de ellas presenta 5 dominios tipo inmunoglobulina y 2 dominios tipo III de fibronectina.

Las primeras poseen 6 dominios tipo IG, las segundas también pero además poseen dominios tipo fibronectina y se hallan unidas al PI. Es probable que algunas de ellas puedan, además de promover adhesión, funcionar como transductores transmitiendo algún tipo de señal hacia el interior celular. En general todos estos tipos de moléculas median fenómenos de alargamiento o inhibición del crecimiento de neuritas.

Diferentes tejidos pueden presentar diferentes CAM, por ejemplo: I-CAM es típica de leucocitos y V-CAM de células endoteliales. No obstante es necesario ser muy cuidadoso con la terminología; por ejemplo, la L-CAM es en realidad una cadherina. En cualquier caso, este tipo de moléculas son menos adhesivas que las cadherinas y estarían más implicadas en fenómenos de desarrollo y regeneración.

2.7.4. Concepto de código morfogénico

Las células presentan diversos mecanismos de adhesión, de modo que no es raro pensar que dos células de diferentes tejidos pueden llegar a tener en común algunos de estos mecanismos; esto podría determinar la capacidad de unión entre ellas con relativa afinidad. Células de diferentes tejidos de un mismo individuo pueden formar uniones comunicantes y desmosomas entre ellas y, a veces, esto ocurre incluso entre células de diferentes especies, lo cual hace pensar que determinados mecanismos de adhesión están altamente conservados.

Puesto que las células presentan un número elevado de diferentes mecanismos responsables de adhesión, es fácil pensar que cuanto más compatible sea una célula con otra mayor número de estos diferentes mecanismos de adhesión se verán implicados. Por tanto, el grado de adhesividad entre dos células o de una célula con la matriz vendría determinado por la combinación del número y los tipos de moléculas implicados en la adhesión. Esta combinación constituye un código morfogénico que colabora en la estructuración de los tejidos, pues parece que pequeñas diferencias de adhesión pueden determinar la agrupación o no de unos tipos celulares con otros. Se dice que una célula moviéndose es capaz de detectar diferencias de tan sólo un 1% en la fuerza de adhesión entre diferentes zonas de su membrana, dirigiéndose hacia la zona donde detecta una mayor adhesividad. Parece, por tanto, que la célula es capaz de integrar las señales de este código morfogénico y, obviamente, de responder a ellas; baste recordar que algunas de las moléculas implicadas en fenómenos adhesivos pueden funcionar como auténticos transductores. Como hipotéticamente sería posible inactivar independientemente cada una las moléculas implicadas en adhesión, es teóricamente posible que en el futuro se pudiesen establecer las bases de este código morfogénico. O lo que es lo mismo, conocer el grado de implicación que cada una de estas moléculas posee en los fenómenos de adhesividad y reconocimiento y los efectos biológicos que de ellos derivan.

2.8. Membrana y transducción

Todos los tipos de componentes de membrana, pero especialmente proteínas y lípidos, están implicados en procesos de transducción. La importancia de los mecanismos de transducción en la fisiología celular y el gran desarrollo alcanzado en el conocimiento de estos mecanismos en los últimos años nos ha llevado a considerarlos en un tema aparte (tema 13, Comunicación celular).

Citoesqueleto

3

Se denomina "citoesqueleto" al conjunto de filamentos proteicos situados en el citoplasma, que constituyen estructuras reticulares o no, más o menos complejas y contribuyen a la morfología celular, organización interna de los orgánulos citoplásmicos y movimiento celular. Pese a la idea de estabilidad que conlleva el uso del término "esqueleto", es necesario indicar que el citoesqueleto es una estructura inmersa en un equilibrio dinámico, cuyos componentes están sometidos a continuo recambio y a ciclos de polimerización. Este dinamismo del citoesqueleto es absolutamente fundamental en el mantenimiento de su función. Baste recordar que moléculas que estabilizan el citoesqueleto son causa de muerte celular.

El citoesqueleto está constituido por:

1. Microfilamentos o filamentos de actina.
2. Filamentos intermedios.
3. Microtúbulos.
4. Microtrabéculas.

3.1. Microfilamentos

También llamados *filamentos de actina* puesto que la actina es su principal componente. Poseen gran importancia en la biología de la célula, tanto desde el punto de vista cualitativo como cuantitativo; la actina suele oscilar entre el 5 y el 10% del total de proteína en algunas células (hasta el 20% en el músculo esquelético). Existen diferentes isoformas de actina (isoactinas) codificadas por un conjunto de genes relacionados que, probablemente, evolucionaron a partir de un gen ancestral común. Las isoformas de actina están bastantes conservadas, sólo difieren en unos pocos aminoácidos principalmente localizados en el extremo amino terminal.

Las diferentes isoactinas se agrupan en tres clases. La clase I incluye las actinas β y γ no musculares y la actina γ de músculo liso. La clase II incluye las actinas α del músculo cardíaco, esquelético y del músculo liso vascular. La clase III incluye la actina2 de algunas levaduras, la ACTL *(actin-like)* de *Caenorhabditis elegans,* la centractina y las actin-RPV (proteína de vertebrados relacionada con actina). La expresión de las diferentes isoactinas depende especialmente del tejido y del tipo celular.

3.1.1. Formas estructurales de la actina

• *Actina F*

Constituye un filamento de aproximadamente 6-8 nm de diámetro generado por dos hebras de proteínas globulares de 4 nm de diámetro, enrolladas en doble hélice dextrógira (13,5 moléculas de actina por vuelta); también se le denomina *actina polimerizada* (figura 3.1). La polimerización acontece cuando aumenta la concentración de Mg^{2+} o Ca^{2+} y de ATP. Es una estructura polarizada debido a la polarización estructural de las subunidades que lo componen. La disgregación de la actina F mediante soluciones salinas muy diluidas da lugar a las subunidades globulares o actina G.

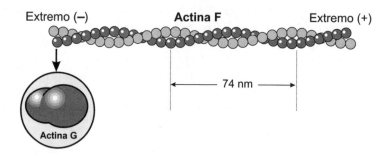

FIGURA 3.1. Filamento de actina. Cada vuelta de la hélice incluye algo más de 13 moléculas de actina G. En el círculo se esquematiza una molécula de actina G. Su estructura piriforme determina la polaridad (extremos + y –) del filamento.

• *Actina G*

También llamada *actina globular* o *actina monomérica*. Se trata de una proteína globular de 41.800 Da de Pm (375 aminoácidos). Su estructura tridimensional se conoció mediante cristalografía de rayos X; destaca la existencia de dos dominios plegados y separados por un profundo surco y cada dominio tiene dos subdominios. El surco es el lugar donde se une el ATP. La actina G tiene polaridad y es la responsable de la polaridad del filamento (actina F), puesto que al ensamblarse todas ellas toman la misma dirección. Aproximadamente el 50% de la actina existente en una célula se encuentra bajo la forma G, es decir, no polimerizada. La actina G va siempre asociada a diferentes proteínas que impiden su polimerización.

3.1.2. Proteínas asociadas a la actina

Reciben el nombre genérico de *ABPs (actin binding proteins),* son bastante numerosas (casi un centenar) y llevan a cabo funciones muy diversas. Inicialmente fueron clasificadas por clases (I, II, III,...), pero la tendencia más moderna es atender al papel que desempeñan:

— *Proteínas estructurales:*

Formadoras de haces y formadoras de redes.

— *Proteínas reguladoras:*

Motoras y no motoras.

A) Proteínas estructurales

• *Formadoras de haces* (figura 3.2)

α-actinina. Interviene en la unión de los filamentos de actina en haces en los que los filamentos quedan paralelos entre sí. Sus uniones con la actina dejan espacios que permiten la unión con la miosina. Este tipo de relación está presente en las fibras de estrés. En su función de anclaje entre filamentos de actina actúa como un dímero.

Fimbrina. Interviene en la formación de haces, uniendo los filamentos paralelos entre sí de manera tal que no permiten la unión con otras moléculas. El empaquetamiento es mucho más estrecho que en el caso de la anterior proteína. Se ha descrito su presencia en las microvellosidades, filopodios y microespinas. Su función de anclaje de filamentos la realiza como monómero.

Además también destacan *villina* (epitelio intestinal) y *fascina* (huevos de erizo de mar).

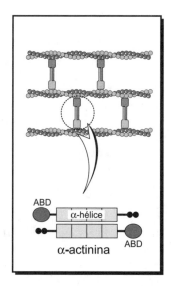 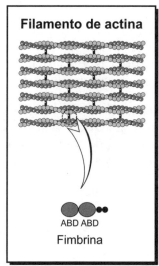 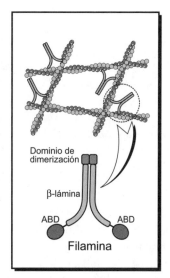

FIGURA 3.2. Estructura y función de tres proteínas que se unen a actina: α-actinina, fimbrina y filamina. Las dos primeras se encargan de formar haces de filamentos de actina paralelos, aunque la fimbrina permite un mayor empaquetamiento de estos filamentos. La filamina forma puentes entre filamentos que no se disponen paralelos y permite la formación de redes. La zona rotulada como ABD es el dominio (estructura globular) de unión a actina *(actin binding domain)*.

- *Formadoras de redes o geles*

Filamina. Es una proteína de unión que actúa como un dímero y forma redes de actina pues puentea microfilamentos dispuestos transversalmente.

También destaca *gelactina* en amebas.

B) *Proteínas reguladoras*

- *Motoras*

Miosina. Permite el deslizamiento de los microfilamentos de actina unos sobre otros. En presencia de actina desempeña un papel enzimático hidrolizando el ATP. La miosina es una molécula alargada de un peso molecular aproximado de 450 kDa. Cada molécula está constituida por seis cadenas polipeptídicas: dos cadenas pesadas idénticas y cuatro cadenas ligeras (dos pares). Cada cadena pesada posee una zona globular en el extremo amino terminal a la que se asocian dos cadenas ligeras. El resto de la cadena pesada es una α-hélice que se arrolla helicoidalmente con la otra cadena pesada (figura 3.3). La digestión proteolítica de la molécula de miosina genera la meromiosina ligera (MML) y la meromiosina pesada (MMP). Los lugares susceptibles de corte por proteasas funcionan como auténticas bisagras implicadas en las funciones motoras de la miosina. Este tipo de miosina fue la primera conocida y se llamó *miosina II*. En 1973 se describió la *miosina I;* sólo tiene una cabeza, su dominio de cola es más corto y muy variable y puede llevar asociadas una o más cadenas ligeras.

En general, la cola es responsable de la unión espontánea de moléculas de miosina en filamentos más gruesos y las cabezas son responsables del desplazamiento de las moléculas a lo largo de los filamentos adyacentes de actina. La miosina II está implicada en fenómenos de contracción muscular y en el proceso de citocinesis. La miosina I lo está en fenómenos de locomoción celular, fagocitosis y movimiento de orgánulos.

Aunque no son proteínas motoras es necesario incluir aquí a *tropomiosina*, *caldesmona* y *calponina*, ABPs que modulan la relación entre actina y miosina.

La tropomiosina se une al filamento de actina asociándose con 7 monómeros de actina; junto con la troponina media el control que el Ca^{2+} ejerce sobre la contracción muscular. La unión del Ca^{2+} a la troponina modifica la posición de la tropomiosina en el filamento de actina permitiendo la interacción entre actina y miosina.

La caldesmona es una proteína regulada por calmodulina que inhibe la actividad ATPásica de la miosina de un modo gradual mediante un mecanismo todavía no bien elucidado.

La calponina, que se une a calmodulina, tropomiosina y actina, también inhibe esta actividad enzimática pero mediante un mecanismo del "todo o nada". *In vitro* se ha visto que caldesmona posee otras funciones como la regulación de la estabilidad del filamento de actina, la inducción de la polimerización de actina, la inhibición de gelsolina... *In vivo* se ha sugerido que podría estar implicada en mecanismos de motilidad celular, movimiento intracelular de orgánulos, secreción y mitosis.

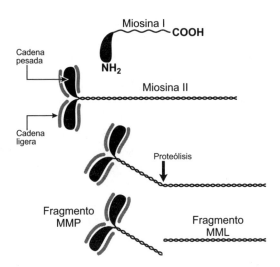

FIGURA 3.3. Miosina I y miosina II. La miosina I es un monómero; por el contrario, la miosina II está formada por la asociación de dos cadenas pesadas y cuatro ligeras. La cadena pesada consta de una cabeza globular y una cola que se enrolla con la cola de la otra cadena pesada. La cadena pesada posee dos zonas sensibles a proteasas; son zonas de estructura no helicoidal que confieren flexibilidad a la molécula y le permiten doblarse y funcionar como una bisagra; uno de los lugares aparece indicado en la figura. La rotura de la molécula en este punto genera los fragmentos MMP (meromiosina pesada) y MML (meromiosina ligera). El otro lugar de rotura se localiza cerca de la cabeza, en la zona donde las colas comienzan a enrollarse. La rotura en este punto genera dos fragmentos; el fragmento S1 que contiene la cabeza y el S2 que contiene el trozo de la cola que va en la MMP.

- *No motoras*

Probablemente son el grupo más variado y abundante. Se pueden subdividir en:

Proteínas que secuestran monómeros:

— *Profilina*. Actúa regulando la polimerización de actina. Se cree que la activación de profilina (probablemente vía PIP_2) liberaría a ésta de la membrana permitiéndole unirse a monómeros de actina impidiendo su polimerización. El mecanismo por el que la profilina modula la polimerización estaría relacionado con el intercambio de nucleótidos (ATP, ADP) que se pueden unir a la actina G. Es interesante destacar que las profilinas de plantas son importantes alérgenos humanos.
— *Timosinas*. Familia de proteínas de bajo Pm, alrededor de 5 kDa, que actúan de modo parecido a las anteriores pues secuestran monómeros de actina y les impiden polimerizar. Aunque en principio se dio más importancia a las profilinas como secuestradores de actina G, hoy día se cree que este papel es principalmente desarrollado por timosinas. DNAsa I y timosina compiten por el sitio de unión a actina.
— *DNAsa I*. La desoxirribonucleasa I degrada ADN desde el extremo 5'. No es una enzima específica pues no reconoce ni bases específicas ni secuencias específicas de ADN. DNAsa I forma un complejo 1:1 con la actina G previniendo la formación de

filamentos de actina; por otra parte, la actina determina la inhibición de la DNAsa. La importancia fisiológica de esta unión es desconocida pero se ha aprovechado para purificar actina y estudiar la polimerización del filamento.

— *Hisactofilina*. Hasta el momento sólo descrita en *Dictyostelium discoidieum*. Se une en proporción 1:1 a la actina G induciendo su polimerización por debajo de pH 7. Se piensa que puede actuar como un sensor de protones que acopla acontecimientos extracelulares a la polimerización de actina.

— *Actobindina*. Descrita en *Acanthamoeba*. Se une a monómeros de actina y, puesto que se une a dos monómeros, es un potente inhibidor de la nucleación de actina.

— *Depactina* (oocitos de estrella de mar) y *destrina* (riñón) también pertenecen a este grupo.

Proteínas de encapuchamiento (capping). También son llamadas *proteínas que bloquean extremos* pues se enlazan en esta región del filamento de actina. Pueden modular la polimerización-despolimerización del filamento e incluso promover la formación de nuevos filamentos. Entre ellas destacan la *Cap Z* (proteína asociada a la línea Z), *MCP* (*Cap 39*), *aginactina*, *radixina* e *insertina* entre otras.

Proteínas de fragmentación. Son proteínas que al unirse al filamento de actina lo cortan; por tanto, reducen la longitud del filamento y afectan de modo considerable a la viscosidad del citoplasma. A la vez que lo cortan lo encapuchan, por ello también se denominan *proteínas que cortan y encapuchan filamentos de actina*. Entre ellas destacan *gelsolina* (Ca^{2+}-dependiente) en células de mamíferos, *villina* (Ca^{2+}-dependiente, también forma haces), *severina* (Ca^{2+}-dependiente) en amebas y huevos de erizo de mar, *fragmina*, *adseverina*, *escinderina*...

3.1.3. Polimerización de actina

Los monómeros de actina unidos a ATP se van incorporando (de modo no covalente) a los extremos del filamento de actina; posteriormente, el ATP es hidrolizado a ADP. La hidrólisis del ATP se cree que conlleva un cambio conformacional que estrecha el surco que posee la actina G. En el fenómeno de polimerización se propuso que el cambio conformacional también generaba un apéndice hidrofóbico que se introduciría entre dos subunidades de actina G adyacentes y conllevaría la estabilización del polímero (actina F). Este mecanismo implica la existencia de un casquete de actina polimerizada unida a ATP en el/los extremo/s del microfilamento donde se está produciendo polimerización. Este casquete impide la despolimerización del filamento. El filamento es susceptible de polimerizar actina en sus dos extremos, pero uno lo hace a una velocidad de cinco a diez veces mayor que la del otro; por ello, hipotéticamente bajo determinadas condiciones se puede dar polimerización en los dos extremos, polimerización en un extremo y despolimerización en el otro o despolimerización en los dos extremos.

Conviene separar el fenómeno físico de polimerización a partir de un filamento ya formado del fenómeno de génesis de un nuevo filamento. Se ha postulado que en la génesis de un nuevo filamento existiría una importante fase inicial de nucleación. En este caso, se comenzarían asociando 2 moléculas para formar un dímero. La unión de las dos moléculas del dímero es poco estable pero la adición de una tercera (formación de un trímero) estabiliza al conjunto y permite la agregación de más moléculas de actina. El trímero, por tanto, sería una estructura de nucleación para el filamento de actina.

3.1.4. Regulación de la organización de microfilamentos

En el normal funcionamiento de algunas células se pueden producir reorganizaciones del citoesqueleto de actina pero, probablemente, es durante la mitosis cuando la célula sufre los cambios más drásticos en su red de microfilamentos. Así, es en esta fase del ciclo celular donde más fácilmente se han estudiado algunos de los acontecimientos moleculares responsables de estos cambios. Uno de los fenómenos moleculares que más afecta a la red de microfilamentos es la fosforilación. En general, se cree que en el redondeamiento que la célula presenta en mitosis puede estar implicada la fosforilación de muchas ABPs. Por ejemplo, la fosforilación de caldesmona durante la fase M reduce su afinidad por actina, calmodulina y miosina. Espectrina es más soluble durante la mitosis, fase en la que presenta un mayor grado de fosforilación. La fosforilación de la proteína MARCKS (ABP asociada a membrana, sustrato de la P*K*C, *r*ica en *a*lanina y *m*iristoilada) determina la pérdida de su capacidad para formar haces de microfilamentos.

Paxilina, talina, vinculina y tensina son proteínas que se pueden fosforilar en Tir y todas ellas se localizan en adhesiones focales, lugar donde, al menos, se localizan dos proteínas tirosina-kinasa (PTK): pp60 y FAK (pp125). El mecanismo por el que la activación de estas PTKs produce sus efectos no está totalmente conocido pero, en el caso de FAK, parece ser que esta proteína se autofosforila en Tir tras su activación y estas fosfotirosinas pueden ser reconocidas por proteínas con secuencias SH que activan determinadas vías de señalización, algunas de las cuales pueden modificar citoesqueleto. Considérese que bastantes ABPs presentan secuencias del tipo SH. Además, proteínas G monoméricas (familia Rho) también podrían estar implicadas en la reorganización y estructuración de la red de microfilamentos.

3.1.5. Funciones

Contracción muscular. La asociación y perfecta estructuración de actina y miosina en las células musculares es la responsable del alto grado de contractibilidad que presentan estas células.

Esqueleto mecánico. Esta función es típica en estructuras como:

a) Microvellosidades (ver apartado 3.9).

b) Estereocilios, presentes en los ápices de las células ciliadas de la cóclea y del vestíbulo (oído interno) y en las vías espermáticas del aparato genital masculino (la estructura no es diferente de la que exhiben las microvellosidades).

c) Micropúas o microespinas y filopodios, que son evaginaciones dinámicas de la membrana de las células eucarióticas.

Citocinesis. Al final de la división celular de las células animales, a nivel de la placa ecuatorial, se produce un estrangulamiento debido a la formación de un anillo contráctil. Este anillo está constituido por filamentos de actina y miosina y el resultado final de su contracción es la división de la célula madre mitótica en dos células hijas.

Sistemas de anclaje. La actina es parte integrante de los contactos focales y las bandas de adhesión (ver apartado 2.7.1).

Morfogénesis. La formación de tubos a partir de capas laminares puede explicarse por la participación de las bandas de adhesión (figura 3.4).

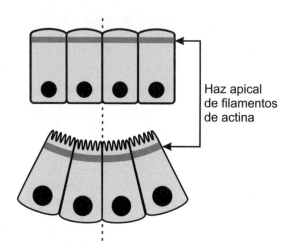

Haz apical
de filamentos
de actina

FIGURA 3.4. Función de los filamentos actina. Estos filamentos pueden estar implicados en la obtención de tubos a partir de una lámina plana de células.

Sistemas de locomoción. Este punto se desarrollará en el apartado 3.10.

Endocitosis-exocitosis. Aunque el proceso no es bien conocido, la actina posee una importante función en los fenómenos de exocitosis y endocitosis; de hecho, la inhibición de procesos de polimerización y despolimerización de actina determina su detención.

Por último, existen drogas de uso bastante común en los experimentos acerca de la función fisiológica del filamento de actina pues su efecto es imitar la función de alguna de las ABP. Entre ellas, las dos más usadas son *faloidina* y *citocalasina D*. La faloidina, producida por el hongo *Amanita phaloides*, puede llegar a tener efecto mortal por inhibición de la despolimerización del filamento debido a su estabilización. La citocalasina D, producida por diferentes mohos, inhibe polimerización de actina por encapuchamineto. Otras drogas rompen filamentos ("mycalolide B, swinholide A") o se unen a monómeros de actina (latrunculina A).

3.2. Filamentos intermedios

Son filamentos proteicos cuyo diámetro es de 8-10 μm; de hecho, este tamaño intermedio entre los microfilamentos y los microtúbulos fue la causa de su denominación como filamentos intermedios. A diferencia de los filamentos de actina y de los microtúbulos (se verán a continuación), los intermedios son muy heterogéneos, estables e insolubles y no necesitan ni ATP ni GTP para polimerizar. Están presentes en todas las células eucarióticas.

3.2.1. Estructura

A pesar de la gran variabilidad, todos tienen una estructura básica común pues están formados por la agrupación de una serie de subunidades repetitivas (figura 3.5). Cada subunidad resulta de la agrupación lateral de moléculas proteicas filiformes. Cada una de estas moléculas proteicas (monómero) posee una parte central o varilla y dos extremos (C-terminal y N-terminal). La varilla presenta dos regiones (I y II) con estructura en α-hélice delimitadas por pequeñas áreas no helicoidales. Los extremos terminales poseen estructura globular. Las varillas de dos monómeros se enrollan helicoidalmente para formar un dímero y de la asociación de dos dímeros se obtiene un tetrámero (4 monómeros). La asociación longitudinal de tetrámeros genera el protofilamento. Dos protofilamentos forman una protofibrilla y la asociación lateral de 4 protofibrillas es responsable del grosor del filamento intermedio. La asociación longitudinal de tetrámeros determinará la longitud del filamento intermedio. Los dímeros que forman el tetrámero, al igual que los protofilamentos que forman el filamento intermedio, pueden estar desfasados. Las regiones helicoidales son las zonas más conservadas; las regiones de cola y cabeza son más variables.

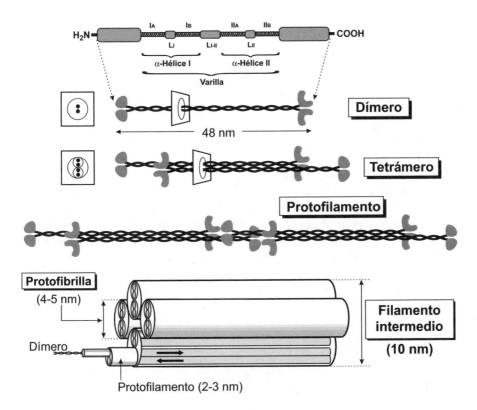

FIGURA 3.5. Estructura de un filamento intermedio. En la parte superior se ilustra un monómero en el que se detallan las zonas de estructura globular y las zonas con estructura en α-hélice.

3.2.2. Tipos de filamentos intermedios

Tipo I. Queratinas ácidas. *Tipo II.* Queratinas básicas y neutras. Las *queratinas* son típicas de células epiteliales, destacan especialmente en las epidérmicas y en los derivados epidérmicos como pelos, uñas... Se han descrito 20 tipos de queratinas distintas, 10 del tipo I y 10 del tipo II. En la formación del filamento intermedio participan siempre unas y otras; es decir, que el filamento intermedio de queratina es un heteropolímero. La expresión de unos tipos y otros varía con el desarrollo y en los diferentes tipos celulares que las presentan. En las plumas de las aves aparece un tipo especial de queratinas llamadas β-queratinas, a diferencia de todas las demás que se denominan α-queratinas.

Tipo III. Dentro de este tipo existen a su vez cuatro subtipos de filamento intermedio: los de vimentina, los de desmina, los de GFAP y los de periferina. Los de *vimentina* parecen ser homopolímeros de vimentina presentes en células de origen mesenquimático: fibroblastos, fibrocitos, condroblastos... aunque también han sido descritos en células de otra naturaleza en las primeras fases del desarrollo. Se piensa que contribuyen a mantener en su lugar al núcleo y los demás orgánulos celulares. Los de *desmina* se localizan en las células musculares tanto lisas como estriadas, también se han descrito en fibroblastos. Son muy abundantes en las células musculares lisas que constituyen la pared media de los vasos. En la célula muscular estriada se localizan a nivel de la línea Z. Los de *GFAP* (proteína gliofibrilar ácida), también llamados *gliofilamentos* o *filamentos de las células gliales,* están presentes en los astrocitos (sistema nervioso central) y en las células de Schwann (sistema nervioso periférico). Al igual que la desmina, se cree que son homopolímeros. Los de *periferina* son típicos de neuronas del sistema nervioso periférico (neuronas de los ganglios de la raíz dorsal, ganglios simpáticos, nervios craneales y motoneuronas ventrales). En los últimos años se han descrito *gefiltina* y *plasticina* como proteínas formadoras de filamentos intermedios en la vía visual de peces. Ambas son sintetizadas en las neuronas ganglionares y transportadas al nervio óptico vía transporte axónico de tipo lento. A la plasticina se le ha implicado en la capacidad de regeneración y crecimiento axonal en esta región. Plasticina es una proteína de neurofilamentos de tipo III y gefiltina lo es del tipo IV (se verá a continuación).

Se dice que las proteínas de esta clase pueden ensamblar unas con otras y formar filamentos con estructura de heteropolímero. En las células astrogliales, que al principio de su desarrollo expresan vimentina y en su madurez GFAP, se ha descrito la existencia transitoria de filamentos intermedios formados por vimentina y GFAP.

Tipo IV. Que incluye los neurofilamentos, los filamentos de α-internexina y los de gefiltina (vistos en el tipo anterior). Los *neurofilamentos* se expresan en las neuronas del sistema nervioso central y son heteropolímeros formados por tres proteínas de diferente peso molecular (NF_L, NF_m, NF_h); e intervienen en el transporte axonal juntamente con los neurotúbulos. La α-*internexina* es una proteína que también forma filamentos intermedios en neuronas, homopolímeros en este caso. Parece tener un papel importante en el desarrollo embrionario.

Tipo V. En esta clase se incluyen los filamentos intermedios que forman la lámina nuclear (apartado 4.2.2). Las proteínas que los forman reciben el nombre de *láminas* y son heteropolímeros pues resultan de la polimerización de tres tipos de láminas: lámina A, lámina B y lámina C. Obviamente, están presentes en todas las células.

Otros tipos de filamentos intermedios. Por sus peculiaridades estructurales no se incluyen en ninguno de los cinco tipos anteriores. La *nestina* forma filamentos intermedios en células neuroepiteliales germinativas y de modo muy escaso en el músculo esquelético en desarrollo. Presenta un cierto parecido con alguna de las proteínas del tipo III, pero posee un enorme dominio globular carboxilo terminal que recuerda a las del tipo IV. La *filensina* es una proteína que se expresa durante la diferenciación del cristalino en vertebrados y junto con otra proteína de 47 kDa genera heteropolímeros que constituyen los filamentos intermedios de estas células. Es bastante parecida a nestina, por lo que muestra parecido con los filamentos de tipo III y IV.

3.2.3. Proteínas asociadas a filamentos intermedios

Reciben el nombre genérico de IFAPs (acrónimo del término *intermediate filament associated proteins*) y son mucho menos conocidas que las ABP y las asociadas a microtúbulos. Aunque sus funciones no son bien conocidas se piensa que pueden estar implicadas en la organización y función del filamento intermedio. Destacan *epinemina, P50* e *IFAP-300K* asociadas a vimentina; *sinemina, paranemina* y *plectina* asociadas a desmina; *filagrina* y *tricohialina* asociadas a queratinas, *IFAP48* y *plectina* asociada a gliofilamentos y *NAPA-73* y *plectina* asociada a neurofilamentos. La plectina, como se ha visto, puede asociarse a diferentes tipos de filamentos intermedios.

3.2.4. Polimerización

Es bastante diferente a la mostrada por los microfilamentos y microtúbulos. En general, son estructuras muy estables que en su génesis no necesitan ni proteínas auxiliares ni factores para polimerizar, por lo que se cree que la información necesaria para hacerlo va intrínseca en su estructura. En primer lugar es necesario formar el dímero y posteriormente el tetrámero. La asociación longitudinal de tetrámeros generaría un protofilamento, dos protofilamentos generarían una protofibrilla y cuatro protofibrillas el filamento intermedio (32 proteínas en corte transversal). En general se cree que la energía libre para la asociación lateral de monómeros y dímeros es mucho mayor que la de asociación por los extremos, por lo que se asocian preferentemente de modo lateral. Para la asociación de tetrámeros se cree que ambas energías son muy parecidas y por ello habría asociación longitudinal y lateral. Se piensa que esto puede ser una de las causas por las que la asociación de las dos proteínas que conforman el dímero es totalmente paralela; sin embargo, la asociación de dímeros para formar tetrámeros suele producirse con mayor o menor grado de desfase entre un dímero y otro dependiendo del tipo de filamento intermedio (las citoqueratinas parecen ser las que se asocian de modo más paralelo). En la estructuración del filamento son absolutamente esenciales las zonas de la varilla más próximas a los dominios globulares de la proteína y el extremo amino terminal (cabeza). El dominio globular carboxilo terminal (cola) parece irrelevante en la estructuración del filamento, por lo que se cree que puede actuar interaccionando con otros filamentos u otros componentes celulares.

La dinámica espacial de integración de protofilamentos al filamento intermedio difiere mucho de la presentada por microfilamentos y microtúbulos, donde la incorporación de nuevos constituyentes se hace por los extremos. En el filamento intermedio parece que sus constituyentes, además de poder añadirse por los extremos, también se pueden añadir al interior del filamento. Es decir, que los tetrámeros pueden ser arrancados de cualquier parte del filamento y sustituidos por otros. Esta sustitución de tetrámeros parece ser que ocurre de modo continuo y con una tasa de recambio relativamente alta. Sólo una hora después de la inyección de moléculas de queratina marcadas a células epidérmicas cultivadas se obervaba el marcaje por toda la red de filamentos intermedios al completo.

En muchos procesos celulares se producen bruscas alteraciones de la red de filamentos intermedios que conducen a su desensamblaje; por ejemplo, en el caso de la mitosis, se cree que la fosforilación puede ser el mecanismo encargado de producir el desensamblaje. Se sabe que la kinasa cdc2 fosforila láminas y vimentina durante la mitosis para producir su desensamblaje. También se ha demostrado que las láminas poseen sitios de fosforilación dependientes de otras kinasas que no determinan desensamblaje y podrían estar implicados en otro tipo de reorganización o distribución del filamento intermedio. Tal es el caso de los neurofilamentos, que cuando están altamente fosforilados predominan en el axón y no en el soma neuronal. En general, parece que la fosforilación de los filamentos intermedios está implicada en su despolimerización, reorganización, solubilidad, ubicación en áreas especiales en la célula, asociación con orgánulos celulares u otras proteínas de membrana y protección fisiológica contra el estrés. Proteasas Ca^{2+}-dependientes también han sido implicadas en la regulación de los fenómenos de ensamblaje-desensamblaje; la proteolisis limitada de los monómeros que componen el filamento intermedio (región de la cabeza) determina su incapacidad de polimerización. La participación de este tipo de proteasas se ha demostrado en su degradación. Las IFAPs no parecen ser necesarias en la formación del filamento intermedio; sin embargo, se supone que pueden ser importantes en la formación de haces de filamentos (grupos de filamentos densamente empaquetados).

3.2.5. Funciones

La gran variabilidad que presentan los filamentos intermedios y su importancia cuantitativa en algunos tipos celulares sugería la existencia de importantes funciones, especializadas y generales, en la biología de la célula. Pese a ello, las funciones de los filamentos intermedios no han sido todavía claramente demostradas. Lo más sorprendente es que animales "knock-out" para algunas queratinas, para GFAP o con mutaciones que impedían el ensamblaje de vimentina, no parecían desarrollarse con problemas importantes.

Parece obvio que pueden ser parcialmente responsables de la integridad mecánica de la célula pero, además, se ha sugerido que pueden actuar como estabilizadores de los complejos de replicación del ADN (láminas), estar implicados en procesos de diferenciación terminal (expresión de citoqueratinas en la epidermis) y en el mantenimiento de algunos sistemas de anclaje (desmosomas y hemidesmosomas). Otras funciones mucho más hipotéticas como su implicación en mecanismos de transducción o transporte de información también les han sido adscritas pero no han sido convincentemente demostradas. En relación con la estabilidad mecánica, se ha demostrado que ratones "knock-out" para GFAP sufrían más lesiones que ratones control ante fenómenos de estrés mecánico dentro del sistema nervioso central. Por último, también ha sido considerada una función de integración de todos los elementos que componen el citoesqueleto (ver apartado 3.6).

3.2.6. Filamentos intermedios y enfermedad

Se ha demostrado su implicación en la *epidermolisis ampollosa simple* que se manifiesta por la aparición de ampollas generadas por la citolisis que ocurre en el estrato basal de la epidermis ante el estrés mecánico. Puede presentarse con diferente grado de severidad; en el caso de mayor severidad, aparecen acúmulos de queratinas en el citoplasma de las células del estrato basal. Estos acúmulos preceden la citolisis. Estudios con ratones transgénicos demostraron que mutaciones en la queratina 5 y 14 generaban fenotipos parecidos a los de esta enfermedad.

La *hiperqueratosis epidermolítica* se produce por citolisis en las capas suprabasales de la epidermis; suele empezar en el estrato espinoso e ir incrementando hacia la superficie. Los acúmulos de queratina son detectables en estas células y hay un engrosamiento de las capas granulares y estrato córneo. Parece ser que en este caso la responsabilidad recae en las queratinas 1 y 10. El *queratoderma epidermolítico palmoplantar* es parecido a la anterior pero ubicado exclusivamente en la región palmoplantar; en este caso, la responsabilidad parece recaer en mutaciones puntuales en la queratina 9.

Defectos en neurofilamentos se cree que pueden ser la causa de algunos tipos de enfermedades neurodegenerativas; por ejemplo, de la *esclerosis lateral amiotrófica* y de la *atrofia muscular espinal infantil*. Estas enfermedades conducen a una total parálisis muscular siendo el sitio primario de lesión las neuronas motoras espinales y corticales. Estas neuronas presentan, entre otros cambios, la acumulación de neurofilamentos en el soma y la zona proximal del axón. En algunas *cardiomiopatías congénitas* también se ha descrito la existencia de anormalidades en la red de filamentos de desmina. Una sobreexpresión de vimentina (por encima de tres veces lo normal) en ratones transgénicos determina la *formación de cataratas* en el cristalino y el proceso parece ser similar al del desarrollo de las cataratas congénitas en humanos.

Defectos génicos en una IFAP, la plectina, también han sido asociados con la aparición de enfermedades (ver apartado 3.6).

3.3. Microtúbulos

Son, probablemente, los principales componentes del citoesqueleto y pueden aparecer dispersos por la célula o formando estructuras como centriolos, cilios y flagelos. Al igual que los microfilamentos son estructuras muy dinámicas, con una importante implicación en procesos como determinación de la forma celular, locomoción celular, transporte de orgánulos y separación de cromosomas en la mitosis.

3.3.1. Estructura

Los microtúbulos son cilindros huecos con un diámetro externo de 25 nm y una longitud muy variable. En secciones transversales aparecen formados por 13 subunidades de 5 nm de diámetro que dejan una cavidad axial central de 14 nm de diámetro (figura 3.6). La asociación longitudinal de estas subunidades genera los protofilamentos. Cada protofilamento está ligeramente desfasado con respecto al protofilamento adyacente. El número de protofilamentos puede variar para microtúbulos de distintas especies entre 9 y 14, siendo 13 el más general. Las subunidades de 5 nm no son otra cosa que la imagen de la tubulina, proteína globular que forma el microtúbulo. Aunque la tubulina es la proteína mayoritaria del microtúbulo, éste también lleva todo un conjunto de proteínas asociadas, las MAPs. El microtúbulo es una estructura polarizada, posee un extremo (+) y otro (–) en función de su capacidad de crecimiento; obviamente el extremo (+) tiene una mayor capacidad de crecimiento.

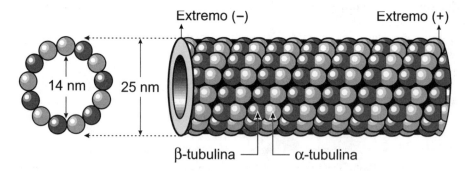

FIGURA 3.6. Estructura del microtúbulo. El modo de polimerización del heterodímero de tubulina determina la polaridad de esta estructura; la α-tubulina queda dirigida hacia el extremo + del microtúbulo.

3.3.2. Tubulina

La tubulina es una proteína globular de 110 kDa de peso molecular. Es un heterodímero formado por dos proteínas muy relacionadas que son la α-tubulina y la β-tubulina. Además de las tubulinas ya descritas existe un tercer tipo, la γ-tubulina, específicamente localizada en el centrosoma y que no forma parte del microtúbulo. Tanto α-tubulina como β-tubulina son capaces de unirse a GTP aunque en los procesos de polimerización la importancia funcional reside en el GTP unido a β-tubulina. La polaridad del microtúbulo es reflejo de la orientación de la tubulina; β-tubulina queda orientada hacia el extremo (–) y α-tubulina hacia el extremo (+).

Las tubulinas presentes en una célula no son iguales, de hecho hay bastantes tipos. En la génesis de esta diversidad influyen dos mecanismos:

a) La existencia de diversos genes que codifican para tubulina.
b) Modificaciones postraslacionales.

En relación con el primer mecanismo ya hemos visto que se han descrito tres tipos de tubulinas: α, β y γ; además, existen al menos seis genes que codifican para α-tubulinas y otros seis que lo hacen para β-tubulinas. Aunque muchos de estos tipos son intercambiables, en algunos casos son usados selectivamente; parece obvio que el uso de unas variantes u otras tiene una implicación funcional, pero no está claramente demostrado. Las modificaciones postraslacionales más comunes en las α-tubulinas son la adición de Tir en el extremo carboxilo terminal y la adición de un grupo acetilo a la Lis de la posición 40 (es interesante constatar que el 98% de la tubulina acetilada está polimerizada y sólo el 2% en forma soluble). En las β-tubulinas se ha descrito la fosforilación en un subtipo de tubulina neuronal (clase III). La poliglutamilación, añadir de 1 a 5 restos de ácido glutámico en el extremo carboxilo terminal, ocurre en los dos tipos de tubulina y parece producirse exclusivamente en tejido nervioso. Es probable que algunas de estas modificaciones puedan servir para el anclaje de las proteínas asociadas a microtúbulos.

3.3.3. Proteínas asociadas a microtúbulos

Las proteínas asociadas a microtúbulos (MAPs) se pueden clasificar en estructurales y dinámicas contemplando su funcionalidad como criterio.

- *Proteínas estructurales*

Sus funciones son:

a) Estabilización de la estructura del microtúbulo.
b) Ayuda en su polimerización.
c) Posible determinación de algunas características físicas del microtúbulo, como el número de protofilamentos.
d) Posible papel en la interacción entre microtúbulos o entre el microtúbulo y otros componentes celulares.

Son un grupo de proteínas bastante variado, algunas de ellas muy ubicuas y otras con distribución muy específica. Atendiendo a su peso molecular se clasifican en:

— *Proteínas HMW (high molecular weight)* cuyo peso molecular oscila entre 200 y 300 kDa. Entre ellas están: *MAP1A, MAP1B, MAP2, MAP3* y *MAP4*. Todas excepto MAP4 han sido indentificadas en cerebro; MAP4 se aisló de fuentes no neuronales. Estas proteínas son susceptibles de ser fosforiladas; por ejemplo, MAP4 y MAP1B sufren fosforilación dependiente del ciclo celular pero el efecto de la fosforilación no es bien conocido. La fosforilación *in vitro* de MAP2 por medio de la MAPK (proteína kinasa activada por mitógenos) determinó la pérdida de su capacidad de ensamblaje de microtúbulos; sin embargo, resultados contradictorios con los anteriores se han obtenido en experimentos *in vivo*.
— *Proteínas Tau* cuyo peso molecular va de 55 a 62 kDa. Su función principal es ayudar en polimerización y son bastante abundantes pues aparece una por cada 6 tubu-

linas. *Tau* es susceptible de ser fosforilada por diferentes mecanismos y parece que ello conlleva una disminución en su capacidad de ensamblaje de tubulinas. Fosforilaciones anormales de *Tau* se han descrito en la enfermedad de Alzheimer. Se ha hipotetizado que esto inactivaría a *Tau* conduciendo a la desestabilización de microtúbulos en el axón y determinaría una posterior degeneración neuronal.

- *Proteínas dinámicas*

También denominadas *proteínas motoras del microtúbulo* por su función: el movimiento de orgánulos a lo largo del microtúbulo acoplado a la hidrólisis de nucleótidos. Se han descrito dos superfamilias: *quinesinas* y *dineínas*, ambas ATPasas. Existe una tercera, la *dinamina* (GTPasa), pero no está demasiado claramente establecido que esta proteína funcione como una proteína motora de microtúbulos, más bien parece estar implicada en tráfico vesicular a través de membrana. Las dineínas a que se hace referencia son las citoplasmáticas (2 cabezas), existen otras dineínas ciliares (3 cabezas) que veremos posteriomente.

Quinesinas y dineínas están constituidas por dos cadenas pesadas y algunas cadenas ligeras. Lo usual es 2 pesadas y 2 ligeras para la quinesina, y 2 pesadas y un número variable de ligeras para la dineína, aunque hay bastantes variaciones. La zona globular se une al ATP y al microtúbulo y la estructura en forma de varilla lo hace al orgánulo correspondiente (figura 3.7). En las neuronas se ha responsabilizado a la quinesina del transporte anterógrado en el axón y a la dineína en el retrógrado. El mecanismo de generación de fuerza implica la hidrólisis del ATP pero no es muy bien conocido.

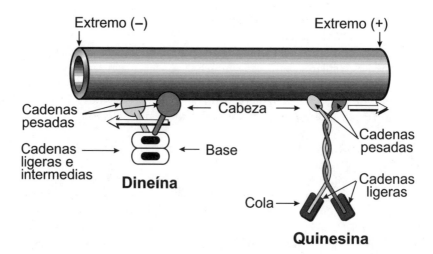

FIGURA 3.7. Proteínas asocidas a microtúbulos: dineína y quinesina. El esquema muestra su estructura y el sentido de su movimiento a lo largo del microtúbulo. Sus cadenas pesadas les sirven para unirse al microtúbulo; por el contrario, su cola (quinesina) o su base (dineína) le sirve para unirse a las estructuras, fundamentalmente vesículas, que son transportadas vía microtúbulo.

3.3.4. Polimerización y organización del microtúbulo

Dentro de la célula existen dos tipos de microtúbulos si atendemos a su estabilidad; los lábiles, microtúbulos del citoesqueleto y del huso mitótico, y los estables, microtúbulos de cilios, flagelos y centriolos. Esta labilidad indica una especial capacidad de polimerización y despolimerización de la tubulina que conforma el microtúbulo. De hecho, el microtúbulo es una estructura que se encuentra en un continuo proceso de ensamblado y desensamblado que le obliga a estar continuamente realizando ciclos de crecimiento y acortamiento (inestabilidad dinámica), lo cual le permite responder inmediatamente a los cambios a que una célula puede verse sometida.

La polimerización de una molécula de tubulina requiere la unión de una molécula de GTP a cada tipo de tubulina, pero en el futuro consideraremos sólo el GTP unido a β-tubulina pues la unida a α-tubulina no sufre modificación alguna. La hidrólisis del GTP ocurre poco después del ensamblaje de la tubulina; esto determina que las tubulinas más próximas al extremo del microtúbulo que está creciendo en un instante dado lleven unido el GTP. Por el contrario, la tubulina que se desensambla del microtúbulo siempre va unida a GDP y por ello las tubulinas ubicadas en el extremo del microtúbulo donde se está produciendo el desensamblaje van unidas a GDP. El extremo de un microtúbulo crecerá si existen tubulinas libres unidas a GTP y su tasa de adición a ese extremo es más rápida que la tasa de hidrólisis de GTP a GDP en la tubulina ya ensamblada; es decir que el extremo continuará creciendo siempre que las tubulinas que lo forman estén unidas a GTP y en el citoplasma existan tubulinas unidas a GTP. Si la tasa de hidrólisis de GTP a GDP en la tubulina ensamblada es más alta que la de incorporación de tubulinas unidas a GTP, las tubulinas del extremo del microtúbulo terminan estando unidas a GDP y comienza su inmediata despolimerización. El recambio de GDP por GTP en las tubulinas desensambladas faculta a éstas para poder ensamblarse de nuevo.

El ensamblaje de tubulina puede ser modulado por muchos factores; por ejemplo, MAPs estructurales, Ca^{2+} (inhibe), Mg^{2+}, temperatura... Un buen número de drogas que afectan a la polimerización se han empleado para estudiar la dinámica de este proceso; *colchicina* y *colcemida* se unen a tubulina e impiden su polimerización; *vincristina* y *vinblastina* afectan al huso mitótico dañando células que están dividiéndose activamente (de ahí su uso en quimioterapia antitumoral). El *taxol* es otra droga cuyo efecto es estabilizar microtúbulos; obviamente la estabilización del huso mitótico determina su pérdida de funcionalidad y por ello este producto también es empleado en quimioterapia antitumoral.

Previamente vimos que la polaridad estructural del microtúbulo determinaba la existencia de dos extremos diferentes en relación con la capacidad de crecimiento: un extremo (+) con mayor capacidad de crecimiento y un extremo (–) con menor capacidad de crecimiento. En la célula existen estructuras a partir de las que se produce una continua generación de microtúbulos, por ello estas estructuras reciben el nombre genérico de *centros organizadores de microtúbulos* (COMT, o MTOC si se usa el acrónimo inglés). El centrosoma es el COMT más importante en las células animales, especialmente su material pericentriolar. La composición proteica de esta región no es bien conocida pero se sabe que en ella se localiza la γ-tubulina cuya función puede ser importante en la nucleación del microtúbulo; es decir, en la génesis de nuevos microtúbulos. El extremo (–) del microtúbulo siempre aparece asociado al COMT. Además de los centriolos existen otros COMT; por ejemplo, en las plantas es una masa proteica ubicada en los extremos del huso mitótico.

3.3.5. Funciones de los microtúbulos

Determinan forma celular. Algunos ejemplos son la existencia de una banda marginal de microtúbulos en las plaquetas y la disposición longitudinal de microtúbulos presente en los axones. Existen células donde la participación de los microtúbulos en la forma celular es menos evidente pero el tratamiento con desestabilizantes determina importantes cambios morfológicos (fibroblastos, leucocitos...). Además, son los encargados de mantener la estructura de cilios, flagelos y axopodios.

Mantienen polaridad celular. La polaridad no es sino el orden específico que presentan los orgánulos dentro de una célula con el fin de optimizar una determinada función. El tratamiento de células polarizadas con agentes desestabilizantes de microtúbulos determina la pérdida de polaridad, lo que conlleva en algunos casos la pérdida de funcionalidad de la célula.

Transporte intracelular. Las células pigmentarias (cromatóforos) son un excelente modelo para el estudio de la participación de los microtúbulos en el transporte intracelular. Las células pigmentarias melánicas contienen en su citoplasma unos gránulos de pigmento rodeados de membrana simple denominados *melanosomas,* situados entre los microtúbulos, dispuestos de manera radial emergiendo desde el centro de la célula. Por la acción de la hormona melanotropa (MSH) los gránulos se dispersan por toda la célula alcanzando el máximo de pigmentación. Al cesar la acción hormonal, los gránulos se concentran en el centro celular y la célula se aclara. Los microtúbulos intervienen en el reparto de los melanosomas y se disgregan cuando éstos se localizan en el centro. El transporte axónico, tanto retrógrado como anterógrado es otro ejemplo de transporte intracelular mediado por microtúbulos.

Morfogénesis. Las células adquieren progresivamente su forma definitiva en el proceso llamado morfogénesis, donde los microtúbulos tienen un papel fundamental. Por ejemplo, el cristalino ocular se diferencia a partir de la placoda óptica. Las células de la placoda se alargan y transforman en prismáticas. Este alargamiento acontece con el desarrollo de los microtúbulos que emanan paralelamente al eje de la célula, desde un centro organizador de los mismos.

La orientación de las fibrillas de celulosa de la pared celular de células vegetales también es un procreso controlado por microtúbulos.

En los movimientos de los cromosomas en mitosis y meiosis. Los microtúbulos constituyen el huso acromático o huso mitótico que es la estructura encargada de repartir los cromosomas.

Movimiento de vesículas. El movimiento de vesículas hacia atrás en los dictiosomas o el movimiento de vesículas en caso de procesos de exo- y endocitosis se ve alterado por el uso de drogas que afectan a los microtúbulos. Las vesículas de origen golgiano encargadas de formar la placa ecuatorial en la división de las células vegetales también son dirigidas por microtúbulos.

3.3.6. Otras formas de polimerización de la tubulina

Los microtúbulos son la estructura de tubulina polimerizada más común; sin embargo, un buen número de estructuras diferentes también pueden ser generadas por la polimerización de tubulina *in vitro:* anillos, cintas con formas de "S" o de "C", láminas, microtúbulos de doble pared, macrotúbulos... La significación biológica de estas estructuras, si la poseen, es desconocida.

3.4. Microtrabéculas

Es una malla tridimensional de delgados filamentos (0,3-1 nm) que sólo ha sido puesta en evidencia con el microscopio electrónico de alto voltaje. Su existencia es controvertida pues se piensa que puede llegar a ser un artefecato.

Su composición es desconocida, se pueden bifurcar sus componentes (ningún otro elemento del citoesqueleto lo hace) y también sería susceptible de polimerización-despolimerización.

Sus hipotéticas funciones podrían ser la de actuar como soporte para ribosomas, enzimas solubles... y como elemento de integración para todo el citoesqueleto pues relacionaría todos sus componentes.

3.5. Relación del citoesqueleto con la membrana

El citoesqueleto, especialmente la red de microfilamentos, mantiene una estrecha asociación con la membrana. Esto es especialmente obvio en el caso de uniones adherentes donde microfilamentos y filamentos intermedios se relacionan con proteínas de membrana mediante proteínas intermedias o de unión, pero, además, existen otros contactos no tan focalizados y mucho más extendidos por toda la célula.

Conviene considerar aquí dos tipos de relación: *a)* proteínas transmembrana que se unen directamente al microfilamento, y *b)* proteínas que median la unión entre proteínas de membrana y el citoesqueleto cortical de microfilamentos.

Entre las primeras destacan *LSP1* en linfocitos, *ponticulina* en *Dyctiostelium* y el receptor humano para EGF (factor de crecimiento epidérmico). En relación con las segundas destacan, en el eritrocito, *anquirina* y *banda 4.1* que unen una red formada por espectrina y actina a proteínas de membrana (figura 3.8). La existencia de diferentes tipos de anquirinas parece indicar que esta familia de proteínas podría mediar la unión del citoesqueleto cortical de actina a diferentes proteínas de membrana en otros tipos celulares. La proteína banda 4.1 también pertenece a una superfamilia que incluye *ezrina, radixina, moesina* (familia ERM), *merlina* y *talina* cuya función también sería la de unir citoesqueleto a membrana en otros tipos celulares. Es necesario recordar aquí que la espectrina no eritrocítica también recibe el nombre de *fodrina.* Las plaquetas también presentan un sistema bastante específico de anclaje del citoesqueleto a membrana pues parece ser que el nexo de unión entre membrana y los microfilamentos es *filamina.* En las microvellosidades (apartado 3.9) el anclaje a membrana de los microfilamentos se produce por miosina I-calmodulina.

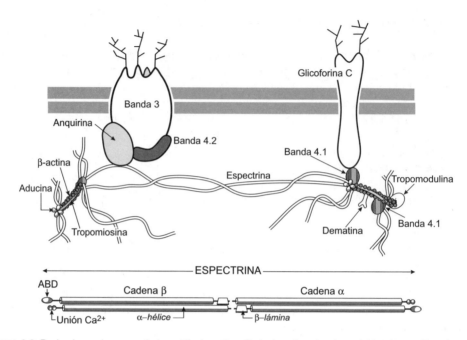

FIGURA 3.8. Red submembranosa de los glóbulos rojos. Se incluye la estructura del tetrámero (2 cadenas α y 2 cadenas β) de espectrina. La cadena β lleva asociado un dominio de unión a actina (ABD) y la cadena α dos dominios de unión a Ca^{2+} en el extremo C. En el establecimiento del tetrámero son importantes las interacciones laterales de las cadenas orientadas antiparalelamente, especialmente las que ocurren entre el extremo N de la cadena β (región ABD) y el extremo C de la cadena α (zona de unión al Ca^{2+}) y las que se establecen entre los extremos C y N de las cadenas α y β (respectivamente) asociadas linealmente.

La *distrofina* es otra importante proteína que media relación entre membrana y microfilamentos. La distrofina forma dímeros que unen un complejo de proteínas de membrana a los filamentos de actina de las células musculares, el complejo transmembrana está encargado de unir la célula a la matriz (figura 3.9). Se han descrito dos enfermedades, la distrofia muscular de Duchenne y la de Becker, que se originan por la ausencia o la expresión de distrofina anormal. La distrofina pertenece a la superfamilia de la espectrina-fodrina, otros elementos de esta superfamilia son α-actinina, fimbrina, ABP120 y ABP280.

Las *anexinas* también son una importante familia de ABP Ca^{2+}-dependientes que se unen a fosfolípidos de membrana y llegan a ser el 2% de las proteínas de las células de vertebrados; hasta el momento se han identificado 12 anexinas. La terminología de estas proteínas ha sido muy confusa pues también se las ha denominado como *calpactinas, lipocortinas, cromobindinas, endonexinas, calcimedinas* y *sinexinas*. Les han sido atribuidas las siguientes funciones: interacción con el citoesqueleto, inhibición de la PLA_2, agregación de membranas y vesículas y la formación de canales de membrana selectivos para Ca^{2+}. Algunas anexinas pueden formar haces de filamentos de actina. El mecanismo de unión a actina no es bien conocido y se cree que podría operar a concentraciones de Ca^{2+} de rango milimolar (las fisiológicas son de rango micromolar) . Esto concuerda con su papel en fenómenos de exocitosis donde operan elevadas concentraciones de Ca^{2+} (apartado 2.5.2, exocitosis).

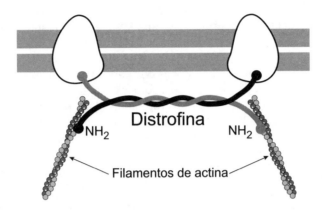

FIGURA 3.9. Modelo de anclaje de los filamentos de actina a proteínas integrales de la membrana a través de distrofina. La distrofina es una proteína estructuralmente relacionada con la espectrina. Posee capacidad de unirse a la actina por su extremo N y a proteínas transmembrana por su extremo C; además, en la formación del dímero de distrofina es necesaria una estrecha interacción lateral entre los monómeros de distrofina de disposición antiparalela.

Microtúbulos y filamentos intermedios también puede anclarse a membrana. En relación con los microtúbulos se ha propuesto que en neuronas, *gerfirina*, proteína periférica anclada en el lado citosólico y asociada a algunos canales iónicos, puede ser la responsable de la inmovilización de éstos por anclaje a microtúbulos. La IFAP *plectina* también ha sido propuesta como responsable de la unión de los filamentos intermedios a proteínas de membrana.

3.6. Interrelación entre los diferentes elementos del citoesqueleto

Microtúbulos y filamentos intermedios parecen mantener una estrecha relación; la disrupción de la red de microtúbulos en neuronas induce la desorganización de la red de filamentos intermedios; sin embargo, la disrupción de la red de algunos tipos de filamentos intermedios en determinadas células no induce el mismo efecto sobre la red de microtúbulos. MAP2 ha sido propuesta como uno de los candidatos que median esta relación en neuronas; sin embargo, quinesina, una MAP del tipo HMW de 210 kDa y una proteína del tipo IFAP de 95 kDa también han sido implicadas.

En los últimos años se ha postulado una hipótesis según la cual una IFAP llamada *plectina* podría tener un importantísimo papel en la integración de todos los elementos del citoesqueleto y la membrana. Parece ser que la plectina es capaz de interrelacionar con microtúbulos, con filamentos de actina, con la membrana y filamentos intermedios entre sí. La relación con los microtúbulos es probable que se lleve a cabo a través de MAPs de diferente tipo en función del tipo celular; por ejemplo, MAP1 y/o MAP2 en tejido nervioso y proteínas del tipo quinesina en otras células. La relación con microfilamentos estaría sustentada por ABPs pues parece que la plectina no posee dominios de unión a actina. La relación con la membrana podría darse a través de las uniones adherentes en las que participan los filamentos intermedios e incluso a través de la unión de plectina con espectrina. La idea es que el complejo plectina-filamento intermedio podría llevar a cabo la interrelación de los elementos del citoesqueleto, incluso se ha dicho que la plectina podría llevar a cabo esta función independientemente de los filamentos intermedios. Esto explicaría la existencia de fenotipos aparentemente normales en ratones que carecen de vimentina.

El importante papel de la plectina es apoyado por la existencia de una enfermedad hereditaria, la "epidermolisis ampollosa con distrofia muscular", donde parece que una deficiencia en esta proteína es la base molecular de la enfermedad. La falta de plectina en la estructuración de queratina puede explicar los problemas en la piel, y deficiencias en la unión de desmina a la membrana o a la maquinaria contráctil explicarían las deficiencias en el músculo. Según esto, es posible pensar que el filamento intermedio sería una estructura que capacitaría a la plectina en su función de interrelación.

3.7. Cilios y flagelos

Son apéndices móviles existentes en la superficie de numerosas células eucarióticas. Su diámetro es de 0,25 μm y la longitud va de 2 a 10 μm en cilios y hasta algunos mm en flagelos. Los cilios son cortos y numerosos y los flagelos largos y escasos. Los dos poseen una estructura muy similar pero el tipo de movimiento es distinto. Algunas bacterias también poseen flagelos pero su estructura es completamente diferente.

3.7.1. Estructura

Constan de las siguientes partes: *tallo o axonema*, que sobresale de la célula; *zona de transición*, a la altura de la membrana; *corpúsculo basal* y *raíces ciliares* son estructuras ubicadas dentro de la célula (figura 3.10).

- *Tallo o axonema*

Está rodeado por la membrana plasmática y en su interior hay 2 microtúbulos centrales y 9 pares de microtúbulos dispuestos circularmente, por ello esta estructura es del tipo 9_2+2. Los dos microtúbulos centrales tienen 13 protofilamentos y no están en contacto directo. Están rodeados helicoidalmente por una fibra o vaina central que no es otra cosa que proyecciones que surgen de este par de microtúbulos. Cada uno de los 9 pares de microtúbulos está formado por un microtúbulo A y otro B. El A es más interno y está formado por 13 protofilamentos; el B no es completo, está formado por 10-11 protofilamentos y queda montado sobre el A; el centro del A y del B no están radialmente alineados. Cada par de microtúbulos está conectado con el par central por medio de una fibra radial que sale del microtúbulo y conectados unos con otros por puentes de nexina. Además, el microtúbulo A lleva asociados 2 brazos de dineína.

En el extremo distal del cilio los microtúbulos no acaban todos a la misma altura, los microtúbulos llegan casi hasta el final, pero los B y el par central desaparecen antes.

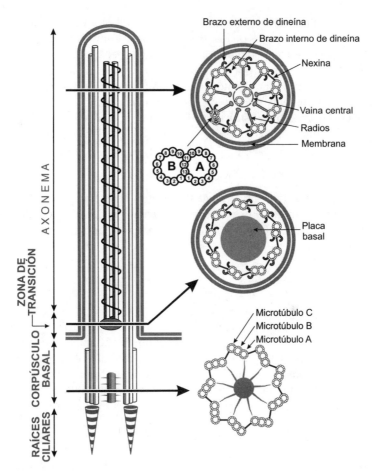

FIGURA 3.10. Estructura del cilio. En la zona izquierda se esquematizan las distintas partes de un cilio en corte longitudinal. En la derecha aparecen cortes transversales obtenidos a diferentes alturas del cilio: axonema, zona de transición y zonal proximal del corpúsculo basal. Los microtúbulos A y B son continuos a lo largo de todo el cilio; sin embargo, el microtúbulo C aparece en la zona del corpúsculo basal.

- *Zona de transición*

Es la zona del cilio localizada a la altura de la membrana plasmática. En esta zona se interrrumpe el par de microtúbulos centrales y aparece la placa basal. La estructura es, por tanto, 9_2+0. Los 9 pares de microtúbulos periféricos no presentan fibras radiales.

- *Corpúsculo basal*

Es la estructura que origina y mantiene el cilio. Su estructura es idéntica a la del centriolo. Es un cilindro de 0,2 μm de ancho y 0,4 μm de largo, formado por 9 tripletes de microtúbulos (A, B y C) periféricos (estructura 9_3+0). El microtúbulo A es completo y sobre él se fusiona B; a su vez, sobre B se fusiona C; B y C son microtúbulos incompletos. Los microtúbulos A y B del centriolo son continuación de los A y B del axonema y zona de transición. Los tripletes adyacentes se unen por medio de puentes de nexina. Cada triplete sufre un leve giro pasando de estar orientado radialmente en la zona proximal (zoná mas interna) a orientarse casi tangencialmente en la zona distal (la más próxima a la zona de transición). En la zona proximal aparece una estructura en forma de rueda de carro compuesta por una masa de proteína central y radios dirigidos hacia los tripletes (microtúbulo A).

- *Raíces ciliares*

Salen del cuerpo basal y se dirigen hacia un punto en la proximidad del núcleo; también se les llama raíces estriadas pues poseen una estriación periódica (60-70 nm). Su composición no es bien conocida aunque el componente mayoritario es actina. Su función tampoco es bien conocida.

3.7.2. Movimiento

Se piensa que el movimiento del cilio/flagelo ha de ser controlado por las proteínas que llevan asociadas los microtúbulos que lo forman. Al menos parecen necesarios tres tipos de proteínas, unas para anclar unos pares de microtúbulos con otros, otras para producir la fuerza que genera el movimiento y otras para coordinar el tipo de movimiento resultante (el tipo de onda generada). La nexina parece estar implicada en la función de anclaje de unos microtúbulos con otros; sin embargo, los brazos de dineína (dispuestos periódicamente cada 24 nm) parecen ser los responsables de generar la fuerza motora. Cada brazo de dineína ciliar es un complejo proteico compuesto por 9-12 polipéptidos. Tres de ellos son cadenas pesadas que son las integrantes de las tres cabezas o dominios globulares que presenta cada brazo de dineína. La región globular muestra actividad ATPásica y es capaz de unirse al microtúbulo B adyacente de manera ATP-dependiente. Cuando esta región hidroliza ATP se dobla hacia abajo (extremo (–) del microtúbulo) y alcanza el microtúbulo B del par de microtúbulos adyacente (figura 3.11). Este tipo de anclaje de cada par de microtúbulos con el adyacente es la fuerza que genera el movimiento ciliar. El diferente tipo de movimiento que presentan cilios o flagelos vendría determinado por la cuidadosa regulación de la actividad de la dineína en cada zona del cilio o flagelo. Las fibras radiales también podrían estar implicadas en el proceso de generación de un tipo u otro de movimiento.

El movimiento del cilio (figura 3.12) se produce dando un golpe en un solo plano al flexionar su zona basal (golpe eficaz). Para recuperar su posición primitiva el cilio va estirándose poco a poco describiendo una curva (no en un solo plano). Un cilio puede batir hasta 30 veces por segundo. El movimiento más usual del flagelo es de tipo ondulatorio, generando un cono. Normalmente la función de los cilios es desplazar el medio que rodea a la célula que los posee, aunque también sirve para permitir el movimiento de células en medios líquidos (algunos protozoos). El movimiento del flagelo suele ser de propulsión para la célula que lo lleva y su batido oscila entre 10 y 40 veces por segundo.

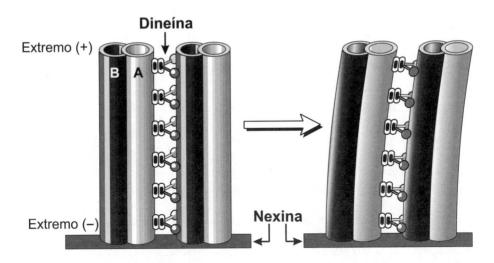

FIGURA 3.11. Movimiento de los microtúbulos en cilios y flagelos. La base de la dineína se une al microtúbulo A y las cabezas al microtúbulo B. El movimiento de las cabezas de dineína hacia el extremo (–) del microtúbulo provoca el acercamiento del microtúbulo A hacia la base del microtúbulo B adyacente. El hecho de que ambos microtúbulos se encuentren conectados por puentes de nexina les obliga a doblarse. La ubicación de la nexina en el dibujo no es correcta; sin embargo, se ha dibujado de este modo con el fin de clarificar el papel de la dineína en este mecanismo. En realidad, la nexina une el microtúbulo A de un par de microtúbulos con el microtúbulo B del par siguiente en multitud de puntos a lo largo de todo el microtúbulo.

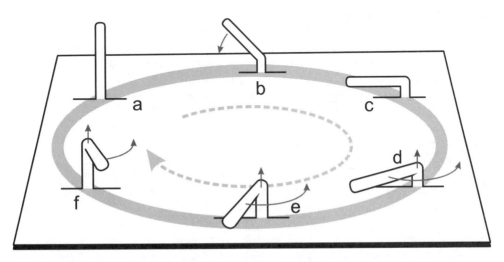

FIGURA 3.12. Batido del cilio. En "a" se parte de la posición de reposo o posición inicial. El golpe eficaz está representado en "a", "b" y "c". La recuperación de la posición primitiva se ilustra en "d", "e" y "f".

3.8. Centrosoma

Es una estructura formada por dos centriolos y el material pericentriolar que les rodea. Los dos centriolos o diplosoma se disponen perpendicularmente uno con respecto al otro. La estructura de los centriolos del centrosoma es idéntica a la del centriolo del cuerpo basal de cilios o flagelos. De hecho, son estructuras interconvertibles; por ejemplo, cuando el alga verde unicelular *Chlamydomonas* realiza mitosis sus flagelos se reabsorben y los cuerpos basales acaban integrados como centriolos en el huso mitótico.

La composición del material pericentriolar no es bien conocida pero se sabe que en él se localiza γ-tubulina y que pueden existir ribonucleoproteínas. No todas las células presentan centrosomas, sólo existen en células animales y en algunos vegetales inferiores. En las células de vegetales superiores su papel es sustituido por una masa de material no bien definido.

El centriolo/centrosoma es una estructura que desempeña importantes funciones:

— *Actúa como COMT.* Del material pericentriolar surgen microtúbulos que se distribuyen por el citoplasma de la célula. El extremo (–) del microtúbulo es el que queda próximo al material pericentriolar. La mayor resposabilidad en la nucleación de los microtúbulos se atribuye a la γ-tubulina.
— *Génesis de otro centriolo.* Antes de la mitosis los centriolos del diplosoma se separan y a partir de cada uno de ellos se origina un nuevo centriolo. Al inicio de la profase ya hay dos diplosomas y cada uno de ellos irá a un extremo del huso mitótico. Al final de la mitosis cada célula hija posee un diplosoma.
— *Organiza el huso acromático.* Estructura crucial en el reparto cromosómico en algunos procesos de división celular.

3.9. Microvellosidades

Son repliegues digitiformes de la membrana que se localizan en la superficie apical de algunos epitelios (epitelio intestinal, tubo renal...); de este modo se consigue un gran aumento de superficie apical que facilita la función de absorción (figura 3.13). Suelen presentarse uno o dos centenares de microvellosidades por célula, que determinan un aumento de superficie de 10 a 20 veces.

El interior de la microvellosidad es un eje citoesquelético formado por 30-40 microfilamentos dispuestos paralelamente al eje longitudinal de la microvellosidad. Los microfilamentos se anclan en el extremo de la microvellosidad en una masa proteica no bien definida.

La ordenación del haz de microfilamentos la realizan fimbrina y villina. Miosina I y calmodulina conectan el haz de microfilamentos con la membrana.

El haz de microfilamentos penetra en la célula por debajo de la línea de membrana plasmática y se entrecruza con los haces de microfilamentos que forman parte de las bandas de adhesión. Este entrecruzamiento también es denominado *red terminal*. La fodrina (espectrina no erotrocitaria) sería la responsable de la estabilización de unos microfilamentos con otros.

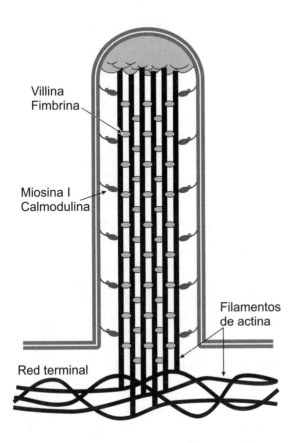

Villina
Fimbrina

Miosina I
Calmodulina

Filamentos
de actina

Red terminal

FIGURA 3.13. Organización de una microvellosidad. El haz de microfilamentos central se empaqueta por efecto de villina y fimbrina y se une a la membrana a través de miosina I y calmodulina. El extremo (+) de los microfilamentos se introduce en la estructura proteica que ocupa el extremo de la microvellosidad.

3.10. Movimiento celular

Es evidente que determinadas células se pueden mover *in vivo;* por ejemplo, los macrófagos; además, en cultivo se pueden mover la mayoría de ellas. Las células se pueden mover *in vivo* mediante dos mecanismos:

a) Pasivamente; caso de las células sanguíneas que son arrastradas en un fluido.
b) Activamente:

1. Por cilios y flagelos.
2. Arrastrándose. Éste es el caso de macrófagos, migración de células en desarrollo, metástasis y movimiento en cultivo. Los dos modelos más estudiados han sido el movimiento ameboide y el movimiento fibroblástico en cultivo.

En general, cualquier célula que se mueva posee una polarización de su estructura, fundamentalmente en el borde delantero o el borde de avance donde va a existir un gran movimiento de membrana. Además, en cualquiera de los dos tipos de movimiento que vamos a considerar (ameboide y fibroblástico en cultivo) siempre existen las siguientes fases:

a) Fase de protrusión. Se da en la zona de avance y se llama así pues en esta zona se producen evaginaciones de la membrana que generan pseudópodos, espinas, micropúas, lamelipodios... En esta fase son muy importantes los fenómenos de polimerización y despolimerización de actina.

b) Fase de unión. Algunas de las evaginaciones se anclan al sustrato. En esta fase las proteínas más importantes son las integrinas.

c) Fase de tracción. En la que la célula avanza. Los fenómenos de contracción entre actina y miosina son parte imprescindible en esta fase.

3.10.1. Movimiento ameboide

Este tipo de movimiento se produce por pseudópodos, que son protrusiones redondeadas y anchas que se generan en el borde de avance. Este mecanismo implica un flujo citoplásmico generador de tensión ocasionado por cambios en la red de filamentos de actina. Estos cambios están mediados por polimerizaciones y despolimerizaciones de los filamentos de actina.

En la región cortical de la célula (ectoplasma) la actina está formando redes, fase gel; por el contrario, en la zona interna de la célula (endoplasma) está en forma soluble o como fragmentos cortos. La polimerización de actina en una zona determinada y la despolimerización en la zona diametralmente opuesta generan un flujo en el endoplasma que determina la aparición del pseudópodo (figura 3.14). El mecanismo molecular no es totalmente conocido pero se sabe que en los mecanismos de polimerización y despolimerización de actina las proteínas responsables son filamina y gelsolina respectivamente. Filamina formaría redes (estado gel) y gelsolina rompe las redes (estado sol). Se ha postulado un mecanismo de activación de gelsolina según el cual la llegada de un determinado estímulo a un receptor de membrana determinaría la activación de PLC (fosfolipasa C) vía proteínas G. La elevación de IP_3 por parte de PLC conllevaría una subida de Ca^{2+} en el citoplasma que terminaría en una activación de gelsolina y, por tanto, una solubilización del ectoplasma en la

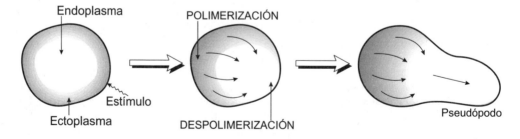

FIGURA 3.14. Génesis de pseudópodos en el movimiento ameboide. La llegada del estímulo puede provocar un proceso de despolimerización de actina en el área ectoplásmica más próxima. Ello, simultaneado con un proceso de polimerización en otras áreas, podría generar presión sobre la zona despolimerizada y determinar la formación del pseudópodo.

zona donde se ha de producir el pseudópodo. Aunque su función no es bien conocida, no se duda de la participación de miosina en este tipo de movimiento, probablemente en la génesis de flujo en el endoplasma y en el arrastre del borde posterior. El pH también es importante en la transición de gel a sol; si es menor de 6,8 pasa a gel y si es mayor a sol (ver hisactofilina, como proteína ABP cuya función puede estar modulada por el pH).

3.10.2. Movimiento fibroblástico en cultivo

En este tipo de movimiento es fundamental la génesis de lamelipodios y filopodios (figura 3.15). Los lamelipodios son láminas de las que surgen los filopodios que son prolongaciones a modo de espinas. Este tipo de prolongaciones se está generando continuamente y si el filopodio al tocar con el sustrato no establece contacto se repliega. Si se establece contacto, se producirá una mayor estabilización por la formación de un contacto focal. Parece que la polimerización de actina en el borde más anterior del filopodio es la responsable del crecimiento del filopodio. La miosina I parece ser importante en este proceso pues mediante inmunotécnicas se localiza preferentemente en la zona de avance. El establecimiento de contacto sería mediado por integrinas y su reorganización puede ser el proceso de génesis de estructuras de anclaje más estables (contactos focales).

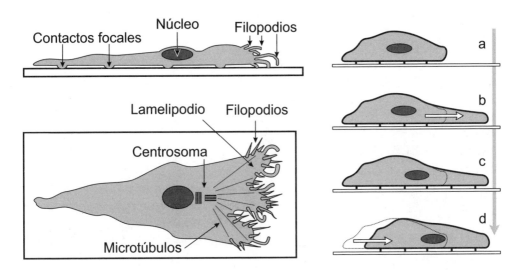

FIGURA 3.15. En el lado izquierdo aparecen los esquemas de un fibroblasto en cultivo; vista lateral en la zona superior y vista dorsal en la zona inferior. En el lado derecho se ilustra, de arriba hacia abajo, el mecanismo de avance de un fibroblasto en cultivo. El primer paso es la emisión de prolongaciones en el borde de avance (b), le sigue el posterior anclaje al sustrato de estas prolongaciones (b) y, finalmente, se produce la retracción de la zona posterior (d).

Al igual que en la zona de avance se produce polimerización de actina y génesis de estructuras adherentes, en la parte posterior parece que se dan los fenómenos contrarios. Sin embargo, el proceso de tracción de la parte posterior de la célula en movimiento es un mecanismo muy poco comprendido. Es posible que en este mecanismo pudiese estar implicada la miosina II. En el movimiento fibroblástico también se ha descrito un flujo de membrana pues se dice que los procesos de endocitosis son más frecuentes en la zona posterior y los de exocitosis en el borde de avance.

El núcleo

4

El conocimiento de la existencia de un cuerpo central o "núcleo" en algúnas células se tiene desde la observación inicial de las células al microscopio por Leeuwenhoek (1691). Sin embargo, fue Brown en 1830 quien estableció el concepto de la constancia del núcleo como estructura celular. Esto es así sólo en las células eucarióticas, tanto vegetales como animales, pues las células procarióticas carecen de núcleo diferenciado.

El núcleo como orgánulo celular alberga la información genética y todos sus componentes están relacionados en mayor o menor medida con el metabolismo del ADN. Además, interviene en la síntesis de todos los ARN: el ARNm que será traducido en proteínas, el ARNr constitutivo de los ribosomas y el ARNt, indispensable para la biosíntesis de proteínas.

Estructuralmente presenta dos estados diferenciados: el núcleo interfásico (mal llamado anteriormente *núcleo en reposo*) y el núcleo en división.

4.1. Núcleo interfásico

Sus características generales son:

— En eucariotas, el material genético del núcleo aparece separado del citoplasma por la llamada *envoltura nuclear*. En procariotas esta envoltura no existe.

— El núcleo es *constante* en todas las células eucariotas excepto en los glóbulos rojos de algunos vertebrados superiores y las células del estrato córneo epidérmico.

— La *morfología* del núcleo es muy variable y depende del tipo celular y del momento del ciclo celular. En células epiteliales cúbicas es esférico; en células epiteliales prismáticas, ovoide; en células fusiformes, como las musculares lisas, alargado. En general, en células hiperactivas presenta un contorno irregular. Una de las formas más extremas es la arrosariada que presentan los neutrófilos.

— Sus *dimensiones* pueden oscilar entre las 5 y las 25 μm de diámetro, según los tipos celulares, pero dentro de un mismo tipo celular su tamaño es constante. Como norma, dentro de un mismo tipo celular, el tamaño del núcleo aumenta en los momentos previos a la división, debido a la duplicación del material genético.

— Se entiende por *relación núcleo-plasmática* (RNP) la resultante de dividir el volumen nuclear por el volumen celular menos el volumen nuclear. Este cociente se considera fijo para un determinado tipo celular. Las variaciones de esta constante pueden estar motivadas o bien por el aumento en la dotación cromosómica (un núcleo

tetraploide es mayor que uno diploide), o bien por una intensa actividad metabólica celular (el núcleo de las células glandulares aumenta de tamaño durante la fase
de síntesis del producto a secretar). En general, el RNP es próximo a 1 en células
poco diferenciadas y muy por debajo de 1 en células muy diferenciadas.

— El *número* de núcleos por célula suele ser uno. Algunos tipos celulares carecen de
él, aun dentro de las células eucarióticas, tal como vimos anteriormente. Las células
hepáticas o hepatocitos suelen presentar dos núcleos, algunos miocardiocitos también. En protozoos como el paramecio se describen un macronúcleo y un micro-
núcleo. Las células destructoras del hueso u osteoclastos pueden presentar hasta una
docena. Las células musculares esqueléticas son plurinucleadas. Existen masas pro-
toplásmicas plurinucleadas, como son los plasmodios y los sincitios. Los *plasmodios*
aparecen por multiplicación sucesiva de un núcleo primitivo sin que ocurra la división celular (huevos de insectos). Los *sincitios* resultan de la fusión de varias células uninucleadas en una gran célula común plurinucleada.

— Su *posición* en la célula es variable, pero característica de cada tipo celular. En las
células embrionarias ocupa el centro geométrico de la célula. En las células adipo-
sas es lateralizado; en las células serosas se sitúa entre el tercio basal y el tercio medio,
mientras que en las células mucosas se sitúa siempre basalmente.

El núcleo interfásico consta de envoltura nuclear, matriz nuclear o nucleoplasma, cromatina y nucleolo, componentes que se desarrollan a continuación.

4.2. Envoltura nuclear

La envoltura nuclear es una estructura fundamentalmente interfásica pues se desorga-
niza en el inicio de la prometafase y se vuelve a organizar en la telofase. Al microscopio
electrónico, aparece formada por una *doble membrana* que delimita el material genético
nuclear del resto del citoplasma. Las dos membranas son paralelas entre sí, separadas por
un espacio perinuclear de 10 a 15 nm de anchura excepto en las zonas donde se localizan
los *complejos del poro*. En estas zonas, la membrana externa e interna son continuas. La
externa suele llevar asociados ribosomas en su cara citoplasmática y se continúa con el RER
(retículo endoplásmico rugoso). La interna, por la cara que da al núcleo, lleva asociado un
material electrodenso llamado *lámina fibrosa* o *lámina nuclear* (figura 4.1).

4.2.1. Complejos del poro

• *Estructura*

Son estructuras complejas que existen en todos los núcleos. Gracias a ellos se regulan
los intercambios entre el núcleo y el citoplasma, pero no de una manera estática, sino dinámica; siendo susceptibles de aparecer y desaparecer según el estado funcional celular. Una
célula con gran actividad transcripcional presenta un mayor número de poros nucleares, al
menos mientras dure su actividad; así sucede en hepatocitos, neuronas y miocitos. Por el

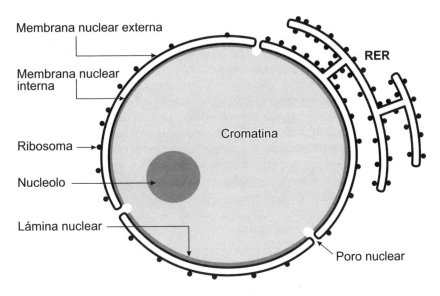

FIGURA 4.1. Estructura del núcleo. Es interesante constatar la continuidad de la membrana nuclear externa con el RER (retículo endoplásmico rugoso) y la existencia de ribosomas sobre ella.

contrario, en aquellas células de escasa actividad, el número de poros nucleares es inferior (glóbulos rojos nucleados, linfocitos).

El complejo del poro es una estructura de 100-120 nm de diámetro con un Pm de 120 · 10^6 Da. Hasta la fecha se han postulado más de cinco modelos de poro, el último de ellos data de 1991 y postula la existencia de las siguientes partes: *esqueleto, transportador central, filamentos citoplásmicos* y *cesta nuclear*. El esqueleto está formado por un anillo citoplásmico, un anillo nuclear y otro central (entre los dos anteriores) que se ensamblan para formar una estructura continua (figura 4.2). El diámetro externo del esqueleto es de 120 nm y el interno de 90 nm. El anillo central se sitúa equidistante de los anillos citoplásmico y nuclear y se apoya sobre 8 columnas. La existencia de estas 8 columnas que unen los anillos citoplásmico y nuclear y sirven de apoyo al anillo central confieren al complejo del poro cierto aspecto octogonal. Parece ser que estructuras radialmente orientadas pueden dirigirse hacia el centro del poro desde el anillo central y, por ello, el diámetro efectivo del poro podría ser menor de 90 nm.

El transportador central es (lo ha sido siempre) la parte más controvertida del modelo, pues se dice: *a)* que no existe, *b)* que es un cilindro o *c)* que podría funcionar como un diafragma pudiendo mostrar diferentes aperturas. Es interesante constatar que las estructuras radiales que surgen del anillo central también podrían funcionar como un diafragma si pudiese ser controlada su longitud. Sea como fuere, lo cierto es que el diámetro interior efectivo del complejo de poro termina siendo de 10 nm. La cesta está dirigida hacia el interior del núcleo y recibe este nombre porque tiene forma de cesta. Las fibrillas citoplásmicas son cortas y gruesas y parecen implicadas en la dirección del material que ha de pasar a través del poro. Las proteínas del complejo de poro se denominan *nucleoporinas* (entre 100 y 200) y muchas de ellas son desconocidas; sin embargo, destaca la gp120, que se une a las columnas y atraviesa la membrana permitiendo el anclaje del complejo a la membrana nuclear.

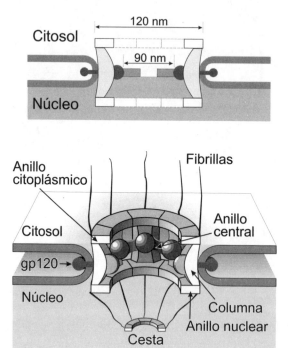

FIGURA 4.2. Estructura del complejo del poro. En la parte superior se ilustra la existencia de estructuras que, saliendo del anillo central, pueden modificar el diámetro efectivo de poro.

• *Fisiología*

La función fundamental del complejo del poro es permitir el intercambio entre el núcleo y el citoplasma y viceversa. A través del complejo del poro se puede producir difusión pasiva puesto que el diámetro efectivo del complejo es de 10 nm, pero este modo de transporte sólo es aplicable a moléculas inferiores a 20-40 kDa. El resto de moléculas que pasan a su través son transportadas por un mecanismo selectivo. Básicamente, se puede considerar que a través del poro se produce una importación de proteínas y una exportación de ARN. La entrada de proteínas se lleva a cabo por un mecanismo que sólo permite el paso de las moléculas apropiadas, moléculas cariofílicas. Estas moléculas llevan un péptido señal o secuencia NLS (*nuclear localization signal*). También existe una señal para la exportación de proteínas del núcleo (NES, *nuclear export signal*) pero este mecanismo es peor conocido. Al menos se conocen dos tipos de secuencias NLS: una formada por un conjunto de aminoácidos básicos (secuencia básica sencilla) y la otra formada por dos secuencias de aminoácidos básicos separados por algunos que no lo son (secuencia básica bipartita). A diferencia de otras señales, la NLS no se corta ni durante ni inmediatamente después del transporte, y esto permite a las proteínas que llevan estas secuencias volver a entrar al núcleo después de mitosis.

El proceso de importación se compone de dos fases básicas: formación del complejo de direccionamiento o PTAC (*nuclear Pore Targeting Complex*) y traslocación a través del poro. El PTAC se forma en el citoplasma y está formado por la proteína a transportar y las proteínas PTAC58 (importina α) y PTAC97 (importina β). PTAC58 se une a NLS e interacciona con PTAC97, que es capaz de interaccionar con secuencias determinadas de algunas nucleoporinas y con Ran-GTP. En la traslocación son fundamentales Ran-GTP y otro factor llamado p10/NTF2. Se ha propuesto que la unión de Ran-GTP a PTAC determinaría su disociación formándose un complejo Ran-GTP-PTAC97 necesario en translocación. Al interior del núcleo sólo entrarían PTAC58 y la proteína a transportar. Desde el punto de vista energético, en el proceso es necesario consumir GTP y ATP. Ran es una GTPasa monomérica bastante peculiar, pues se localiza predominantemente en el núcleo, aunque hay pequeñas cantidades en citoplasma. Hasta el momento el único GEF de Ran (factor cambiador GDP-GTP) es RCC1 (ver apartado 14.4), que se localiza en núcleo, y también sólo hay descrita una única RanGAP (GAP, proteína activadora de GTPAsa) localizada en citoplasma.

La salida de los ARN se regula por un proceso totalmente diferente. En primer lugar, antes de salir al citoplasma los ARNs son procesados dentro del núcleo, hasta tal punto que se cree que sólo el 5% del total de ARN sintetizado en el núcleo sale al citoplasma. La exportación de ARN al citoplasma se produce a través de los poros nucleares y es un proceso activo. La mayoría de los ARNm requieren un nucleótido específico en su extremo 5' y estar poliadenilados en el extremo 3'. El nucleótido que se añade en el extremo 5' es una guanina metilada. El poli-A añadido en el extremo 3' no es otra cosa que un polinucleótido formado por 100-200 adeninas. Parece ser que la poliadenilación es crucial en el transporte del ARNm del núcleo al citoplasma.

4.2.2. Lámina fibrosa

También llamada *lámina nuclear*. Es una capa proteica fibrilar de 50 a 80 nm de espesor que va adosada a la membrana interna de la envoltura nuclear. Es una lámina continua excepto en los puntos donde se localizan los poros nucleares.

Las proteínas que la constituyen pertenecen al tipo V de filamentos intermedios y se denominan *láminas* (ver apartado 3.2.2). Existen tres tipos de láminas: A, B y C. La lámina B es expresada de modo constitutivo en todas las células somáticas de mamíferos; sin embargo, las láminas A y C sólo se expresan en células diferenciadas y no lo hacen durante los primeros estadios del desarrollo. De hecho, las láminas A y C derivan de un mismo gen. El filamento intermedio es, en este caso, un heterodímero y como peculiaridad destaca el hecho de que los filamentos intermedios de las láminas no se asocian formando haces de filamentos sino que lo hacen formando una malla. La lámina fibrosa posee importantes funciones dentro de la fisiología nuclear; las veremos en el siguiente apartado.

4.2.3. Funciones de la envoltura nuclear

1. La existencia de la envoltura nuclear genera dos compartimentos en la célula: un compartimento transcripcional (núcleo) y uno traduccional (citoplasma).
2. La existencia de los poros permite el paso de moléculas del citoplasma al núcleo y viceversa.
3. La lámina nuclear va a ser responsable de (1) dar forma al núcleo y (2) regular el desensamblaje y ensamblaje (apartado 14.3.1) que sufre la envoltura nuclear durante el ciclo celular. En este aspecto es clave su fosforilación por MPF (ciclina B-cdc2). Además, se ha sugerido que también puede (3) estar implicada en la estructuración de la cromatina en interfase. Parece ser que las láminas son capaces de interaccionar con proteínas integrales de la cara interna de la membrana nuclear y con cromatina. Esta relación es llevada a cabo fundamentalmente por la lámina B al unirse a un receptor ubicado en la membrana nuclear interna. Este receptor también es capaz de unirse a determinadas secuencias de ADN, por lo que es lógico suponerle una implicación en la organización de la cromatina interfásica.

4.3. Nucleoplasma

El nucleoplasma, matriz nuclear, jugo nuclear, o carioplasma es una solución en la que se encuentran embebidos la cromatina y el nucleolo. Es una fase acuosa en la que fundamentalmente se localizan enzimas o proteínas relacionadas con el metabolismo de los ácidos nucleicos (ADN y ARN). Su composición es bastante variada y compleja y, obviamente, depende del momento funcional del núcleo; además del material proteico es frecuente encontrar ATP, NAD, acetil-CoA, Ca^{2+}, Mg^{2+}, K^+, Na^+... La existencia de un material insoluble en la matriz nuclear ha sugerido la posibilidad de que el núcleo tuviese una estructura análoga al citoesqueleto en el citoplasma. Las proteínas que formarían este material insoluble tendrían unas secuencias que les permitirían unirse a regiones específicas del ADN llamadas SARS o MARS (*scaffold-associated regions* o *matrix-associated regions*), presentes en los bucles cromatínicos. Esto permitiría a determinados genes ubicarse en determinadas posiciones; en definitiva, permitiría ordenar la cromatina dentro del núcleo interfásico.

Una de las proteínas nucleares mejor conocida es el *antígeno nuclear de proliferación celular* (PCNA). Es un trímero con forma de anillo (8 nm de diámetro externo, 3,5 nm de diámetro interno visto frontalmente y un espesor de 3 nm visto lateralmente) y, puesto que cada monómero tiene dos zonas globulares, muestra simetría hexagonal. Se dice que funciona como una pinza que se desplaza por la molécula del ADN. PCNA es una proteína que juega un papel esencial en el metabolismo del ADN como componente de la maquinaria de replicación y reparación; además también está implicada en fenómenos de recombinación. De hecho, funciona como una proteína accesoria para algunas polimerasas y también es capaz de interaccionar con proteínas implicadas en la regulación del ciclo celular como ciclina D (apartado 14.4) y p21 (apartado 15.3.3). La interacción entre PCNA y ciclina previene la síntesis de ADN en la fase G_1. Aunque, en principio, se propuso que p21 ejercía su efecto disociando el trímero de PCNA y de este modo prevenía la replicación de ADN, hoy día parece que lo que hace p21 es prevenir la unión entre PCNA y la polimerasa δ. A principios de los noventa se describió un nuevo conjunto de proteínas de matriz a las que se denominó *matrinas;* sin embargo, siguen siendo prácticamente desconocidas.

Una de las funciones demostradas de los elementos de la matriz está en relación con mecanismos de guía del ARN. Se demostró que los transcritos de un gen no difundían libremente por el núcleo sino que se concentraban en un determinado punto mantenidos por algún componente estructural del núcleo. Posteriores experimentos han demostrado que, en general, los ARN recién sintetizados se asocian a elementos de la matriz nuclear. Más tarde se van acercando a la periferia y en esta fase de acercamiento se produce su maduración. Parece claro que la matriz nuclear actúa como guía en el viaje que los ARNs realizan desde su lugar de síntesis hacia los poros nucleares.

4.4. Cromatina

Este material debe su denominación a su avidez tintorial por los colorantes básicos en microscopía óptica. Se trata de un complejo de nucleoproteínas que representa el genoma de las células eucarióticas y, por tanto, toda la información genética que ésta posee (no se considera el genoma de los plastos y mitocondrias al hacer esta afirmación).

4.4.1. Composición

La cromatina aislada manifiesta tres componentes principales: ADN, ARN y proteínas. El *ADN* es una molécula en doble hélice; cada hélice está formada por una molécula resultado de la unión de una base nitrogenada heterocíclica, una pentosa y un grupo fosfato (PO_4^{3-}). Existen 4 bases diferentes, dos púricas: adenina (A) y guanina (G), y dos pirimidínicas: timina (T) y citosina (C), y la pentosa es 2-desoxi-D-ribosa. La unión de la base y la pentosa genera un desoxinucleósido; si al desoxinucleósido se le añade el grupo fostato tenemos el desoxinucleótido. Cada hebra de ADN es una cadena de desoxinucleótidos y la doble hélice se establece mediante puentes entre las dos hebras de la molécula de ADN. Una hebra es complementaria con la otra, de modo que siempre se enfrentan A-T y G-C. Las dos hebras son antiparalelas. Cada región del ADN que produce una molécula de ARN funcional es un *gen*. En eucariotas es bastante común que un gen pueda tener más de 100.000 pb. Puesto que sólo son necesarios unos 1.000 nucleótidos para codificar una proteína de tamaño medio, es obvio que existen dentro del gen fragmentos que no codifican. Las secuencias que codifican se llaman *exones* y las secuencias que no codifican reciben el nombre de *intrones*. El primer ARN (transcrito primario) generado a partir del gen ha de sufrir un procesamiento (*splicing*) en el que le son retirados los intrones. Además, cada gen posee una serie de secuencias regulatorias que sirven para la transcripción adecuada del gen.

El *ARN* es una molécula formada por una sola cadena. Con respecto al ADN se produce la sustitución de 2-desoxi-D-ribosa por D-ribosa y de T por uracilo (U). Algunas regiones de la molécula de ARN pueden aparear con otras de la misma molécula, esto determina la presencia de asas y una variada estructura tridimensional. El ADN, por el contrario, siempre posee la misma estructura: la doble hélice. El ARN que aparece asociado a la cromatina es fundamentalmente resultado de la transcripción del ADN.

Las proteínas asociadas a cromatina son de dos tipos, *histonas* y *no histonas*. Las histonas son proteínas de pequeño tamaño (10-18 kDa), muy básicas debido a la presencia abundante de aminoácidos de carga positiva (arginina y lisina suponen del 10 al 24%). Esta gran carga positiva les permite unirse al ADN sin tener en consideración su secuencia de desoxinucleótidos. Se han descrito cinco clases de histonas diferentes: 4 nucleosomales (H2A, H2B, H3, H4) y 1 no-nucleosomal (H1). Poseen un alto grado de conservación filogenética, especialmente las histonas nucleosomales. En el núcleo de los espermatozoides de muchas especies las histonas nucleosomales son sustituidas por *protaminas*, proteínas de menor tamaño (4 kDa) y también con fuerte carga positiva. Las no-histónicas son proteínas muy variadas y no tienen nada que ver con las histónicas. En contraste con el escaso número de proteínas histónicas, son cientos las proteínas no-histónicas que se han aislado del ADN. Aproximadamente la mitad de las proteínas no histónicas representan al conjunto de enzimas involucrados en la replicación, transcripción y regulación de la transcripción del ADN. Además, destacan otras proteínas, como una proteína contráctil del tipo de la actina con un peso molecular de 45.000 Da, tubulinas α y β (propias de los microtúbulos) y una miosina de elevado peso molecular, 225.000 Da. La presencia de estas proteínas contráctiles se interpreta como clave en los procesos de condensación de la cromatina en cromosomas y posteriormente en los movimientos de los mismos en las fases de división nuclear y celular. El ADN está unido a las histonas en relación 1:1 y con las no-histonas en relación 1:0,6. La relación entre ADN/ARN es de 1:0,1.

4.4.2. Tipos

En todos los núcleos interfásicos se distinguen dos tipos de cromatina: *eucromatina* y *heterocromatina*. La eucromatina se corresponde con la llamada cromatina no condensada; por el contrario, la heterocromatina es cromatina condensada que aparece en la interfase como agrupaciones condensadas, tingibles, denominadas *cromocentros*. La heterocromatina tanto en microscopía óptica como electrónica aparece con distintas morfologías: pulverulenta, granular, asociada a la membrana interna, asociada al nucleolo, mostrando un patrón de rueda de carro (típico de células plasmáticas)... Se considera que la heterocromatina representa el 10% de la cromatina en un núcleo interfásico. La heterocromatina ha sido clasificada en *constitutiva* y *facultativa*. La constitutiva aparece siempre condensada en todas las células del organismo. Es cromatina no codificante y, por tanto, no tiene capacidad de transcripción; en realidad su ADN es lo que se conoce como ADN repetitivo o redundante. La facultativa es aquella que unas veces está condensada y otras no. Se cree que en ella se ubican genes implicados en fenómenos de diferenciación celular; por ello, las secuencias de genes inactivados son diferentes de un tipo celular a otro. No obstante, el mejor ejemplo de heterocromatina facultativa es la condensación que sufre uno de los cromosomas X en hembras de mamíferos; en humanos este cromosoma se condensa el decimosexto día del desarrollo pero antes ha sufrido procesos de transcripción. La eucromatina existe al menos en dos formas: alrededor del 10% en forma activa y el resto como eucromatina inactiva, más condensada que la eucromatina activa y menos que la heterocromatina. Además del diferente nivel de condensación que poseen la eucromatina y la heterocromatina, se sabe que esta última presenta su ADN intensamente metilado.

4.4.3. Estructura

En la cromatina se encuentra contenida toda la información génica de una célula. A lo largo del ciclo celular, la cromatina sufre una serie de cambios bastante importantes, aun cuando desde el punto de vista bioquímico se puede decir que no hay alteraciones. Existe un cambio cuantitativo pues la cantidad de cromatina se duplica si consideramos G_1 y G_2. Además, también existe un cambio de aspecto pues toda la cromatina interfásica se transforma en cromosomas mitóticos. Este cambio de aspecto es el reflejo de un mayor grado de condensación, es decir, de un mayor grado de estructuración. A continuación se analizará la estructura del cromosoma interfásico y la estructura del cromosoma mitótico, pero antes se estudia el *concepto de cromosoma* y su relación con la cromatina. La cromatina es la materia que forma los cromosomas y, obviamente, todo el conjunto de cromosomas de una célula está representado materialmente en la cromatina. En procariotas, toda la información génica está integrada en una molécula; sin embargo, en eucariotas, el genoma se fragmentó probablemente debido a su gran tamaño y cada uno de estos fragmentos es un cromosoma. Por tanto, desde el punto de vista génico, un cromosoma no es otra cosa que una molécula de ADN. Lo interesante es saber qué posee una molécula de ADN cromosómico que le hace comportarse como tal cromosoma a diferencia de una molécula de ADN de tamaño idéntico, diseñada aleatoriamente y que no se comporta como un cromosoma. Los requerimientos básicos para que una molécula de ADN se comporte como un cromosoma son bien conocidos; de hecho, se han obtenido cromosomas artificiales *in vitro* tanto en bacterias (BAC, cromosoma bacteriano artificial) como en levaduras (YAC) y en mamíferos (MAC). Para que una molécula de ADN se comporte como un cromosoma es básico: la presencia de orígenes de replicación que permitirían duplicar la molécula, ADN centromérico y ADN telomérico. El ADN centromérico y telomérico es ADN repetitivo con secuencias repetidas en tándem. El resto del ADN de un cromosoma lo ocupan los genes y secuencias repetidas dispersas de función todavía no bien conocida. En la figura 4.3 se esquematizan algunos de estos conceptos.

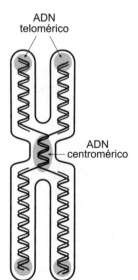

FIGURA 4.3. Esquema de un típico cromosoma metafásico donde se ilustra la ubicación del ADN centromérico y telomérico. Cada una de las cromátidas del cromosoma posee una molécula de ADN. Como es un cromosoma metafásico, la zona centromérica no se ha separado y las moléculas de ADN de cada cromátida están aún sin separar.

A) El cromosoma interfásico

La cromatina que forma los cromosomas interfásicos se haya estructurada en una serie de niveles de organización que determinan su mayor condensación. El nivel de condensación de la cromatina guarda una estrecha relación con la actividad transcripcional del ADN que contiene, hecho que analizaremos al final de este punto. El empaquetamiento del ADN se realiza a distintos niveles; piénsese que el ADN humano mide unos 2 metros y, sin embargo, se encuentra en el núcleo, que posee un volumen medio de 25 μm^3.

• Fibra de 11 nm

Se corresponde con el nivel más básico del empaquetamiento del ADN y en su establecimiento es básico el nucleosoma. De hecho, la fibra de 11 nm recuerda a un collar de perlas donde cada perla es un nucleosoma. Un nucleosoma está constituido por ADN enrollado alrededor de un octámero proteico formado por las histonas H2A, H2B, H3 y H4 (figura 4.4). El ADN da 1,8 vueltas alrededor del octámero, aproximadamente unos 146 pb y se continúa con el ADN del octámero siguiente. El ADN que une un octámero con otro suele tener una longitud media de 60 pb. Los nucleosomas parecen tener posiciones fijas; además no se distribuyen regularmente. Existen dos importantes causas que determinan dónde se forman los nucleosomas en el ADN: (1) la dificultad de que el ADN dé dos estrechas vueltas alrededor del octámero de histonas. Esto requiere una importante compresión del surco menor de la doble hélice de ADN. Puesto que las secuencias A-T del surco menor son más fáciles de comprimir que las G-C, parece que las secuencias ricas en A-T tienen más facilidad para formar nucleosomas. (2) La existencia de otras proteínas que se unen estrechamente al ADN también pueden afectar a la formación y distribución de nucleosomas. De hecho, las regiones en las que no se forman nucleosomas se suelen corresponder con zonas reguladoras de los genes.

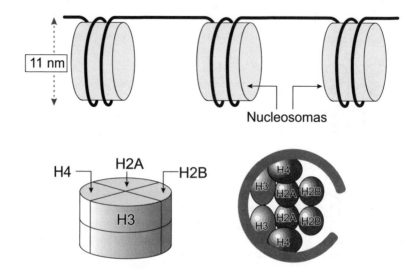

FIGURA 4.4. Fibra de 11 nm. En la parte inferior se muestran dos esquemas de la organización del nucleosoma. Las histonas H3 y H4 son las responsables de generar la estructura que da forma al nucleosoma.

- *Fibra de 30 nm*

Éste es un nivel de mayor condensación del ADN. Clásicamente se creyó que la presencia de la histona H1 era la proteína clave en la estructuración de este nivel. Hoy día este papel de la H1 es muy controvertido pues se ha descrito condensación de ADN más allá de la fibra de 30 nm, independiente de H1. Esto ha conducido a postular que, en realidad, H1 es un bloqueante cromosómico de condensación que al ser fosforilado se despega del ADN y permite el acceso a las proteínas implicadas en condensación. En este reciente modelo se dice que el papel de H3 puede ser mucho más importante y para ello es necesaria su fosforilación. Sea como fuere, aquí se considerará el modelo clásico donde H1 actúa como efector y no como inhibidor en los procesos de condensación. La estructura de la histona H1 permitiría relacionar de modo más compacto unos nucleosomas con otros, tal como se ilustra en la figura 4.5.

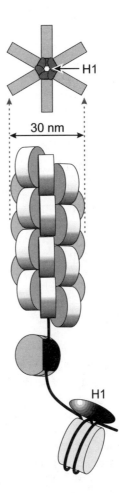

FIGURA 4.5. Estructura de la fibra de 30 nm. Esta fibra resulta de la condensación de la fibra de 11 nm; en el mecanismo de condensación aparece implicada la histona H1. La parte superior del dibujo ilustra la ubicación de la histona H1 en el interior de la fibra de 30 nm.

La estructura en forma de lazos de 50 a 200 kb en la cromatina interfásica es controvertida y se cree que puede ser un reflejo de inicio de condensación cromosómica.

En relación con la actividad de transcripción del ADN se considera que la fibra de 30 nm es heterocromatina; es decir, ADN inactivo desde el punto de vista transcripcional. La cromatina activa, asimilable a la eucromatina, estaría en forma de fibra de 11 nm con algunas regiones totalmente descondensadas (zonas reguladoras). La cromatina activa es bioquímicamente distinta de la inactiva: la histona H1 se une mucho menos a la cromatina activa, las histonas nucleosómicas suelen estar acetiladas, la histona H2B está menos fosforilada, aparece una variante de la histona H2A y, por último, los nucleosomas se encuentran unidos a dos proteínas denominadas HMG14 y HMG17 (*high mobility group*). Es probable que todos estos cambios determinen una estructura nucleosómica menos estable, de modo que el ADN de esta cromatina activa pueda ser más fácil de desempaquetar o más accesible a la ARN polimerasa. Es importante recordar que la heterocromatina presenta su ADN altamente metilado.

B) El cromosoma mitótico

• Características morfológicas

Desde el punto de vista anatómico un cromosoma metafásico está constituido por dos *cromátidas,* paralelas entre sí y unidas a nivel de *centrómero* o constricción primaria. El *centrómero* divide a la cromátida en dos *brazos* que, dependiendo de la ubicación del centrómero, pueden ser desiguales; al brazo corto o pequeño se le llama brazo "p" y al largo brazo "q". Los brazos no son unidades funcionales sino morfológicas, que sirven de ayuda para la clasificación y determinación de los cromosomas. Se denomina *índice centromérico* (IC) a la relación existente entre la longitud de los brazos del cromosoma. La posición del centrómero en el cromosoma puede ser variable; ello genera diferentes tipos de cromosomas:

— Metacéntricos, si el centrómero ocupa una posición medial; IC = 1.
— Submetacéntricos, si el centrómero ocupa una posición submedial; IC < 1.
— Acrocéntricos, si el centrómero ocupa una posición subterminal; IC $\cong$ 0.
— Telocéntricos, si el centrómero ocupa una posición terminal; IC = 0.

El centrómero juega un papel primordial en el reparto correcto de cromosomas en mitosis. El ADN centromérico es un ADN especial al que se unen una serie de proteínas específicas que acaban generando los *cinetocoros*, estructuras que son el lugar de anclaje de los microtúbulos cinetocóricos y que permitirán a cada cromátida viajar a uno de los polos. El ADN centromérico mejor conocido es el de la levadura *Saccharomyzes cerevisiae*; está formado por 125 pb que contienen 3 secuencias: 2 secuencias cortas de 8 a 25 pb separadas por una secuencia de 78 a 86 pb rica en A-T. La región centromérica de mamíferos no está perfectamente conocida pero se sabe que es mucho mayor, pues en ella se localizan numerosas secuencias satélite de ADN altamente repetido. Esta mayor longitud del ADN centromérico parece determinar que al cinetocoro de *S. cerevisiae* sólo se una un microtúbulo y, sin embargo, al de mamíferos se unan de 30 a 40 microtúbulos. Además del centrómero y los brazos, existen en los cromosomas otras características anatómicas de interés. Por ejemplo, las *constricciones secundarias* son zonas de adelgazamiento de la cromátida que, en muchos casos, se suelen corresponder con organizadores nucleolares. El *telómero* es la región más distal de la cromátida; si en esta zona se forma una constricción secundaria, la zona telomérica se llama satélite cromosómico (figura 4.6). El ADN telomérico también presenta la particularidad de estar formado por cientos o miles de repeticiones de una simple secuencia de ADN que contiene grupos de G en una de las hebras del ADN; por ejemplo, en humanos y mamíferos esta secuencia es *AGGGTT*. Los *cromómeros* son condensaciones de cromatina que se aprecian a lo largo de la cromátida, especialmente en profase. Podrían ser las primeras zonas de cromatina que se condensan densamente.

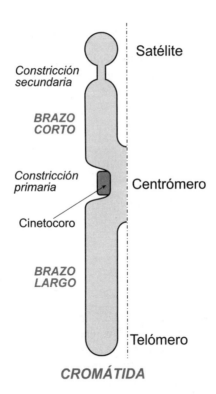

FIGURA 4.6. Esquema de la cromátida de un cromosoma submetacéntrico.

Al conjunto de todos los cromosomas de una célula, representados fotomicrográficamente se le denomina *cariotipo* y a su representación esquemática se le denomina *idiograma*. El número de cromosomas varía entre diferentes especies, siendo constante para cada especie; 46 en humanos. En las células somáticas cada cromosoma está representado dos veces (materno y paterno), por lo que se denominan *cromosomas homólogos*. Si cada juego de cromosomas está representado más de dos veces se dice que hay *poliploidía*. La *aneuploidía* se produce cuando existen más o menos cromosomas del número diploide de la especie; por ejemplo, el síndrome de Down es una hiperploidía del cromosoma 21 y el de Turner una hipoploidía del cromosoma X.

Aunque las características anatómicas permiten una buena identificación de los cromosomas, las *técnicas de bandeo* permiten identificarlos con mayor precisión. Las técnicas de bandeo son bastante variadas; por ejemplo, colorantes como Giemsa, coloración tras digestión enzimática, desnaturalización por calor... Las principales técnicas de bandeo han descrito los siguientes tipos de bandas:

— Bandas Q (*Q* deriva de quinacrina): se visualizan al teñir con un fluorocromo (quinacrina) y parecen corresponder a zonas ricas en A-T.
— Bandas C (*C* deriva de centrómero): visualizadas por tinción con Giemsa tras tratamiento alcalino e incubación a 60 °C. Parecen teñir heterocromatina constitutiva: regiones centroméricas y teloméricas.
— Bandas G (*G* deriva de Giemsa): tinción con Giemsa tras tratamiento con proteasas. Las bandas que aparecen se corresponden con las bandas Q.
— Bandas R (*R* deriva de reverso): son el negativo del bandeo Q.
— Bandas T (*T* deriva de telómero): son bandas teloméricas.

• *Estructura*

La génesis del cromosoma mitótico es, básicamente, un proceso de compactación de la cromatina interfásica. En este proceso existen tres mecanismos de condensación:

1. *Formación de lazos o bucles* de 50-200 kb a partir de la hebra de 30 nm, algunos de los cuales ya estaban formados en interfase.
2. El *plegado de estos bucles* una vez ubicados alrededor de un eje proteico formaría una fibra de 200 nm.
3. El *plegamiento en forma de hélice* de esta fibra de 200 nm para formar el brazo del cromosoma (figura 4.7).

El sentido de rotación de la hélice en cada cromátida es inverso. Se cree que el grado de compactación del ADN cromosómico con respecto al interfásico es de 5 a 10 en mamíferos y de 2 en levaduras. La condensación cromosómica no es un proceso al azar, es determinístico. Hay toda una serie de evidencias que apoyan esta idea: un mismo cromosoma mide siempre igual, su patrón de bandas no varía y la posición de determinadas secuencias específicas tampoco.

En el proceso de condensación, un papel importante lo tiene el propio ADN. Es difícil imaginar un condensado cromosómico invariable sin la existencia de algunas marcas de condensación en el ADN; de hecho, el tamaño y la posición de cada bucle es dictado por estas marcas. La naturaleza de estas marcas no es bien conocida y se pensó que podían ser las zonas del ADN que interaccionaban con el armazón proteico (*scaffold*) del cromosoma. Estas secuencias llamadas SAR (*scaffold attachment regions*) se aislaron y se vio que aunque poseían cierto grado de similitud no eran una secuencia consenso. Además del ADN existe toda una serie de proteínas implicadas en este proceso de condensación cromosómica y las tres más importantes son las histonas, la topoisomerasa II y la familia SMC.

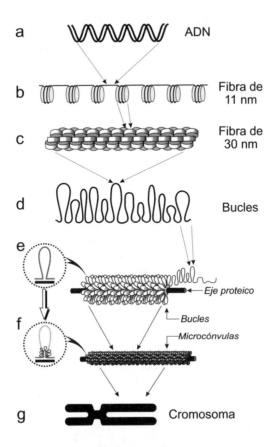

FIGURA 4.7. Posible proceso de condensación que lleva a una molécula de ADN a alcanzar la estructura de cromosoma metafásico. Es especialmente interesante la disposición de los bucles de fibra de 30 nm (d) alrededor de un eje proteico (e). La posterior condensación del bucle (f) y el plegamiento del eje proteico acaban determinando la estructura final del cromosoma.

El papel de las *histonas* ya está visto en el establecimiento de las fibras de 11 y 30 nm; recuérdese la controversia acerca de la funcionalidad de H1. En relación con la *topoisomerasa II* se ha propuesto que esta enzima puede servir para relajar los dominios superhélice que se generan en el proceso de condensación o para eliminar problemas estéricos que impiden la formación de correctos puntos de plegado; además de este papel tan dinámico, también se cree que puede ser parte importante en la arquitectura del cromosoma. La *familia SMC* (*stable maintenance of chromosomes*) es un grupo de proteínas que, al contrario de las anteriores, actúan de un modo restringido en mitosis. Son una familia de proteínas que van de 15 a 160 kDa y se subdividen en 5 grupos, 4 en eucariotas (SMC1-4) y 1 en procariotas. Se dice que podrían funcionar como motores de condensación reuniendo cromatina distante en un proceso ATP-dependiente; también podrían tener un papel adhesivo con otras proteínas implicadas en el esqueleto cromosómico. En contra de lo que habitualmente se dice, que la condensación cromosómica se inicia en profase, es interesante comentar que, en realidad, este proceso de condensación cromosómica se inicia al final de la fase S.

4.4.4. Cromosomas especiales

Consideraremos dos tipos: cromosomas politénicos y cromosomas plumosos.

A) Cromosomas politénicos

Son cromosomas característicos de algunos tejidos de insectos dípteros; por ejemplo, glándulas salivares, tráqueas, intestino... Se originan porque las células que los poseen replican su ADN hasta 10 veces sin hacer mitosis (endorreduplicación); por ello estos cromosomas poseen 1.024 moléculas de ADN. Las bandas que presentan se originan al aparearse ADN con un cierto grado de espiralización (condensación), las interbandas tienen una cromatina muy laxa y se cree que por ello no se fijan los colorantes de bandeo (figura 4.8). A veces, algunas de estas bandas se desorganizan formando unas estructuras llamadas "puffs". Estos puffs son zonas donde hay descondesación del ADN y procesos de transcripción asociados al ADN descondensado.

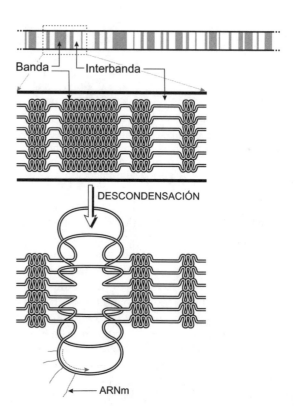

FIGURA 4.8. Cromosoma politénico. La aparición de bandas e interbandas en este tipo de cromosoma es debida al alineamiento de zonas condensadas y descondensadas de múltiples moléculas de ADN, en este caso se ilustran 6. En la parte inferior se ha incluido un esquema de un "puff" cromosómico. Los "puffs" son áreas donde, tras un proceso total de descondensación, se está produciendo la transcripción de determinados genes.

B) Cromosomas plumosos

También llamados *cromosomas en escobillón* por su aspecto de cepillo limpiatubos (*lampbrush chromosomes*). Son característicos de ovocitos. En realidad estos cromosomas son bivalentes, es decir, son el resultado del apareamiento de 2 cromosomas homólogos y por tanto poseen 4 cromátidas (4 moléculas de ADN) (figura 4.9); las células están paradas en diplotena de la primera fase meiótica.

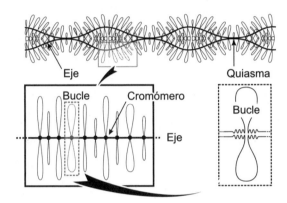

FIGURA 4.9. Cromosoma plumoso. Posee dos ejes con puntos de contacto en las zonas de quiasma. El aspecto "plumoso" es debido a la descondensación de determinadas zonas; estas zonas de ADN descondensado se organizan como bucles. El cromómero, puntos de más pigmentación del eje, se origina por la existencia de áreas de más condensación en la zona de origen del bucle. Cada eje está formado por 2 moléculas de ADN; por tanto, el cromosoma plumoso posee 4 moléculas de ADN.

A lo largo del cromosoma y en numerosos puntos, al igual que en el caso anterior, se produce descondensación de la cromatina. Es esto lo que da al cromosoma su aspecto tan característico. En las zonas descondensadas se llevan a cabo procesos de transcripción. Las zonas condensadas se llaman *cromómeros*. El patrón de emergencia de los ARNs que se están sintetizando en los bucles descondensados es bastante diferente, existiendo zonas vacías o sentidos opuestos de transcripción (figura 4.10).

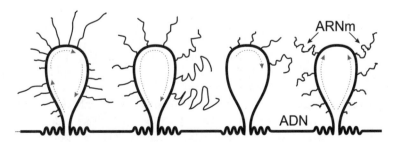

FIGURA 4.10. Patrones de transcripción que pueden aparecer en los bucles de los cromosomas plumosos. Las flechas discontinuas indican la dirección de transcripción.

4.5. Nucleolo

El nucleolo fue descubierto y descrito por Fontana a finales del siglo XVIII (1781) como una estructura constante en el interior del núcleo celular. Hoy día es uno de los componentes nucleares más estudiados por ser el orgánulo responsable de la síntesis de los ácidos ribonucleicos de los ribosomas y el lugar donde se inicia el ensamblaje de lo que posteriormente serán los ribosomas. De hecho, al nucleolo se le puede considerar como la fábrica de ribosomas; una vez sintetizados los ARNr, se condensan en el nucleolo junto a las proteínas ribosomales formando unos agregados de ribonucleoproteínas que, una vez en el citoplasma, terminarán su ensamblaje para constituir los ribosomas.

— *Características*. El número, la forma y la posición de los nucleolos depende del tipo celular y de su actividad metabólica. El *número* de nucleolos suele ser de 1 a 2 por núcleo; sin embargo, los ovocitos de anfibios pueden presentar hasta 1.000 nucleolos por núcleo. Esto se logra mediante la replicación exclusiva del ADN del organizador nucleolar. Teóricamente una célula puede organizar tantos nucleolos como regiones organizadoras nucleolares (NOR) posee; por ejemplo, hasta 10 en la especie humana. El número definitivo es más pequeño debido a que unos nucleolos se fusionan con otros. La *forma* más frecuente del nucleolo es la esférica, aunque algunas especies pueden presentar formar irregulares. La *posición* más usual es centrada dentro de la esfera nuclear. Desde el punto de vista tintorial destaca su gran basofilia debido a su alto contenido en moléculas de carácter ácido.

— *Estructura*. Al microscopio óptico se manifiesta como un gránulo refringente, sólo identificable en el período interfásico y que desaparece durante la mitosis. Se pensó que su estructura estaba constituida por una cinta enrollada (el nucleolonema) embutida en un componente denominado *parte amorfa*. También se describieron masas de heterocromatina asociadas al nucleolo.

Al microscopio electrónico se ha confirmado parcialmente la estructura nucleolar descrita al microscopio óptico. En este caso se distinguen:

1. Una región fibrilar, constituida por fibrillas de 5 a 8 nm de espesor.
2. Una región granular formada por gránulos densos de 15 a 20 nm de diámetro.
3. Una región gris y homogénea que se corresponde con la parte amorfa.

Las zonas fibrilar y granular equivaldrían al nucleolonema de la microsocopía óptica. La región granular se corresponde con subunidades ribosomales en fase de maduración y la región fibrilar estaría formada por ARNs que empiezan a asociarse con proteínas y el ADN de la NOR, que es donde se codifican estos ARNs.

Existen algunos tipos morfológicos nucleolares; por ejemplo, nucleolos homogéneos, heterogéneos y anillados. Sin embargo, se cree que estos diferentes tipos de ordenación estructural son el reflejo de su estado metabólico. Considerando su estado metabólico, parece más útil clasificar los nucleolos en dos formas estructurales: laxa y condensada. En la primera hay alternancia de regiones fibrilares y granulares por todo el nucleolo y en la segunda se suele disponer la región granular en la periferia y la fibrilar en el centro.

— *Composición bioquímica*. Su composición básica son proteínas y ARN, junto con una pequeña cantidad de ADN. Se considera que el ARN va del 10 al 30% y el ADN no pasa del 3%; el resto es material proteico, mayoritariamente fosfoproteínas (proteínas ácidas).

— *Ciclo*. Son muy prominentes en interfase y desaparecen cuando los cromosomas alcanzan la máxima condensación, normalmente prometafase, aunque en algunos casos esto ocurre en profase. Comienzan a reaparecer en telofase y lo hacen íntimamente ligados a los NOR, tanto es así que pueden aparecer tantos nucleolos como NOR posee el genoma. Estos pequeños nucleolos reciben el nombre de *cuerpos prenucleolares* y su asociación es la que conduce a la aparición del nucleolo.

— *Origen*. Los nucleolos definitivos se forman por fusión de nucleolos de menor tamaño, originados estos últimos a partir de una zona de ADN denominada *región organizadora nucleolar* (NOR), normalmente asociada a constricciones secundarias del cromosoma. Estas regiones suelen estar próximas a los telómeros y esto explica la presencia de heterocromatina asociada al nucleolo, pues no es otra cosa que heterocromatina constitutiva de tipo telomérico. El ADN de la NOR está formado por un elevado número de copias de un gen cuyo ADN posee abundancia de bases C-G. Estas copias se repiten en forma de tándem, hasta 200 copias en humanos y alrededor de 600 en *Xenopus*. Cada gen se encuentra separado del siguiente por una región que no transcribe, llamada *ADN espaciador*. Cada gen (8.000 a 13.000 pb dependiendo de la especie) codifica para un ARN de 45 S (transcrito primario) que es sintetizado por la ARN polimerasa I.

— *Función*. En ellos se produce la síntesis de 3 de los 4 ARNr. Los transcritos primarios (ARNs de 45 S) de los genes NOR han de ser procesados en el nucleolo para obtener los 3 ARN que formarán parte del ribosoma. Además, en el nucleolo, estos ARNs se ensamblarán con el ARN restante y con proteínas ribosómicas formando lo que se conoce como *complejos de ribonucleoproteínas,* estructuras precursoras de las subunidades prerribosomales. En cualquier caso, un mecanismo más detallado de la síntesis de ribosomas se verá en el tema siguiente.

Citosol. Ribosomas

5

La parte más importante de este capítulo, como su título indica, se dedicará al estudio del *citosol* y de los *ribosomas*. Sin embargo, también analizaremos los *proteasomas* y las *proteínas del estrés*. La función de los ribosomas es la biosíntesis de proteínas; los proteasomas, por el contrario, son los "orgánulos" encargados de la degradación de proteínas a nivel citoplasmático, por ello parece lógico incluirlos dentro de este tema. Puesto que también se estudiará la síntesis y degradación de proteínas a nivel citoplásmico, se ha incluido el estudio de las proteínas del estrés, una familia de proteínas que mantiene una estrecha relación con la biología de las proteínas. Las proteínas de estrés se encargan, entre otras cosas, del plegado correcto de las proteínas, su renaturalización, su translocación e incluso de su degradación.

5.1. Citosol

El citosol puede ser definido como el medio interno de la célula que carece de estructura aparente. Desde el punto de vista terminológico ha recibido diferentes nombres; *matriz citoplásmica, citoplasma fundamental* o *hialoplasma*, que etimológicamente significa plasma hialino o plasma transparente. La célula está formada por una membrana plasmática y un contenido que es el citoplasma. El citosol forma parte del citoplasma; de hecho, morfológicamente, el citoplasma se puede dividir en hialoplasma (citosol) y morfoplasma. En este sentido, se dice que un buen modo de definir el citosol o hialoplasma es oponerlo al morfoplasma. En este caso el citosol sería aquella matriz citoplásmica sin nada identificable al microscopio electrónico. Es decir, que si al citoplasma se le quitan todos los orgánulos rodeados por membrana, el citoesqueleto y los ribosomas, lo que resta es el citosol.

5.1.1. Composición y estructura

En volumen viene a representar el 55% del total celular y el 80-85% es agua. El resto son proteínas citoesqueléticas no polimerizadas, enzimas, ARNm, ARNt, carbohidratos, lípidos y productos derivados del metabolismo intermedio. Carece de estructura aparente, puesto que las estructuras pertenecen al morfoplasma. Sin embargo, sus componentes no se distribuyen uniformemente sino que, dependiendo del tipo celular, suelen presentar distinta distribucion y suele, por tanto, estar polarizado. Esta heterogeneidad incluye dos aspectos:

— El físico: la viscosidad no es la misma en todos sus puntos y esto depende en gran medida de su interacción con proteínas citoesqueléticas.

— El químico: no presenta la misma composición el citosol que rodea al Golgi que el que rodea al núcleo. Los mecanismos que permiten esta estructuración o compartimentación no son conocidos.

5.1.2. Funciones

a) Biosíntesis de aminoácidos, nucleótidos y ácidos grasos.

b) Síntesis proteica. El inicio de la síntesis de todas las proteínas ocurre en el citosol, algunas terminan donde empezaron pero otras son dirigidas al RER.

c) Glucogenogénesis y glucogenolisis.

d) Glucolisis anaerobia.

e) Ubicación de muchas de las moléculas y de los mensajeros implicados en las vías de señalización.

f) Puede servir como lugar de acumulación de algunos productos; por ejemplo, glucógeno, lípidos...

5.2. Ribosomas

5.2.1. Morfología

Son partículas compactas cuyo número puede llegar a ser alto, hasta 10.000 por célula en *Escherichia coli* y hasta 10.000.000 en una célula en cultivo. Fueron descritos al microscopio electrónico por Claude y Palade (1953) como granos esféricos. Lake, en 1979, obtuvo su estructura tridimensional.

Su tamaño es diferente en células procariotas y eucariotas. En las procariotas poseen 29 nm de longitud y 21 nm de diámetro, su Pm es de 2.500.000 Da y su coeficiente de sedimentación de 70 S (Svedberg). Los de eucariotas son mayores, 32 nm de longitud y 22 nm de diámetro, su Pm es de 4.200.000 Da y su coeficiente de sedimentación de 80 S. Ambos constan de dos subunidades: grande y pequeña. La pequeña posee cabeza, base y plataforma y la grande protuberancia central, valle y cresta (figura 5.1).

5.2.2. Composición bioquímica

Los ribosomas están formados por ARN y proteínas. La presencia del ARN, dotado de abundantes cargas negativas, hace que el ribosoma sea una estructura basófila; por tanto, fijan cationes y colorantes básicos.

El ARN es específico del ribosoma y por ello se llama ARN ribosomal (ARNr). Es un ARN con una elevada estructura secundaria debido al apareamiento de zonas complementarias de ARN dentro de la misma molécula. En el esquema de la figura 5.1 se observa que los procariotas poseen tres moléculas de ARNr, dos en la subunidad grande (5 S y 23 S) y una en

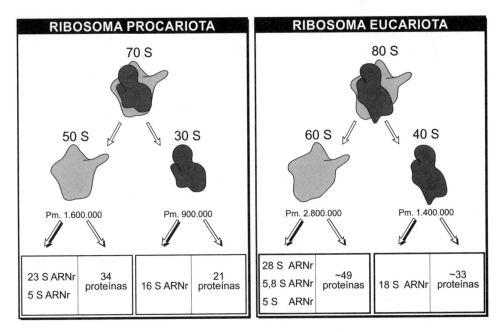

FIGURA 5.1. Comparación de la estructura y composición de los ribosomas de procariotas y eucariotas.

la subunidad pequeña (16 S). Los ribosomas de eucariotas poseen cuatro moléculas de ARNr, tres en la subunidad grande (5 S, 5,8 S y 28 S) y una en la pequeña (18 S).

Las proteínas suelen poseer bastantes aminoácidos básicos. Los ribosomas de procariotas poseen 34 proteínas en la subunidad grande y 21 en la pequeña y sólo una es común en ambas subunidades. Los ribosomas de eucariotas poseen alrededor de 49 proteínas en la subunidad grande y alrededor de 33 en la subunidad pequeña y parece que no existe ninguna común para ambas subunidades. Desde el punto de vista terminológico a las proteínas de la subunidad grande se les llama *proteínas L* y a las de la subunidad pequeña *proteínas S*. Desde un punto de vista funcional se considera que hay dos tipos básicos de proteínas: estructurales, básicas en el ensamblaje del ribosoma, y enzimáticas, implicadas en el fenómeno de síntesis proteica.

5.2.3. Localización

Los ribosomas existen en todas las células excepto en el espermatozoide maduro; en los glóbulos rojos son escasísimos. En la célula se sitúan en:

— Adheridos a la membrana externa del RER por la subunidad mayor y por medio de unas proteínas del RER llamadas *riboforinas*.
— Adheridos a la membrana nuclear externa.

— Libres en el citoplasma. Pueden estar aislados o formando agregados de 9 a 40 ribosomas formando el polirribosoma o polisoma, no es otra cosa que un ARNm traduciéndose simultáneamente por varios ribosomas (figura 5.2).

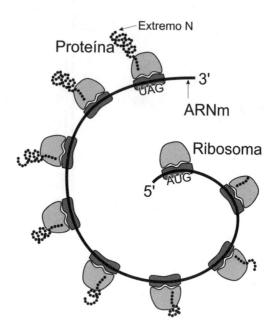

FIGURA 5.2. Esquema de un polirribosoma. La dirección de traducción del ARNm es de 5' a 3'.

— En plastos y mitocondrias. Los ribosomas de plastos y mitocondrias son parecidos a los de procariotas; como ellos poseen un coeficiente de sedimentación de 70 S; sin embargo, difieren de ellos en algunos aspectos; por ejemplo, en la subunidad mayor presentan un ARN de 4 S, equivalente al de 5 S que presentan procariotas y eucariotas.

5.2.4. Función

La función del ribosoma es la síntesis de proteínas; por tanto, en el ribosoma se produce la traducción del ARNm. La síntesis de proteínas, independientemente del lugar final de ubicación de la proteína, siempre se inicia en ribosomas citosólicos. Para llevar a cabo esta función el ribosoma ha de reconocer ARNm, ARNt y tener un surco por donde pasa la proteína. La síntesis de proteínas es un proceso que se puede subdividir en cinco etapas: activación, iniciación, elongación, terminación y maduración. De ellas, sólo la primera y la última no tienen lugar en el ribosoma.

La subunidad menor del ribosoma posee dos sitios de unión capaces de unirse a los ARNt cargados con aminoácidos (aa-ARNt); estos sitios se denominan *P* y *A* (*locus* peptidílico y aminoacílico respectivamente). El primer aa-ARNt se une al sitio P, los siguientes lo hacen al sitio A, y los aminoácidos que llevan van siendo traspuestos al sitio P. También se ha propuesto la existencia de un tercer sitio, llamado sitio *R* o *de reconocimiento*. Éste estaría encargado de optimizar la exactitud de la interacción entre codón y anticodón (el codón está constituido por 3 nucleótidos del ARNm y el anticodón por 3 nucleótidos complementarios en el ARNt). Según esto, el ARNt se uniría en primer lugar al sitio R y, sólo en caso de ser correcto, pasaría al sitio A.

Desde un punto de vista amplio, se puede considerar que la subunidad pequeña ribosomal está implicada en el procesamiento de la información; por el contrario, la grande lo estaría en la catálisis de la unión de los aminoácidos al péptido que se está sintetizando.

5.2.5. Síntesis de ribosomas

Los ribosomas son sintetizados en el nucleolo, constituido a partir del organizador nucleolar. La ARN polimerasa I transcribe ADN nucleolar originando un ARNr de 45 S. Éste se une a proteínas sintetizadas en el citoplasma originando un complejo ribonucleoproteico (RNP) con un coeficiente de sedimentación de 80 S. En esta partícula ya se encontraría incluido el ARN de 5 S. Este ARN 5 S es transcrito a partir de genes ubicados fuera del ADN nucleolar, frecuentemente en las zonas teloméricas de los cromosomas autosómicos. El ARN 45 S de este complejo sufre metilación (a nivel de ribosa) de muchos de los nucleótidos y una pérdida de los no metilados que origina un ARN de 41 S. Este ARN se rompe en dos, originando un ARN con 36 S de coeficiente de sedimentación y otro de 20 S. El ARN de 20 S pasa a ser ARN de 18 S y junto con las proteínas que lleva asociadas constituye un complejo RNP de 40 S, que no es otra cosa que la subunidad menor del ribosoma. El ARN de 32 S, junto con el ARN de 5 S, forma complejos RNP de 65 S. Este ARN de 32 S se transforma en un ARN de 28 S y otro de 5,8 S. Estos dos ARNs, el ARN de 5 S y las proteínas que llevan asociadas constituyen un complejo RNP de 60 S que no es otra cosa que la subunidad mayor del ribosoma. Los complejos RNP de 40 S y 60 S salen fuera del núcleo donde se ensamblan para formar los ribosomas funcionales. Los últimos pasos en la maduración final del ribosoma ocurren en el citoplasma, evitando así que éstos pudiesen unirse a ARNs recién transcritos en el interior del núcleo. Desde el punto de vista morfológico la zona fibrilar del nucleolo es fundamentalmente la zona de transcripción de ADN y la zona granular representaría la zona de ensamblaje, acoplamiento y maduración del ARN y las proteínas.

Los genes de las proteínas ribosomales están dispersos por los distintos cromosomas, son transcritos a ARN, salen al citoplasma y allí, en los ribosomas ya existentes, son sintetizadas las proteínas. Éstas migran al nucleolo, donde comienzan a ensamblarse.

5.2.6. Regulación de la síntesis

El mecanismo de regulación de síntesis de ribosomas únicamente es bien conocido en procariotas. La regulación en procariotas se hace a dos niveles:

a) Transcripción de los genes de ARNr.
b) Traducción de ARNm a proteínas ribosómicas.

En el caso de que una bacteria estuviese creciendo en un medio pobre que prácticamente imposibilitase su crecimiento, la síntesis de proteínas es casi nula y, por ello, existiría un elevado número de ribosomas libres. Estos ribosomas libres se anclarían al ADN inhibiendo la transcripción de genes que codifican para el ARNr. Esta inhibición determinaría, en un plazo relativamente corto, un aumento de la concentración de proteínas ribosomales libres pues no tendrían los ARNr para unirse. Estas proteínas ribosomales libres se anclarían a los ARNm que las codifican y detendrían su síntesis.

5.3. Proteasomas

Son complejos proteicos de amplia actividad proteolítica, pues rompen proteínas en bastantes tipos de aminoácidos; es decir, que su actividad catalítica la llevan a cabo sin necesidad de reconocer secuencias o aminoácidos específicos. Aparecen en todas las células, tanto en núcleo como en citoplasma y son más abundantes en las células de tejidos con alta actividad metabólica; por ejemplo, el hígado. Existen dos tipos de proteasomas en función de su diferente coeficiente de sedimentación: el proteasoma 20 S y el proteasoma 26 S.

La morfología del proteasoma 20 S recuerda a un cilindro hueco de 17 × 11 nm y se cree que resulta de la asociación de 4 estructuras en forma de anillo; pesa 750 kDa y estaría formado por la agrupación de 12 a 15 proteínas cuyos pesos moleculares irían de 21 a 32 kDa. La organización molecular mejor conocida es la de los proteasomas de *Thermoplasma* (arquibacteria), pero se piensa que la de eucariotas es muy similar. Los proteasomas de 20 S de *Thermoplasma* están formados sólo por dos tipos de subunidades: α y β; de modo que cada uno de los dos anillos externos estaría formado por 7 subunidades α y cada uno de los dos internos lo estaría por 7 subunidades β. Por tanto, la organización molecular de la partícula sería: $\alpha_7\beta_7\beta_7\alpha_7$. Asumiendo esta estructura, el máximo número de polipéptidos diferentes que podría haber en un proteasoma 20 S es de 14, dato que encaja con el número dado anteriormente: de 12 a 15. El término proteinasa multicatalítica se le aplicó especialmente a este tipo de proteasoma pues posee múltiples sitios activos responsables de la fragmentación endoproteolítica de enlaces peptídicos en el lado carboxílico de aminoácidos ácidos, básicos e hidrofóbicos. Hecho que parece ventajoso para la rápida y completa rotura de diferentes tipos de proteínas celulares.

Como ya vimos, además del proteasoma de 20 S, también se ha descrito un proteasoma de 26 S, sólo presente en células eucariotas. Este proteasoma no es otra cosa que un proteasoma de 20 S al que se le unen dos complejos, uno en cada extremo del cilindro; de hecho, todas las proteínas del proteasoma 20 S aparecen en el de 26 S. Sin embargo, desde un punto de vista enzimático, estos proteasomas difieren notablemente, pues el de 26 S es ATP-dependiente, en contraste con el de 20 S, cuya actividad no requiere la hidrólisis de ATP. Los dos complejos añadidos podrían tener actividad reguladora. El proteasoma de 26 S tiene un peso molecular de 2 MDa y un tamaño de 45 × 19 nm (figura 5.3). El proteasoma 26 S puede ser formado *in vitro* mediante la asociación ATP-dependiente del proteasoma 20 S con un complejo de aproximadamente 20 proteínas, al que se le han dado muy diferentes nombres: pelota, complejo de encapuchamiento de 19 S, complejo ATPasa, partícula μ o PA700. Este complejo poseería un receptor para ubiquitina, que permitiría la unión de proteínas conjugadas con ubiquitina, y, al menos, 6 tipos diferentes de ATPasas posiblemente implicadas en su función proteolítica y/o para suministrar la energía necesaria que permite introducir la proteína en el hueco central del proteasoma, que actúa como una auténtica cámara degradativa. También se ha considerado la posibilidad de que actuasen en el desplegado de la proteína, acontecimiento necesario para que pueda ser introducida en el proteasoma y degradada.

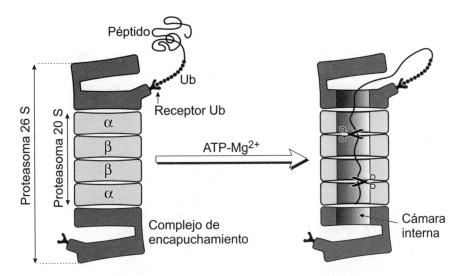

FIGURA 5.3. Composición y estructura de un proteasoma. En el lado izquierdo se especifica la composición de los proteasomas de 20 S y de 26 S. El receptor de ubiquitina (Ub) aparece localizado en el complejo de encapuchamiento. El esquema del lado derecho muestra que el proteasoma es una estructura hueca (cámara interna) con actividad proteolítica.

5.4. Proteínas de estrés

Todos los organismos han desarrollado estrategias para superar los cambios adversos que se generan en su entorno; probablemente, la estrategia más evidente es la síntesis preferencial de un grupo de proteínas cuando se aumenta la temperatura (estrés térmico). Ritossa, en 1962, al calentar glándulas salivales de mosca, observó la activación de ciertos genes, y Tissières, en 1974, demostró que la activación de estos genes se correspondía con una alta expresión de un nuevo grupo de proteínas. Estas proteínas recibieron el nombre de *proteínas de choque térmico* (HSPs) puesto que el calor inducía su expresión. Más tarde se vio que no sólo el calor, sino la práctica totalidad de las situaciones que causan estrés a la célula (isquemia, acidosis, ionóforos, metales pesados...) inducían su expresión, por lo que se denominaron *proteínas de estrés;* sin embargo, se sigue manteniendo el acrónimo de su primera denominación: *HSP.*

La síntesis de proteínas de estrés es una respuesta ubicua pues se da en todas las células de todos los seres vivos. Además, estas proteínas presentan una alta conservación en la escala evolutiva. Por ejemplo, la HSP70 (posteriormente describiremos los distintos tipos de HSPs) presenta un 72% de homología al comparar la humana y la de la mosca. Esto sugiere que la respuesta al estrés parece cumplir la misma función en todos los organismos y por tanto es universal. No todas las proteínas de estrés se sintetizan sólo en situaciones de estrés, sino que algunas de ellas son expresadas constitutivamente, lo que demuestra que en condiciones control también cumplen importantes funciones. A estas proteínas expresadas de modo constitutivo se les denomina _HSC_ y su grado de expresión depende directamente del grado de actividad metabólica de la célula. El hecho de que condiciones estresantes de muy diferente naturaleza determinen casi idéntica respuesta de estrés se debía a que, en la mayoría de los casos, estas condiciones afectaban a la conformación de las proteínas. Se sugirió, y más tarde demostró, que la acumulación de proteínas mal plegadas en la célula era la responsable de la respuesta de estrés, ya que la principal función de las HSPs era reconocer y restaurar las conformaciones nativas de las proteínas desplegadas. En condiciones control, las HSC actúan en el correcto plegamiento proteico asociándose transitoriamente a los polipéptidos recién sintetizados, y por ello también se les denominó _moléculas celadoras_ o _chaperonas_. Según esto, las proteínas celadoras actúan en el plegamiento proteico disminuyendo la aparición de estados inviables como agregación y plegamiento prematuro; para ello estabilizan las regiones hidrofóbicas del interior de las proteínas y evitan su unión con otras de estas regiones mientras las proteínas adquieren su conformación final. En este mecanismo se han descrito dos tipos de proteínas celadoras, de clase I y de clase II. Las primeras mantienen desplegada a la proteína y evitan interacciones con otras. Las de la clase II ayudan en su plegamiento correcto mediante la génesis de una estructura que recibe el nombre de _glóbulo fundido_ (figura 5.4). Las proteínas celadoras constituyen una parte importante de las proteínas de estrés pero no todas las proteínas celadoras son proteínas de estrés.

5.4.1. Clasificación

Las proteínas de estrés se han clasificado y denominado de acuerdo con su peso molecular; no obstante, en algunos casos se denominan usando una terminología diferente. Según esto podríamos clasificar las proteínas de estrés del siguiente modo:

— _Ubiquitina_. Proteína de 8 kDa altamente conservada cuya principal función es participar en procesos degradativos de otras proteínas. Las proteínas a destruir son marcadas por la unión covalente de varias ubiquitinas y posteriormente degradadas por los proteasomas en un proceso ATP-dependiente.
— _HSPs de bajo peso molecular_. Su Pm molecular oscila entre los 15 y 30 kDa y han sido descritas en casi todos los organismos. Destacan las de 25 kDa en ratón, 27-28 kDa en humanos, 26 kDa en levaduras y las α-cristalinas. Las α-cristalinas contribuyen a las propiedades refractarias del cristalino; mantienen su transparencia previniendo agregaciones inespecíficas e irreversibles de otras proteínas de la lente. El resto funcionan como celadoras, pero de modo ATP-independiente.
— _HSP47_. Proteína localizada en el RE cuya función principal es colaborar en la síntesis del colágeno. En condiciones normales se une transitoriamente al procolágeno, manteniéndolo desplegado para ayudar, posteriormente, en la formación de la triple hélice y su secreción hasta la primera cisterna del Golgi. De este modo se evita el plegamiento anormal del procolágeno y la formación de agregados.

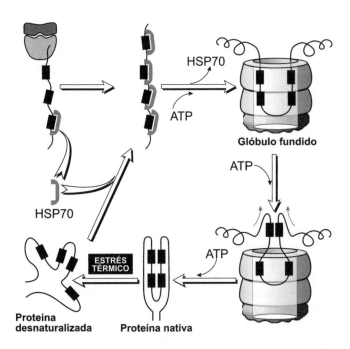

FIGURA 5.4. Mecanismo hipotético de participación de las proteínas de estrés en el plegamiento correcto de las proteínas. Los rectángulos negros del péptido representan zonas hidrofóbicas. La unión de HSP70 (DnaK en bacterias) a
estas zonas se produce desde el inicio de la síntesis de la proteína para proteger estas zonas y mantener la proteína
desplegada; después es transferida a una estructura (glóbulo fundido) donde se produce el plegamiento correcto. En
el proceso de desplegado de HSP70 y transferencia al glóbulo fundido son necesarias otras HSPs. El glóbulo fundido
está formado por otras HSPs: HSP60 (GroEL en bacterias) parece ser el constituyente más importante, pero también
otras HSPs de menor peso molecular, como HSP10 (GroES en bacterias). Si mediante algún tipo de estrés, térmico por
ejemplo, se desnaturaliza la proteína, ésta ha de ser de nuevo desplegada para conseguir un plegamiento correcto.

— *Familia HSP60.* Estas proteínas se caracterizaron inicialmente en bacterias y se les
denominó *GroEL,* posteriormente se han caracterizado sus homólogos en levaduras
(TCP1P en citosol, HSP60 en mitocondrias) y en mamíferos (TRiC o TCP1 en citosol
y HSP58 en mitocondrias). Las HSP60 mitocondriales son codificadas por genes
nucleares, sintetizadas en citoplasma y translocadas a mitocondrias. En cloroplastos
se ha descrito una homóloga llamada Cpn60, que parece ser la descrita previamente como RBP (*Rubisco binding protein*), proteína encargada del ensamblaje de la
enzima Rubisco. Son proteínas muy conservadas desde el punto de vista evolutivo
(50-60% de homología entre bacterias y humanos) que actúan en el plegamiento
correcto de proteínas, el ensamblaje de oligómeros y el transporte proteico a través
de membrana, por lo que se las considera celadoras. Necesitan ATP y otras proteínas celadoras de 10 kDa, denominadas *GroES* en bacterias y HSP10 en eucariotas;
ambas (HSP60 y HSP10) son celadoras clase II.

Las HSP60 forman oligómeros de 14 unidades en forma de doble anillo cilíndrico, las HSP10 forman anillos de 7 unidades unidas a las anteriores formando un

complejo de 900 kDa. Las proteínas desplegadas se ubican en el interior del anillo para proteger sus zonas hidrofóbicas y así evitar interacciones; posteriormente, mediante GroES y ATP, se va plegando la proteína y desplegándose de GroEL. La actividad ATPásica está integrada en la proteína GroEL o HSP60. Un péptido de 35 kDa necesita alrededor de 100 ATPs; lo que puede parecer un coste muy alto, pero es un gasto menor que sintetizar de nuevo la proteína por su mal plegamiento.

— *Familia HSP70*. Es la familia evolutivamente más conservada; se ha descrito un grado de homología mayor del 50% entre humanos y bacterias. Aparecen localizadas en núcleo, citosol, retículo, mitocondrias y cloroplastos. Su función es la de mantener desplegadas a las proteínas para su posterior plegamiento correcto. Para ello se unen a través del extremo C-terminal a las zonas hidrofóbicas de las proteínas en un proceso ATP-dependiente; son por tanto proteínas de clase I. Además, también ayudan en los procesos de translocación de proteínas y de degradación en caso de mal plegamiento, pues en ambos casos las proteínas han de ser desplegadas.

Las proteínas que se encuentran en el núcleo y en el citosol de eucariotas reciben el nombre de *HSP73* y *HSP72*. La primera es de síntesis constitutiva y también es denominada *HSC70;* la segunda es inducible y se le suele denominar como *HSP70*. Sus homólogas bacterianas reciben el nombre de *DnaK* y *Ssa*, y *Ssb* en levaduras. La tercera proteína más abundante de esta familia se localiza en el lumen del retículo y se le denomina *Grp78*, o también *BiP*. En mitocondrias reciben el nombre de *Grp75* o *mtp70*, y en cloroplastos *ctHsp70*.

Las formas citosólicas no se unen a todas las proteínas sino sólo a aquellas que tienen dificultades en su plegamiento. Mediante la unión a HSP70 son estabilizadas en estado desplegado. El desligamiento entre el péptido y la HSP70 es ATP-dependiente; la actividad ATPásica de la HSP70 se localiza en su extremo N-terminal.

Los genes que codifican para esta familia proteica se localizan en la región MHCIII del cromosoma 6 en humanos, entre los complejos MHCII y MHCI. En la región MHCIII también se localizan genes que codifican para proteínas del complemento (C4, C2 y factor B) y los TNFs α y β. Esta proximidad génica debida a un origen común es la causa de cierto parecido estructural entre las HSP70 y las proteínas de los complejos MHCI y II, lo cual explica la fuerte respuesta inmune que provocan las HSP70 cuando se emplean como antígenos.

— *Familia HSP90*. Las proteínas de esta familia presentan un tamaño que varía entre 83 y 90 kDa. Son las terceras proteínas más conservadas a lo largo de la evolución (40% de homología entre los genes de procariotas y eucariotas y un 87% entre los genes de distintos eucariotas). Se han identifcado formas citoplásmicas en la mosca (HSP83), las bacterias (Htp G), las levaduras (HSP82p y HSC82p) y en los mamíferos (HSP90). También se ha encontrado una de estas proteínas en retículo endoplásmico de mamíferos (Grp94). La expresión de los genes de HSP90 es constitutiva, aunque también es inducida en condiciones de estrés (aumento de temperatura y falta de glucosa). Estas proteínas necesitan ATP para llevar a cabo su función.

La principal función de la HSP90 citosólica es la de modular la actividad de los receptores de hormonas esteroideas. En ausencia de estas hormonas, el receptor forma un complejo estable de 300 kDa, llamado *aporreceptor,* con la HSP90 y otras proteínas, entre ellas una HSP70 y diferentes prolil-isomerasas (p59 y Cyp40). La HSP90 evita la unión del receptor con el ADN pues ocupa el sitio de unión de la hormona esteroidea; al llegar ésta se rompe la interacción HSP-receptor y éste viaja al núcleo. La HSP90 también participa en el correcto plegamiento inicial de estos receptores; en ausencia de la proteína de estrés, la hormona no puede unirse al receptor y no hay activación de la transcripción. La función de la HSP70 en este complejo no se conoce. Se piensa que puede facilitar la dimerización del receptor (necesaria para su unión con el ADN) después de su unión con la hormona esteroidea. En condiciones de estrés, la HSP90 previene interacciones intermoleculares irreversibles entre proteínas desplegadas y, aparentemente, estabiliza a las proteínas evitando su inactivación. También han sido implicadas en procesos de transducción pues actúan en fenómenos de transporte de algunas PKs. Además, las HSPs90 se asocian con proteínas del citoesqueleto como la actina y la tubulina.

La Grp 94 se localiza en el retículo endopásmico de mamíferos, y puede que en membrana plasmática. Presenta una alta homología con la forma citosólica. Es una proteína transmembrana, que cruza dos veces la membrana del orgánulo, con sus extremos amino y carbono terminal situados en el lumen. Esta proteína de estrés es muy abundante en células secretoras y su síntesis se incrementa en respuesta a agentes que impiden o perturban la secreción de proteínas, por lo que se cree que su función está relacionada con la secreción.

— *HSPs de alto Pm*. Se identificaron por primera vez en mamíferos y se denominaron *HSP110* y también se han descrito en levaduras (HSP104) y en bacterias (ClpA y ClpX). Posteriormente, se ha descrito otra proteína de esta familia en ratón: HSP105, que es muy abundante en tejido nervioso.

La HSP110 es expresada constitutivamente a niveles muy bajos y aparece en el citoplasma, núcleo y nucleolo. Tras sufrir un choque térmico, los niveles de esta proteína se incrementan. Su función no está bien caracterizada, pero se cree que puede estar involucrada en la adquisición de termotolerancia. Se ha sugerido que puede proteger al nucleolo del calor. La HSP104 de levaduras contiene en su estructura un supuesto sitio de unión con nucleótidos. Además, esta proteína es homóloga a las formas bacterianas de HSPs de alto Pm, que parecen cumplir una función en procesos proteolíticos ATP-dependientes. Su implicación en fenómenos de termotolerancia ha sido demostrada pues, tras inducir HSP104 en un primer tratamiento térmico, las levaduras son capaces de sobrevivir a un segundo tratamiento térmico, mientras que cepas mutantes con el gen HSP104 deleccionado no pueden desarrollar el fenotipo de termotolerancia normal. La HSP105, identificada en ratón, se localiza en el citoplasma y el núcleo, no en el nucleolo, tanto en condiciones control como bajo estrés. Esta proteína es homóloga a algunos miembros de la familia HSP70.

Además de las HSPs existen otros dos importantes tipos de proteínas de estrés:

— *GRPs (glucose regulated proteins)*. Identificadas por primera vez en células privadas de glucosa, aunque posteriormente se ha comprobado que también se inducen frente a agentes que interfieren en la homeostasis del calcio y con la secreción de proteínas, y durante procesos de hipoxia. Estas proteínas tienen unos Pm aparentes de 75, 78, 94 (ya descritas anteriormente) 110 y 170 kDa.

— *ORPs* (*oxygen regulated proteins*). Identificadas en astrocitos expuestos a hipoxia o hipoxia seguida de reoxigenación. Tienen unos Pm de 28, 33, 78, 94, 110 y 150 kDa. Las proteínas de 28, 78 y 94 kDa tienen propiedades de GRPs. La ORP150 se ha localizado en el retículo endoplásmico de astrocitos y no aparece ni en células endoteliales, ni en microglia, ni en neuronas. Estas proteínas pueden considerarse como un marcador de adaptación en ausencia de oxígeno en el astrocito, pues podrían mejorar la síntesis y/o la exportación en el retículo de proteínas importantes para que el astrocito y posiblemente la neurona sobrevivan a la isquemia.

5.4.2. Regulación de la síntesis

En eucariotas se hace principalmente a nivel transcripcional mediante un mecanismo regulador de tipo positivo. La región de ADN que se encarga de regular recibe el nombre de *HSE* (*heat shock element*) y se encuentra próxima al promotor de los genes HSP. Al HSE se le une el HSF o factor activador. Puesto que la HSE está bastante conservada también se ha encontrado un alto grado de homología entre diferentes HSFs. Los HSFs se sintetizan inactivos y su mecanismo de activación puede variar entre especies; por ejemplo, las levaduras lo hacen por fosforilación y en los humanos, en la mosca y en el ratón implica una oligomerización (trimerización). Estos oligómeros activos no sólo se unen al HSE, sino a más de 150 sitios diferentes implicados en crecimiento y desarrollo. Por ello se ha sugerido que los HSFs podrían actuar no sólo en la modulación positiva de la síntesis de HSPs, sino también en la modulación negativa de determinados genes en condiciones desfavorables. Se han descrito promotores de HSPs que poseían otras secuencias reguladoras además de HSE, hasta tres más en algunos casos. Esto podría explicar respuestas de estrés parecidas a diferentes tratamientos.

La respuesta regulatoria es muy rápida; por ejemplo, en tejido nervioso se detectan cantidades altas de HSPs 2-3 horas después del shock (corte quirúrgico, isquemia, hipertermia, ácido kaínico...). El máximo se alcanza entre las 8 y 24 horas después del tratamiento; aquí hay más amplia variación dependiendo de la duración o severidad del daño. Los niveles de HSP comienzan a disminuir a partir de las 24 horas aproximadamente.

5.4.3. Función y aplicación de las proteínas de estrés

Las proteínas de estrés se hayan implicadas en:

— *Biología de las proteínas.* Las HSPs influyen en:

a) El correcto plegamiento de las proteínas.
b) Fenómenos de oligomerización, ensamblaje (anticuerpos) y activación.
c) Transporte a través de membrana.
d) Promueven la renaturalización.
e) Ayudan en su degradación.

— *Ciclo celular.* Se ha demostrado una alta correlación entre la sobreexpresión de HSP27 y tumores muy agresivos, sugiriéndose un papel para la HSP27 en carcinomas que responden a estrógenos. La implicación de HSP27 con el receptor de estrógenos es conocida, pues es una de las proteínas que se unen a él. Sin embargo, en otros sistemas la correlación es totalmente inversa. El p53 regula negativamente el control del ciclo; es decir, si el ADN sufre daños, la concentración de p53 aumenta y detiene el ciclo hasta su reparación; si el daño es muy fuerte p53 induce apoptosis. Formas mutantes de p53 se unen a HSC70, dotando a p53 de una vida media más larga. Se ha demostrado una relación entre HSP70 y c-myc (factor de transcripción implicado en la regulación del ciclo). HSP70 y myc se localizan juntas en estructuras densas en el núcleo, lo cual sugirió una posibilidad de la regulación de la actividad de myc por HSP70 por medio de la acumulación de proteínas myc en estructuras insolubles. Recientemente se ha demostrado que la sobreexpresión de HSP70 reduce la apoptosis inducida por calor y, por el contrario, la de c-myc la potencia. HSP90 se une c-src y a otras PTKs (yes, fes, fgr) formando con ellas complejos estables. La HSP90 serviría de sistema de transporte de estas kinasas en su estado inactivo.

— *Vesículas de clatrina.* Para poder llevar a cabo su función, las vesículas revestidas de clatrina han de perder la envoltura de clatrina y para ello es necesario el consumo de ATP mediante una actividad ATPasa. Se ha sugerido que esta actividad ATPasa estaría localizada en la HSP70 asociada a estas vesículas.

— *Citoesqueleto.* Se ha demostrado una estrecha interacción con filamentos de actina y filamentos intermedios, y menor en el caso de microtúbulos. Hasta ahora se les ha sugerido importancia en el papel de polimerización y despolimerización, e incluso se ha postulado que algunas de ellas podrían copolimerizar con el filamento y activarse al despolimerizarse éste tras sufrir procesos de estrés.

— *Aclimatación a temperatura en poiquilotermos.* En general, los vertebrados inferiores poseen altas tasas de expresión de HSPs, incluso en condiciones control. Se ha postulado que la adaptación a diferentes temperaturas por parte de este grupo de vertebrados podría estar determinada por la expresión de HSPs. En peces se ha demostrado una variación anual de la expresión de HSP, especialmente la de 90 kDa, alcanzando su máximo en la época estival. Especies euritérmicas y estenotérmicas demuestran distinto grado de sensibilidad a la hora de sintetizar HSP; las euritérmicas son mucho más sensibles.

— *Activación parasitaria.* La activación de algunos parásitos va paralela a la expresión de HSPs. Se sabe que la entrada del parásito en un animal provoca en el parásito una producción de HSPs y la elevación de algunas de estas proteínas parece ser la señal que determina su activación. También se ha demostrado que la infectividad de determinadas cepas está en relación directa con su nivel de expresión de HSPs.

— *Determinación sexual en algunos vertebrados.* Se sabe que algunas tortugas incuban sus huevos a diferentes temperaturas, 26 °C para obtener machos y 32 °C en el caso de hembras. Se ha demostrado que a partir del estadio 24 del desarrollo, las hembras expresan HSP90; sin embargo, los machos no. Se sugirió que esta HSP podría mediar el control postranscripcional de ARNs específicos requeridos para diferenciación sexual.

— *HSPs y sistema inmune*. La relación entre las HSPs y el sistema inmune es muy estrecha, pues participan en la síntesis de inmunoglobulinas y en el procesado y presentación de antígenos (han de unirse a ellos). Además, las HSPs de otras especies son reconocidas como antígenos provocando respuestas inmunes muy potentes, probablemente por su gran parecido a los MHC. Por último, debido a su alta conservación, la síntesis de antiHSPs contra las HSPs del patógeno puede originar fenómenos de reactividad cruzada con las HSPs propias y generar así respuestas autoinmunes que podrían conducir a patologías; una relación muy estrecha ha sido sugerida entre HSP60 y artritis reumatoide.

— *Tolerancia e inducción de resistencia*. La inducción de la síntesis y consiguiente aumento de HSPs es responsable de fenómenos de tolerancia e inducción de resistencia. Es sabido que la resistencia a determinados tipos de estrés se ve incrementada tras un primer tratamiento estresante. Este hecho posee interesantes aplicaciones en el campo de la medicina; por ejemplo, animales de laboratorio a los que se les había inducido la síntesis de proteínas de estrés se recuperaban mejor de intervenciones en el corazón. En este sentido, la obtención de algún sistema no lesivo de inducción de HSPs sería una herramienta importante para la utilización de esta estrategia.

— *Marcadores toxicológicos*. Se ha sugerido que la determinación de los niveles de HSPs podría usarse como marcador toxicológico. Las HSPs poseen algunas ventajas como marcador toxicológico, pues son un sistema muy sensible y de rápida respuesta; sin embargo, es muy poco específico pues parece que diferentes tipos de estrés determinan respuestas muy similares.

Retículo endoplásmico y aparato de Golgi 6

Uno de los grandes aportes de la microscopía electrónica al mejor conocimiento de la biología celular fue el poder observar que todo el interior celular estaba ocupado por lo que se ha denominado *sistema de endomembranas*. Este sistema subdivide a la célula en una serie de *compartimentos* ocupando aproximadamente la mitad del volumen total celular. Los principales compartimentos celulares membranosos son: envoltura nuclear, retículo endoplásmico, aparato de Golgi, endosomas, lisosomas, peroxisomas, mitocondrias y además, en el caso de las células vegetales, los plastos.

Aunque la compartimentación tiene la ventaja de permitir a la célula realizar a la vez numerosas reacciones bioquímicas específicas e incompatibles, es muy frecuente la interconexión entre algunos compartimentos. Por ello, parte del sistema endomembranoso puede interpretarse como un vasto retículo de cavidades que subdividen al citoplasma en dos compartimentos principales, uno encerrado en el interior de las membranas y otro citoplásmico, exterior a ellas. La conexión entre los diferentes sistemas de endomembranas se lleva a cabo fundamentalmente por vesículas; éstas se originan en un compartimento mediante exocitosis, viajan por el citosol y alcanzan su compartimento de destino fusionándose a su membrana.

6.1. El retículo endoplásmico

Su denominación procede de la primitiva creencia de que se trataba de una red de canalículos exclusivamente de localización endoplásmica (zona interna de la célula) y no ectoplásmica (zona externa o submembranosa). Hoy día se sabe que se trata de un sistema membranoso, extendido entre la membrana plasmática y la membrana nuclear, que constituye más de la mitad del componente membranoso total de una célula. Se piensa que la membrana que lo delimita es continua, de modo que el lumen o espacio intermembranoso representa alrededor del 10% del volumen celular.

El microscopio electrónico fue el instrumento que permitió demostrar su existencia aunque, ya en 1945, Porter, Claude y Fulham intuyeron su estructura. En 1950, Sjostrand, Palade y Porter lo describieron como una red citoplásmica constituida por dos compartimentos interconectados entre sí pero con distinta composición química y función:

— Retículo endoplásmico rugoso (RER), ergastoplasma o α-citomembranas.
— Retículo endoplásmico liso (REL) o β-citomembranas.

A) *Retículo endoplásmico rugoso*

Denominado así por llevar adheridos los ribosomas hacia el lado citoplásmico de sus membranas. Los ribosomas se unen a las membranas del RER por la subunidad mayor; ésta unión está mediada por la presencia de las glucoproteínas transmembrana riboforina I (65.000 Da) y riboforina II (63.000 Da), presentes en las membranas del RER y no en las del REL.

* *Estructura*

El RER está constituido por una red de sáculos aplanados (cisternas) y de túbulos que los interconectan (figura 6.1). A pesar de su extensión, es un único orgánulo pues toda su membrana es continua delimitando un único lumen o cavidad. Las cisternas suelen presentar un espesor de 40 a 50 nm, pudiendo a veces ensancharse hasta alcanzar 500 nm de espesor en algunas zonas. La estructura de la membrana es trilaminar, pero con un espesor algo inferior a lo normal, alrededor de 6 nm. El lumen se encuentra ocupado por un material poco denso a los electrones, aunque a veces se localizan inclusiones densas o cristales. El grado de dilatación del lumen (espesor del RER) está en relación directa con su nivel de actividad.

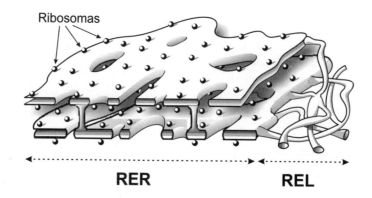

FIGURA 6.1. Estructura del retículo endoplásmico rugoso (RER) y del retículo endoplásmico liso (REL). El RER se presenta como un sistema de sáculos aplanados que llevan asociados ribosomas; sin embargo, el REL aparece como una red de túbulos que se anastomosan y entremezclan.

* *Distribución*

Existe en todas las células excepto en procariotas y en los glóbulos rojos de mamíferos. Su distribución varía dependiendo del tipo celular y del nivel de activación de la célula, de modo que en células poco activas, el número de sacos es menor y se encuentran dispersos por toda la célula. Sin embargo, en algunos casos, la distribución es muy heterogénea llegando a generar patrones muy característicos; por ejemplo:

— En las células glandulares que constituyen los acinos pancreáticos, los sáculos se acumulan en la parte basal celular.

— En los hepatocitos, forma acúmulos llamados *cuerpos de Berg,* a menudo de forma concéntrica.

— En las células nerviosas o neuronas, los sáculos del RER se reúnen en pequeñas áreas. Al microscopio óptico y con colorantes básicos se observan constituyendo los llamados *grumos de Nissl.*

— En las células plasmáticas ocupa todo el citoplasma, situándose de forma concéntrica respecto al núcleo.

B) Retículo endoplásmico liso

• Estructura

Es una red tubular, constituida por finos túbulos o canalículos interconectados y cuyas membranas se continúan con las del RER pero sin tener ribosomas adheridos (figura 6.1). Por tanto, en una misma célula coexisten ambas modalidades de retículo endoplásmico. El REL puede establecer contactos con otras estructuras como mitocondrias, depósitos de glucógeno y peroxisomas. Sus membranas son ligeramente más gruesas que las del RER.

• Distribución

Se observa en todas las células excepto en los glóbulos rojos. En determinados tipos celulares es particularmente abundante, por ejemplo:

— Célula muscular estriada, en la que constituye el llamado *retículo sarcoplásmico.* Muy importante en los procesos de liberación y rápida distribución del Ca^{2+} en la contracción muscular.

— Células de Leydig del testículo, secretoras de esteroides.

— En los hepatocitos, donde interviene en la producción de partículas lipoproteicas para exportación.

6.1.1. Composición bioquímica

El estudio de la composición química de las membranas del retículo requiere su aislamiento previo mediante el método de fraccionamiento celular. En el homogeneizado resultante y tras centrifugación diferencial aparecen tres principales fracciones subcelulares: nuclear, mitocondrial y microsomal. La fracción microsomal contiene los *microsomas,* vesículas formadas por la fragmentación del RE, que pueden ser *lisos o rugosos.* Estos dos subtipos son separados por sedimentación en gradiente de sacarosa tras alcanzar el equilibrio.

La actividad enzimática y el contenido de los dos tipos de microsomas es bastante parecido, lo que indica una alta difusión de los componentes del retículo endoplásmico. Esto es de algún modo lógico pues existe continuidad entre las membranas de los dos tipos de

RE. No obstante, los microsomas rugosos contienen hasta 20 proteínas diferentes no presentes en los microsomas lisos. El análisis de los componentes es el siguiente:

a) En el lumen se localizan proteínas comunes a ambos tipos de retículo y proteínas específicas del tipo celular: por ejemplo, colágena en fibroblastos, anticuerpos en células plasmáticas, enzimas degradadoras en células pancreáticas exocrinas... Las proteínas comunes son, fundamentalmente, HSPs encargadas de la traslocación y el plegado correcto de proteínas. Una de las más importantes es BiP (bi*nding* p*rotein*), miembro de la familia de las HSP70. Otra enzima importante es la PDI (*protein disulfide isomerase*) implicada en el correcto establecimiento de los puentes disulfuro proteicos.

b) La membrana presenta un 70% de proteínas y un 30% de lípidos. El tipo de lípido más abundante son los fosfolípidos y las cadenas de sus ácidos grasos suelen ser cortas e insaturadas. El colesterol es más abundante en el RER pues duplica en contenido al del REL. Todo ello determina una membrana bastante fluida, lógico para facilitar la alta difusión previamente mencionada. En cuanto a las proteínas de membrana, las hay comunes para los dos tipos de retículo y específicas para cada uno de ellos. Entre las comunes destacan los transportadores de electrones citocromos b5 y P450, las enzimas nucleótido difosfatasa y la reductasa NADH-dependiente; las enzimas encargadas de la síntesis de fosfolípidos y esteroides también son comunes aunque son más abundantes en el REL. Las específicas del RER son las riboforinas y otras proteínas implicadas en la translocación, glicosilación y procesado de las proteínas que se sintetizan en los ribosomas adosados al RER. Como proteínas específicas del REL destacan la enzima glucosa-6-fosfatasa y una ATPasa Ca^{2+}-dependiente.

6.1.2. Funciones

De un modo muy general, y sin considerar otras funciones más específicas que iremos desarrollando, se puede considerar que el RER está fundamentalmente implicado en el metabolismo proteico y el REL lo está en el metabolismo lipídico. Sin embargo, debido al alto nivel de solapamiento funcional que presentan los dos tipos de RE, analizaremos sus funciones en conjunto.

- *Síntesis de proteínas*

Como ya hemos dicho anteriormente, esta función se lleva a cabo principalmente en el RER. Las proteínas sintetizadas en el RE van a ser proteínas dedicadas a secreción y proteínas propias de otros sistemas de endomembranas como el propio retículo, el aparato de Golgi, el compartimento endosomal y, también, proteínas de la membrana plasmática.

Toda síntesis de proteínas comienza siempre en ribosomas citoplásmicos. La unión del ribosoma al RE se efectúa cuando la proteína que se está sintetizando presenta en su extremo emergente –extremo amino terminal– el llamado *péptido señal o secuencia señal.* El péptido señal consta de unos 20 aminoácidos con cortos tramos de aminoácidos hidrofóbicos. Conforme este fragmento va emergiendo del ribosoma es reconocido y unido a una estructura denominada *partícula de reconocimiento de la señal o PRS,* formada por seis polipéptidos y un ARN de 7 S. La unión provoca la detención de la síntesis proteica en el citoplasma y sirve para dirigir todo el complejo (ribosoma, péptido en síntesis y PRS) hacia el RE. La PRS es fundamental en todo el proceso (figura 6.2) pues: *a)* reconoce el péptido señal, *b)* bloquea la síntesis del péptido y *c)* es reconocida por un receptor específico ubicado en el RE. Es, por tanto, la encargada de un anclaje inicial indirecto del ribosoma al RE. Como la PRS ha de despegarse del sistema para desbloquear la síntesis del péptido, las riboforinas se encargarán de unir el ribosoma de modo más estable a la membrana del RE durante la subsiguiente síntesis (figura 6.3). Otra pieza importante del proceso es el *transportador* o *translocador,* que es un canal acuoso formado por proteínas transmembrana. Este translocador o canal es abierto y mantenido abierto por la secuencia señal y probablemente por el ribosoma. En el estado abierto permite el paso del péptido a su través. El complejo Sec61 parece ser el principal componente del transportador y está formado por 3 proteínas transmembrana. Este complejo presenta una alta conservación filogenética. A la vez que se va sintetizando el péptido, una peptidasa corta el péptido señal de modo que al acabar la síntesis del péptido la proteína se encuentra en el lumen. Otras proteínas poseen otros códigos que determinan su anclaje a membrana, pero los mecanismos que determinan la definitiva localización de una proteína en un lugar específico de la célula se estudiarán en el último apartado de este tema.

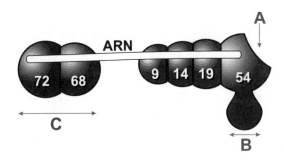

FIGURA 6.2. Partícula de reconocimiento de señal (PRS). Esta partícula está formada por una molécula de ARN y seis polipéptidos (se indica su Pm en el interior de cada uno de ellos). La zona A está implicada en la unión con el péptido señal, la zona B en la unión con el receptor que PRS posee en el RER y la zona C en el bloqueo del *locus* aminoacílico del ribosoma.

En el lumen del retículo están presentes chaperonas (BiP y otras) que determinarán el plegado correcto del péptido. Estas proteínas actúan desde el mismo momento en que el péptido asoma al lumen del RE.

Si translocar es mover algo de un lado a otro, se dice que hay una translocación proteica cuando una proteína se mueve y atraviesa una membrana para ubicarse en otro lugar. Se distinguen dos tipos de *translocaciones:*

a) Postraduccional: primero se traduce la proteína y luego se dirige hacia su destino. Por ejemplo, algunas proteínas mitocondriales, de plastos, de peroxisomas y del núcleo son sintetizadas en el citoplasma y mediante códigos guía entran en los orgánulos correspondientes.

b) *Cotraduccional:* a la vez que se traduce la proteína se va ubicando en su lugar definitivo. Existen dos posibilidades:

1. Las proteínas de secreción que al ser sintetizadas van al lumen del RER y luego saldrán por exocitosis.
2. Las proteínas de membrana que para anclarse a la membrana poseen secuencias hidrofóbicas de inicio y final de translocación. Este modo de translocación proteica ocurriría en el RE. Las proteínas de membrana del Golgi, lisosomas y de la membrana plasmática provienen del RE.

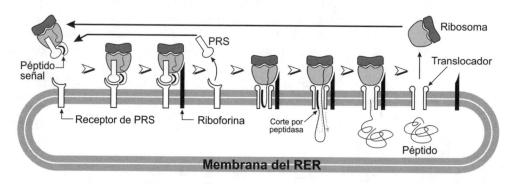

FIGURA 6.3. Mecanismo de síntesis de proteínas en los ribosomas asociados al RER. En este caso se ilustra la síntesis de un péptido que acaba en el lumen del RER. En el lado izquierdo, separado de la membrana, aparece un ribosoma con la síntesis de proteína bloqueada por la PRS. Posteriormente, se asocia a la membrana del RER por medio del receptor de PRS (localizado en la membrana del RER); además, esta unión a la membrana es estabilizada por la riboforina. A continuación, se desbloquea la síntesis de proteína al despegarse la PRS y el péptido va siendo introducido, por medio de un translocador, en la luz del RER a la vez que se sintetiza. El corte de una peptidasa separa al péptido señal (aparece más grueso) del resto de la proteína. Finalmente, el ribosoma se libera de la riboforina y puede ser reutilizado.

• *Glucosilación*

Es el conjunto de reacciones necesarias para la transformación de una proteína en una glucoproteína. Prácticamente todas las proteínas sintetizadas en el RE, independientemente de su destino final, son glucosiladas en el propio RE. La glucosilación que acontece en el RE es el primer paso, pues el estado de glucosilación definitivo de una proteína se obtendrá en el aparato de Golgi. En el RE sólo se transfiere al péptido un tipo de azúcar mediante una unión N-glucosídica, pues este azúcar sólo es transferido al resto amino de la asparagina. El azúcar se sintetiza en el lado citoplásmico sobre un lípido llamado *dolicol* y está formado por 14 residuos de azúcar (figura 6.4). Su ubicación en el lado luminal se debe al flip-flop del dolicol. La transferencia al resto amino de la asparagina la realiza una glucosiltransferasa del lado luminal, por lo que la glucosilación ocurre al mismo tiempo que se sintetiza la proteína (es una glucosilación cotraduccional). El azúcar puede ser modificado dentro del propio retículo al retirarle tres restos de glucosa y una manosa.

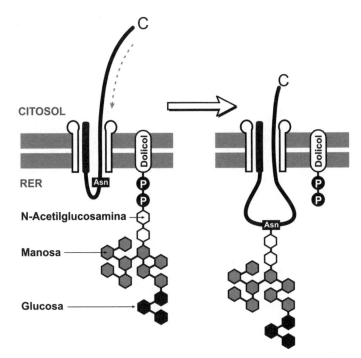

FIGURA 6.4. Glucosilación de proteínas en el RER. El azúcar (2 moléculas de N-acetilglucosamina, 9 de manosa y 3 de glucosa) es transferido al grupo amino de un resto de asparagina (Asn) desde una molécula de dolicol que actúa como transportador.

- *Síntesis de proteínas ancladas a lípidos*

Dentro de las proteínas de membrana existe un tipo de proteínas ancladas a lípidos (ver apartado 2.2.2). Las del tipo D2, ancladas a un PI (fosfatidil inositol) altamente glucosilado, son sintetizadas en el RE. De hecho, el anclaje entre el PI y el péptido es llevado a cabo en el RE. Para ello, la proteína a transferir es cortada cerca de su extremo C-terminal mientras está incluida en la membrana y transferida a un resto de etanolamina que lleva el PI. Esto no es otra cosa que cambiar la región transmembrana de la proteína por un PI, también llamado *GPI* (glucosilfosfatidilinositol).

- *Síntesis de lípidos*

La biosíntesis de lípidos se realiza en las membranas del RE –especialmente en las del REL– puesto que al ser moléculas extremadamente hidrofóbicas la membrana ofrece un entorno más idóneo que el medio acuoso del citosol. Los tres tipos de lípidos más importantes de las membranas biológicas son: fosfolípidos, glucolípidos y colesterol. Los fosfolípidos (derivados del DAG) son sintetizados en la cara citosólica de la membrana del RE a partir de glicerol-3-fosfato y ácidos grasos provenientes del citosol. Los ácidos grasos se han de unir a la coenzima A para formar moléculas de acil-CoA. Dos aciltransferasas transfieren los ácidos grasos de las acil-CoA al C1 y C2 del glicerol-3-fosfato generando ácido fosfatídico (PA). El PA se inserta en el lado citosólico y es defosforilado por una fosfatasa a 1-2-diacilaglicerol (DAG). A partir del PA se sintetiza el PI y a partir del DAG el resto de fosfolípidos por adición de la base correspondiente. Este mecanismo de síntesis sólo incorpora fosfolípidos en el lado citosólico, por ello las flipasas se encargan de transferirlos a la capa luminal. La ceramida, molécula base para la síntesis de esfingolípidos y glucoesfingolípidos, también se sintetiza en la cara citosólica de la membrana del RE; sin embargo, la glucosilación lipídica tiene lugar en el aparato de Golgi.

El colesterol también es sintetizado en el RE a partir de la acetil-CoA; para ello, la acetil-CoA ha de generar ácido mevalónico que se transformará en escualeno y éste en colesterol.

Puesto que las proteínas y los lípidos son sintetizados en el RE, es lógico decir que la gran fábrica de membranas de la célula es el RE.

• *Destoxificación*

La destoxificación consiste en eliminar todas aquellas sustancias que puedan resultar nocivas para el organismo. Estas sustancias tóxicas pueden ser insecticidas, conservantes, algunos medicamentos o drogas (barbitúricos, por ejemplo) o bien sustancias tóxicas producidas por células extrañas al organismo.

Los procesos de destoxificación implican toda una serie de procesos de oxidación, llevados a cabo por el citocromo P450 y otras enzimas óxido-reductoras asociadas. Sin embargo, conviene saber que el citocromo P450 también puede activar determinadas sustancias potencialmente cancerígenas. Los órganos principalmente implicados en la detoxificación son piel, pulmón, hígado, intestino y riñón.

• *Contracción muscular*

La liberación del Ca^{2+} acumulado en el interior del retículo endoplásmico liso muscular (retículo sarcoplásmico) es indispensable en los procesos de contracción muscular. La concentración de Ca^{2+} en el hialoplasma es muy inferior a la existente en el lumen del REL y en la matriz extracelular. Esto es debido a la actuación de las llamadas bombas de Ca^{2+} propias de la membrana del retículo endoplásmico liso.

En las células musculares estriadas, los canales de Ca^{2+} de las membranas del llamado retículo sarcoplásmico son voltaje-dependiente pues su apertura depende de variaciones en el potencial de membrana. Al abrirse el canal y permitir la salida del Ca^{2+} al hialoplasma, el ion se une con el microfilamento de troponina C iniciándose la contracción de la fibra.

• *Síntesis de derivados lipídicos*

El RE se halla parcialmente implicado en la síntesis de *esteroides*. La síntesis de colesterol a partir de acetil-CoA ocurre en el REL, la de pregnolona a partir de colesterol se hace en la mitocondria y, finalmente, la síntesis de los esteroides a partir de pregnolona acontece de nuevo en el REL.

Los *quilomicrones intestinales* están formados por triglicéridos, fosfoglicéridos y colesterol que al unirse a proteínas forman lipoproteínas; por ello en su síntesis participa tanto el RER como el REL. En los enterocitos, REL y RER aparecen estrechamente asociados en la zona apical. La secreción de estas lipoproteínas (vía Golgi) se da en el espacio lateral del enterocito. Una síntesis similar de estas lipoproteínas es llevada a cabo en el RE de los hepatocitos.

Los *ácidos biliares* también son derivados lipídicos sintetizados en el REL de los hepatocitos a partir del colesterol.

- *Glucogenolisis*

La estrecha relación que se observa entre los depósitos de glucógeno y el REL es lógica, pues una de las enzimas implicadas en la degradación del glucógeno es la glucosa-6-fosfatasa. Esta enzima se encuentra localizada en el REL y genera D-glucosa libre a partir del glucógeno hepático, permitiendo el paso de glucosa a sangre.

6.1.3. Biogénesis

El origen de las membranas del retículo aún no está completamente admitido por la comunidad científica. Observaciones con el microscopio electrónico en células en diferenciación sugieren que puede desarrollarse a partir de la envoltura nuclear; sin embargo, también se sugiere que las pocas cisternas de retículo endoplásmico que quedan después de la telofase son suficientes para servir de base en la síntesis del resto.

Experimentos realizados con precursores de proteínas (leucina marcada con C^{14}) y de lípidos (glicerol marcado con C^{14}) demostraron que, durante el período de crecimiento rápido del RE, la incorporación de proteínas y lípidos es mayor en el tipo rugoso que en el liso. Esto sugiere que la síntesis de los constituyentes lipídicos y proteicos se realiza a nivel de las membranas del RER. A partir de éste, la membrana se va elongando desprovista de ribosomas y aparece el REL.

6.1.4. Especializaciones

- *Laminillas anilladas.* Consisten en tres a cinco (a veces bastantes más) cisternas de retículo, que presentan típicos complejos del poro nuclear. Estas cisternas están en continuidad con el RER. Se desconoce su función real. Se observan en abundancia en los oocitos, espermatocitos y células tumorales.
- *Cisternas submembranosas o hipolemales.* Son estructuras formadas por una cisterna situada inmediatamente debajo de la membrana plasmática y separadas de ella por un espacio de 10-13 nm. Son frecuentes en las dendritas de grandes neuronas y en algunas células musculares lisas.
- *Cuerpos lamelares o "whorl bodies".* Formados por la acumulación concéntrica de laminillas de RE desprovistas de ribosomas. En su centro se suele observar un material electrodenso. Se cree que pueden funcionar como un auténtico almacén de membrana para el RE.

6.2. El complejo de Golgi

Forma parte del sistema de endomembranas de la célula. Fue descrito por primera vez por el científico italiano Camilo Golgi, en 1898, en el citoplasma de las neuronas de Purkinje de la lechuza, empleando técnicas de impregnación argéntica. Lo denominó *aparato reticular interno* y lo describió como "una red perinuclear fina y elegante de hilos anastomosados y entrelazados".

Este orgánulo tiene un índice de refracción semejante al del citosol, por lo que su observación en las células vivas resulta difícil. Está presente en todas las células eucarióticas excepto en los glóbulos rojos.

6.2.1. Morfología

Al microscopio electrónico aparece como un entramado de sáculos aplanados (cisternas) y vesículas que constituyen una serie de cavidades. A diferencia del RE, que es muy polimórfico y cuyas membranas delimitan una única cavidad, las cisternas del complejo de Golgi presentan cierta ordenación y delimitan diferentes cavidades.

Se ha llegado a la conclusión de que el complejo de Golgi consta de tres niveles de organización: la unidad básica denominada *cisterna* o *sáculo;* el *dictiosoma* o sistema lamelar, resultante del apilamiento de las cisternas, y el *complejo de Golgi* o *aparato de Golgi* constituido por el conjunto de dictiosomas relacionados por numerosos túbulos y vesículas. Por tanto, una célula sólo posee un complejo o aparato de Golgi que puede poseer un número variable de dictiosomas, que a su vez pueden poseer un número, también variable, de cisternas.

La cisterna constituye la unidad estructural. Es un sáculo o cavidad aplastada, rodeada de una membrana única y continua. Posee una región central plana, cuyo espesor es de 15 a 20 nm y cuyos bordes están dilatados alcanzando un espesor de 60 a 80 nm. Es frecuente que la cisterna presente fenestraciones (figura 6.5). En los bordes de la cisterna acontece un continuo proceso de exo- y endocitosis.

El dictiosoma es un sistema lamelar formado por la agrupación o apilamiento de varias cisternas, cuyo número varía considerablemente dependiendo de múltiples factores, entre ellos el tipo celular y el estado funcional. El número medio de sáculos suele variar entre 5 y 8, pero se han descrito casos como el del alga *Euglena* en que el número es de 30 o más. Los dictiosomas están rodeados por una región citoplásmica denominada *zona de exclusión,* en la cual están ausentes los ribosomas, el glucógeno, las mitocondrias y los cloroplastos y son abundantes el REL y numerosas vesículas. El dictiosoma es una estructura polarizada en, al menos, tres sentidos: forma, composición bioquímica y relación con otros sistemas de endomembranas. Esto ha determinado la descripción de 5 tipos de cisternas: cisterna *CGN* (*cis-Golgi network*), cisterna *cis,* cisterna *medial,* cisterna *trans* y cisterna *TGN* (*trans-Golgi network*) (figura 6.6). Por tanto, el dictiosoma tiene un lado *cis* y un lado *trans.* El lado *cis,* también llamado *proximal* o *de formación,* es convexo y está más relacionado con el RE; por el contrario, el lado *trans* (*distal* o *de maduración*) es cóncavo y más relacionado con los lisosomas y la membrana plasmática.

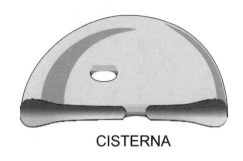

CISTERNA

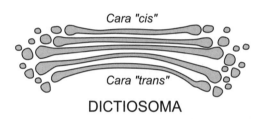

Cara "cis"

Cara "trans"

DICTIOSOMA

FIGURA 6.5. Cisterna y dictiosoma del aparato de Golgi. Las cisternas pueden aparecer fenestradas y sus bordes periféricos están siempre más dilatados. El dictiosoma es una estructura formada por el apilamiento de cisternas; es una estructura polarizada y por ello posee un lado *cis* y un lado *trans*. La existencia de vesículas rodeando al dictiosoma es una característica típica.

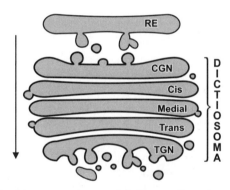

FIGURA 6.6. Diferentes tipos de cisternas que forman el dictiosoma. En cada una de ellas ocurren reacciones bioquímicas específicas. En la cisterna CGN (*cis-Golgi network*) se fosforilan los azúcares de las proteínas lisosomales; en la cisterna *cis* se produce la retirada de manosa; en la cisterna *medial* se sigue retirando manosa y se añade N-acetilglucosamina; en la cisterna *trans* se añade galactosa; y en la cisterna TGN (*trans-Golgi network*) se añade NANA y se produce el empaquetamiento de las proteínas en diferentes vesículas. La flecha indica la dirección de avance de las vesículas que transportan las proteínas desde el RE al aparato de Golgi y entre las diferentes cisternas del aparato de Golgi. Se cree que, en caso de que el dictiosoma presente un número mayor de cisternas, las cisternas extra son copias de alguno de los tipos principales.

El dictiosoma es una estructura que presenta *compartimentación*; es decir, que las actividades enzimáticas de los diferentes tipos de cisternas del dictiosoma no son iguales. Cada tipo de cisterna es un compartimento bioquímico distinto pues posee una/s determinada/s actividad/es enzimática/s específicas de modo que el producto final de la actividad de un tipo de cisterna es el producto inicial del siguiente. Esto implica la necesidad de un sistema de transporte entre cisternas. Este sistema de transporte es realizado por vesículas que hacen endocitosis en la cisterna origen y exocitosis en la cisterna de destino. Obviamente, este proceso conduciría a la disminución de tamaño de las cisternas más *cis* y al aumento de las más *trans;* sin embargo, esto se evita mediante el reciclado del material de membrana gracias a un proceso en sentido contrario. Por otra parte, la cisterna CGN está recibiendo continuo aporte de vesículas provinientes del RE, y la cisterna TGN sufre la continua exocitosis de vesículas que poseen diferentes destinos (apartado 6.3.7). Las vesículas que median transporte entre RE y Golgi y entre las cisternas del Golgi no son vesículas revestidas por clatrina sino por COP (apartado 6.3.8).

El transporte de vesículas entre RE y Golgi es de especial importancia pues es continuo y se hace en las dos direcciones. Se piensa que en el RE existe una zona transicional donde se endocitan constitutivamente vesículas con destino a la zona CGN. Parece que estas vesículas no se cargan de modo selectivo y llevan en su interior proteínas residentes en el lumen del RE; por ello, es necesario que estas proteínas sean devueltas al RE mediante un proceso en sentido inverso, en este caso selectivo, es decir mediado por receptor. La droga brefeldina A bloquea el paso de vesículas de RE al Golgi y su aplicación conduce a la casi desaparición del Golgi; por el contrario, la vía de regreso del Golgi al RE es inhibida por nocodazol. Esto es debido a que estas vesículas emplean como sistema de transporte a los microtúbulos, que resultan afectados por el nocodazol.

6.2.2. Distribución

Al microscopio óptico suele observarse como una red de trabéculas o bien pequeñas esférulas unidas entre sí cuando se utilizan las sales de plata como método tintorial. Su localización es relativamente fija para cada tipo celular. En las células de secreción exocrina el complejo de Golgi se sitúa yuxtanuclearmente junto al polo secretor; en las neuronas se sitúa rodeando completamente al núcleo y en las células de las glándulas endocrinas su posición es variable, dependiendo del momento del ciclo secretor. Su desarrollo es muy variable de unas células a otras e incluso varía dentro de la misma célula dependiendo de su ciclo funcional. En las células nerviosas y en las glandulares está muy desarrollado, mientras que en las células musculares el desarrollo es más escaso. En hiperactividad está muy desarrollado mientras que en fase de envejecimiento disminuye hasta desaparecer.

6.2.3. Composición bioquímica

Su composición es más fácil de conocer a partir de la fracción microsomal lisa de células que apenas poseen REL –por ejemplo, células acinares pancreáticas– pues de este modo se evitan problemas de contaminación. En células que poseen REL bien desarrollado es necesario homogeneizar más suave para no romper las cisternas del aparato de Golgi.

La composición del contenido luminal es similar a las del RE y, al igual que en el RE, depende del tipo celular. Las membranas del complejo de Golgi presentan una composición intermedia entre las del RE y la membrana plasmática; por ejemplo, los lípidos suponen del 35 al 40%, cantidad intermedia entre membrana y RE. La mayor parte de las proteínas de membrana se encuentran relacionadas con fenómenos de procesamiento proteico; por ejemplo, glucosiltransferasas, glucosidasas, sulfotransferasas, fosfatasas, proteasas... A veces se detectan componentes de la cadena transportadora de electrones del citocromo b5, pero nunca del P450.

6.2.4. Funciones

- *Procesamiento proteico*

Las proteínas son sintetizadas en el RER y a través de vesículas son transferidas al Golgi, que actúa como una auténtica planta procesadora. El procesamiento proteico es esencial para todas las proteínas, tanto las que van a ser secretadas como las que formarán parte de la célula. Este procesamiento se lleva a cabo de modo secuencial conforme las proteínas van atravesando el dictiosoma desde el lado *cis* hacia el *trans*. Las modificaciones que el procesamiento incluye afectan al péptido y a los azúcares que lleva asociados. Una de las modificaciones más frecuentes del péptido es la *hidroxilación* de algunos aminoácidos y, en relación con el péptido al completo, lo más habitual es un *procesado proteolítico*. Por ejemplo, la insulina es sintetizada como pre-pro-insulina en el RER; en el propio RER se le corta el péptido señal quedando como pro-insulina que es transferida al Golgi. Dentro del Golgi vuelve a ser cortada y se transforma en insulina. Además, a lo largo de su viaje por el complejo de Golgi las proteínas se van condensando, generándose, al final, vesículas con un alto grado de *condensación proteica*.

En relación con los azúcares, en el Golgi se produce la *modificación del oligosacárido* transferido en el RE y, además, la *glucosilación del péptido con nuevos oligosacáridos*. Los nuevos azúcares transferidos en el complejo de Golgi son O-unidos; sin embargo, en el RE eran N-unidos. Los O-unidos reciben este nombre por ser transferidos a los grupos hidroxilo de Ser y Treo. El resultado final es que las proteínas pueden poseer dos clases de oligosacáridos glucosilándolas: los complejos y los ricos en manosa. Los oligosacáridos ricos en manosa resultan de la modificación del azúcar añadido en el RE y en su procesamiento sólo se produce retirada de monosacáridos, no se añaden nuevos; por ello son exclusivamente del tipo N-unidos. Los oligosacáridos complejos tiene un doble origen: *a)* derivan del azúcar añadido en el RE y en este caso sí se añaden nuevos azúcares durante su procesamiento en el Golgi, y *b)* de los azúcares transferidos en el Golgi; es decir, que los hay N- y O-unidos. La N-glucosilación es típica de eucariotas y no aparece en procariotas.

La localización de las diferentes enzimas que participan en el proceso de modificación de oligosacáridos es bien conocida. Las enzimas implicadas en fosforilación de oligosacáridos se encuentran en CGN. En las cisternas *cis* y mediales se localizan enzimas implicadas en el corte de manosa. Sin embargo, las implicadas en la adición de N-acetilglucosamina son mediales. La adición de galactosa se hace en las cisternas *trans* y la adición de NANA en TGN. El propósito de la glucosilación de proteínas no es claramente conocido; sin embargo, al menos se han postulado tres razones: *a)* es necesaria para un plegado correcto, pero la mayoría de las proteínas se pliegan correctamente aun bloqueando su glucosilación, *b)* es necesaria para su transporte a través del complejo de Golgi pero, al igual que en el caso anterior, cuando se bloquean pasos en el proceso de glucosilación no parecen existir problemas para ser transportadas, y *c)* es reminiscencia de una cubierta celular ancestral con funciones protectoras, hoy con otras funciones como adherencia y reconocimiento.

Otro de los cambios importantes en el procesamiento proteico es la *sulfatación*, que consiste en la adición de radicales sulfatos a los oligosacáridos de las proteínas. Para que esta unión se efectúe se requiere la presencia de enzimas de la familia de las sulfotransferasas, que se localizan en las membranas de las cisternas. La molécula donadora del grupo fosfato es el PAPS (3'-fosfoadenosina-5'-fosfosulfato). Una de las familias de proteínas que mayor grado de sulfatación presenta son los proteoglucanos y, en especial, los glucosamínglucanos (GAGs) que forman parte de su estructura.

- *Ensamblaje de proteoglucanos*

La unión de los GAG (polímero formado por disacáridos repetidos) a las proteínas para formar proteoglucanos también tiene lugar en el aparato de Golgi. Los monosacáridos que sirven de puente entre el péptido y el GAG son añadidos de uno en uno en el apartado de Golgi.

- *Metabolismo de lípidos*

El complejo de Golgi se haya implicado en la síntesis de glucolípidos derivados del DAG y de glucoesfingolípidos. La síntesis se realiza en el complejo de Golgi a partir de la ceramida sintetizada en el RE.

- *Formación del tabique telofásico en células vegetales*

El tabique telofásico que determina la división del citoplasma de la célula vegetal en división se produce por la asociación, en el plano ecuatorial, de vesículas derivadas del aparato de Golgi.

- *Formación de la pared celular vegetal*

Los constituyentes de la pared celular son sintetizados en el RE y en el complejo de Golgi y son secretados al exterior por medio de vesículas. Una vez en el exterior se produce su organización definitiva para constituir la pared.

- *Formación del acrosoma en el espermatozide*

El acrosoma deriva del aparato de Golgi y es una estructura cargada de enzimas hidrolíticas que sirven para digerir los componentes de las cubiertas del ovocito en el proceso de fecundación.

6.3. Ubicación proteica

Una célula de mamífero contiene por término medio hasta 10.000 millones de proteínas y suele haber unos 10.000 tipos distintos. Puesto que todas tienen los primeros pasos de su síntesis en común y luego acaban distribuyéndose por toda la célula y fuera de ella es lógico intentar estudiar los mecanismos que las conducen a sus destinos definitivos. Sea cual fuere el mecanismo de ubicación, la proteína lleva en su propia secuencia la información necesaria que le permite alcanzar su destino. En la figura 6.7 se esbozan a grandes rasgos las diferentes grandes rutas que siguen las proteínas.

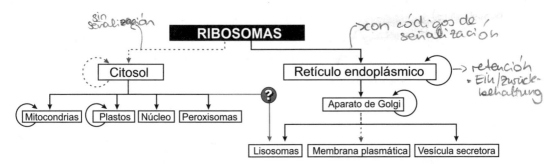

FIGURA 6.7. Posibles destinos de las proteínas a partir del inicio de su síntesis en ribosomas. Las flechas negras continuas indican rutas donde es necesaria la existencia de códigos de señalización. Las flechas grises discontinuas indican vías donde no es necesario ningún tipo de señalización; por tanto, parecen ser vías que se escogen por defecto. Las flechas que forman un círculo indican retención, aunque las que aparecen en cloroplastos y mitocondrias hacen referencia a la capacidad de estos orgánulos para sintetizar algunas de sus propias proteínas. La flecha gris continua marcada con un interrogante indica que esta ruta no ha sido confirmada de modo inequívoco.

6.3.1. Inicio de la síntesis de proteínas

Partimos de un ARNm que sale del núcleo a través de un poro nuclear. Este ARNm una vez en el citoplasma se asocia a un ribosoma por su extremo 5' y empieza la síntesis del péptido por el extremo N-terminal. El péptido se va sintetizando y puede ocurrir que la proteína no lleve ningún tipo de código o que lleve alguno.

En función de la existencia de estos códigos y de su ubicación dentro de las proteínas, éstas alcanzarán sus destinos definitivos en la célula tal como se verá a continuación. Antes de especificar el mecanismo que se produce en cada orgánulo y basándonos en la existencia de una serie de códigos desarrollaremos un *hipotético modelo de ubicación de proteínas*. Una molécula de gran importancia en este proceso es el transportador o translocador, estructura capaz de reconocer los diferentes códigos. Los códigos que usaremos son: códigos de inicio, de finalización y de inicio inverso, considerando que el péptido señal es un tipo de código de inicio. Cuando los códigos no se localizan en los extremos, también son llamados *secuencia señal interna*. Los códigos de inicio determinan la entrada del fragmento de péptido que les sigue y los de finalización impiden la entrada del péptido que va a continuación. El código de inicio inverso permite la entrada del fragmento de péptido que le precede. La unión del código de inicio determinará una configuración abierta o activa del translocador y la del código de finalización la de una configuración cerrada o inactiva. En cualquier caso, es interesante constatar que la parte de péptido que sigue a un código de inicio terminará siendo luminal; por el contrario, la que sigue a un código de finalización

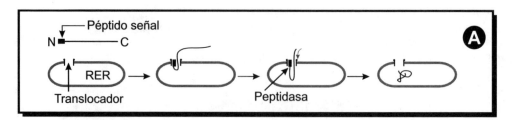

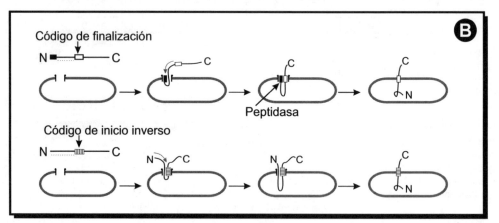

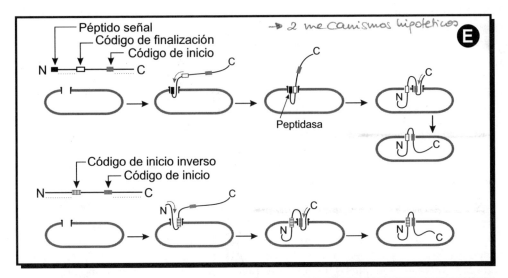

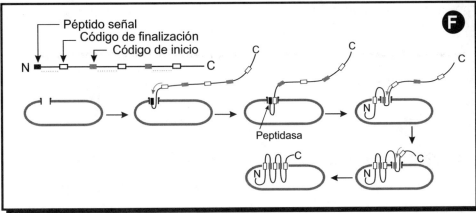

FIGURA 6.8. Modelo hipotético del mecanismo de ubicación de proteínas. Con el fin de clarificar el mecanismo sólo se ha dibujado el translocador; se ha obviado el resto de componentes vistos en la figura 6.3. En cada uno de los casos representados se incluye un esquema del péptido donde se indican el extremo amino terminal (N), el extremo carboxilo terminal (C) y los códigos de señalización correspondientes: péptido señal (rectángulo negro), código de inicio (rectángulo gris), código de inicio inverso (rectángulo rayado) y código de finalización (rectángulo blanco). La línea gris discontinua indica la parte del péptido que se introducirá a través del translocador. La flecha gris discontinua indica el sentido del movimiento de la región del péptido que se está introduciendo. *A*: ubicación del péptido en el lumen del RER. *B*: ubicación de una proteína transmembrana unipaso con el extremo C en el citosol y el extremo N en el lumen del RER; se ilustran dos hipotéticas posibilidades. *C*: ubicación de una proteína transmembrana unipaso con el extremo N en el citosol y el extremo C en el lumen del RER. *D*: ubicación de una proteína transmembrana bipaso con los extremos C y N en el citosol; se esquematizan dos posibilidades. *E*: ubicación de una proteína transmembrana bipaso con los extremos C y N en el lumen del RER; también se esquematizan dos hipotéticos mecanismos. *F*: ubicación de una proteína transmembrana multipaso. Solamente representamos un caso (5 dominios transmembrana, extremo N en el lumen y extremo C en citosol). Obviamente, para modificar la posición de los extremos C y N se pueden usar los diferentes códigos de modo análogo a como se ha hecho en los esquemas anteriores.

lo será citosólica. Además, si el último código es de inicio el extremo C-terminal estará en el lumen y si lo es de finalización se ubicará en el citosol.

Finalmente, conviene insistir en que todo lo que a continuación se describe no es más que un *modelo genérico e hipotético* que permitiría a un péptido ubicarse y estructurarse de un modo u otro a partir de un sencillo sistema de códigos. Los mecanismos reales que ocurren en cada caso en los distintos compartimentos de la célula se estudiarán posteriormente. Se consideran los siguientes casos.

- *Proteína en citosol*

La proteína no necesita ningún tipo de código. Su síntesis empezaría y terminaría en los ribosomas citosólicos.

- *Proteína en lumen de algún orgánulo*

Ha de llevar un código de inicio o señal que permita la translocación del péptido al lumen del orgánulo en cuestión. Finalmente es necesaria la actuación de una peptidasa que corta dicho código (figura 6.8a). El núcleo es una excepción a este mecanismo pues el código no se corta después de la entrada al interior nuclear. No obstante, es necesario considerar que el mecanismo puede ser bastante diferente dependiendo de cada orgánulo celular.

- *Proteína transmembrana unipaso con el extremo C en citoplasma y N en lumen*

Hay dos posibilidades:

1. Que la proteína lleve un código de inicio y otro de finalización y actúe una peptidasa.
2. Que lleve un código de inicio inverso (figura 6.8b).

- *Proteína transmembrana unipaso con el extremo N en citoplasma y C en lumen*

Se podría hacer con un código de inicio en el centro (figura 6.8c).

- *Proteína transmembrana con los extremos N y C en el citoplasma*

Hay dos posibilidades:

1. Existencia de un código de inicio y otro de finalización tal como se indica en la figura 6.8d.
2. Existencia de un inicio inverso próximo al extremo carboxilo y un código de finalización.

- *Proteína transmembrana con los extremos N y C en lumen*

También hay al menos dos hipotéticas posibilidades:

1. Existencia de un péptido señal, un código de finalización y otro código de inicio.
2. Código de inicio inverso y de inicio dispuestos tal como se indica en la figura 6.8e.

- *Proteínas multipaso*

Básicamente el mecanismo consiste en alternar códigos de inicio y finalización (figura 6.8f). La ubicación de los extremos N y C dentro o fuera del orgánulo sigue el mismo mecanismo de los casos vistos anteriormente.

6.3.2. Proteínas citosólicas

En el citosol se quedan aproximadamente el 50% de las proteínas que sintetizan los ribosomas citosólicos; el resto posee códigos que las dirigen a otros orgánulos (núcleo, peroxisomas, mitocondrias, plastos...). Entre las proteínas citosólicas destacan muchas enzimas de gran importancia en rutas metabólicas básicas en la fisiología celular y las del citoesqueleto. En general, estas proteínas no suelen llevar azúcares asociados, sólo se ha descrito la glucosilación con un resto de N-acetilglucosamina (O-unida). Sin embargo, pueden sufrir bastantes modificaciones de otros tipos que suelen ir encaminadas a regular su actividad, su polimerización, etc. Estas modificaciones suelen ser: incorporación de coenzimas (biotina, piridoxal fosfato...), metilación, acetilación, fosforilación...

Aunque estas proteínas no llevan péptido señal que las destine a otros orgánulos, algunas de ellas poseen unas secuencias específicas que les permiten asociarse a membrana por medio de un ácido graso. Una enzima reconoce esta secuencia y al ácido graso y los une; hay dos casos bien conocidos:

1. La proteína *src,* codificada por un proto-oncogén, se une al ácido mirístico y actúa como una proteinkinasa (apartado 13.7.5). El lípido se une a la glicina amino terminal. El virus de sarcoma de Rouss lleva una proteína *src* modificada, que es ya un oncogén y por ello posee capacidad transformante.
2. La mayoría de las GTPasas monoméricas o pequeñas GTPasas (*ras, rap, ral, rho, rab, ARF...*) (apartado 13.7.4) también se unen a un ácido graso, principalmente mirístico y palmítico.

La vida media de las proteínas citosólicas es relativamente larga: varios días. No obstante, también las hay de vida corta, pues suelen actuar en pasos cruciales de control de rutas metabólicas, vías de transducción o son productos de proto-oncogenes que actúan en control de proliferación celular: *fos, myc...*

6.3.3. Proteínas y retículo endoplásmico

La dirección de las proteínas al RE es llevada a cabo por el péptido señal y la PRS (apartado 6.1.2). Las proteínas que se sintetizan en el RE pueden o quedar retenidas en él, ya sea en el lumen o en la membrana, o avanzar hacia el Golgi en el lumen o en la membrana de vesículas originadas en el RE. La retención de proteínas tanto en la membrana como en el lumen del RE no es bien conocida. Sin embargo, parece que en el caso de la retención luminal se haya implicada una secuencia del tipo *-Lis-Asp-Glu-Leu-COOH.* Entre las proteínas que hacen esto destaca la BiP y la PDI. La incorporación de proteínas a la membrana del RE parece ocurrir de modo contraduccional; sin embargo, parece que algunas proteínas podrían ser transferidas postraduccionalmente. Esta translocación dependiente o no de ribosomas parece depender de si la proteína puede o no adquirir una configuración que permite su translocación. Si no la puede adquirir, su translocación será dependiente de ribosomas, y, por tanto, cotraduccional.

6.3.4. Importación a mitocondrias y cloroplastos

Aunque se les supone mecanismos muy parecidos se conoce mejor el de mitocondrias, que será el que analizaremos. Es necesario tener en cuenta que parte de las proteínas (10% aproximadamente) de estos orgánulos las sintetiza el propio orgánulo y que la otra parte se sintetiza en el citoplasma y después se transporta hacia ellos. Su ubicación es muy problemática pues estas estructuras poseen 4 destinos posibles en el caso de la mitocondria (membrana externa, cámara externa, membrana interna y matriz mitocondrial) y en el caso del cloroplasto hasta seis (membrana externa, cámara externa, membrana interna, estroma, membrana tilacoidal y lumen del tilacoide).

Se cree que la translocación a mitocondrias es un proceso postraduccional aunque no se puede negar la posibilidad de que algunas proteínas pudiesen empezar su translocación mientras están siendo sintetizadas (translocación cotraduccional). Para su ubicación mitocondrial la preproteína citoplásmica habría de estar desplegada por chaperonas citosólicas y, por último, se ha descrito un factor de importación mitocondrial (MSF, heterodímero con funciones en mecanismos de transducción con actividad ATPásica) cuya funcionalidad no está del todo elucidada.

El código de importación mitocondrial son secuencias señal de 15-30 aminoácidos con abundantes cargas positivas capaces de formar α-hélices anfipáticas (no se han encontrado secuencias primarias específicas, es decir, un código de aminoácidos específico). Estas secuencias suelen aparecer en la zona N-terminal como presecuencias que se eliminan una vez ubicadas las proteínas en su posición correcta; sin embargo, algunas proteínas poseen secuencias internas parecidas a las anteriores. Existen otras secuencias de tipo más hidrofóbico que suelen ir detrás de las localizadas en la zona N-terminal y cuya función es la ubicación correcta de la proteína en un compartimento mitocondrial específico.

Para la correcta ubicación de las proteínas mitocondriales, la mitocondria ha de poseer, al menos, una translocasa (o translocador) de membrana externa (TOM) y una translocasa de membrana interna (TIM) (figura 6.9). El *TOM* está integrado por un complejo receptor y un poro de importación general (GIP) y todo ello constituido por, al menos, 9 polipéptidos. De estos 9, cuatro de ellos se encargan de reconocer los fragmentos que van en la preproteína, funcionando como un receptor; son Tom20-Tom22 y Tom37-Tom70 (el número indica el Pm y obviamente van asociadas como se indica). Tom20 reconoce secuencias hidrofóbicas y Tom22 reconoce secuencias por interacción electrostática; de este modo, cada una de ellas reconoce una parte del código señal (recordemos que era anfipático). Tom70-Tom37 parece unirse preferentemente a aquellas preproteínas cuyos códigos de importación son internos. Posteriormente es probable que se transfieran a Tom20-Tom22, que debe de funcionar como un importador central. Las chaperonas y MSF también muestran una interacción

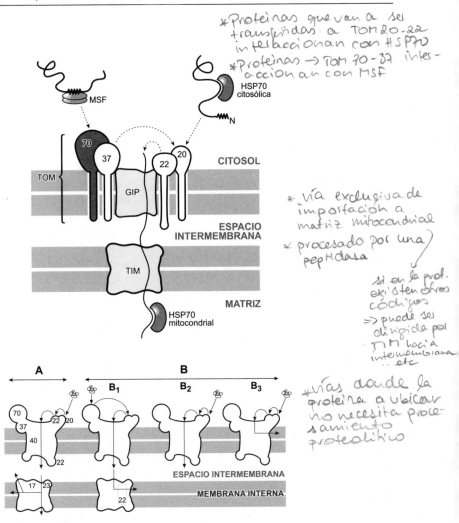

Handwritten annotations:
Proteínas que van a ser transferidas a Tom20-22 interaccionan con HSP70
Proteínas → Tom 70-37 interaccionan con MSF

vía exclusiva de importación a matriz mitocondrial
procesado por una peptidasa
si en la prot. existen otros códigos → puede ser dirigida por TM hacia intermembrana ...etc
vías donde la proteína a ubicar no necesita procesamiento proteolítico

FIGURA 6.9. Sistema de transporte de péptidos a la mitocondria. Este sistema está formado por dos translocadores: TOM y TIM. El primero se localiza en la membrana mitocondrial externa y el segundo en la interna. En función de la ubicación del péptido señal mitocondrial las proteínas son captadas por diferentes componentes del translocador TOM y posteriormente transferidas a TIM. En la parte inferior se representa la implicación funcional de TOM y TIM en la ubicación de las proteínas en los diferentes compartimentos mitocondriales. *A* es la vía de importación de proteínas cuyo péptido señal se localiza en el extremo N y ha de ser procesado por una peptidasa. Es la vía exclusiva de importación de proteínas a matriz mitocondrial; sin embargo, si en la proteína existen otros códigos señal, ésta no llega a alcanzar la matriz y puede ser dirigida por TIM hacia el espacio intermembrana o hacia la membrana interna mitocondrial. *B* representa aquellas vías donde la proteína a ubicar no necesita procesamiento proteolítico. B_1 es el mecanismo que siguen los transportadores de membrana interna, B_2 es el que siguen algunas proteínas de espacio intermembrana, y B_3 es el utilizado por algunas proteínas de la membrana externa; por ejemplo, porina.

diferencial; MSF parece interaccionar principalmente con las preproteínas que van a ser transferidas a Tom70-Tom37 y las que van a ser transferidas a Tom20-Tom22 parecen interaccionar con HSP70.

La zona *trans* del translocador, es decir, la zona que se abre a la cámara externa, también parece importante en el proceso de ubicación. La proteína más implicada parece ser Tom22 por su extremo C-terminal. Se han descrito al menos dos tipos de secuencias *trans:* 1) para preproteínas con secuencia en el extremo N-terminal, o sea, principalmente las que van a matriz, aunque algunas también podrían ir a membrana interna o cámara externa (vía A en la figura 6.9), 2) para preproteínas con secuencia interna, que pueden ir a membrana interna, cámara externa o membrana externa (vía B en la figura 6.9).

El *poro de importación general* (GIP) es el lugar al que son transferidas las preproteínas después de su unión a Tom20-Tom22. El poro podría estar formado por Tom40, Tom7, Tom6 y Tom5. Tom40 es una proteína tipo B, parecida a la porina y desde un punto de vista cuantitativo muy importante en la génesis del poro de transporte. Tom5 es una proteína clase B con su extremo N cargado negativamente y en el citosol; puede servir de interconector entre los receptores y Tom40. La carga negativa es esencial pues parece que es allí donde se ancla el fragmento "pre" para ser colocado encima del poro. Tom6 y Tom7 no interaccionan con la preproteína pero regulan la dinámica del conjunto. Tom6 ayuda a la asociación entre Tom20-Tom22 y Tom37-Tom70 con Tom40. Si hay Tom6, Tom22-Tom20 está asociado casi al 100% a Tom40 y más del 90% de Tom37-Tom70 disociado. Tom7 funciona de modo antagonista, favoreciendo la disociación de Tom22-Tom20 de Tom40. Es interesante saber que mutantes con Tom7 no funcional poseen un translocador muy estable y que esto no afecta a la translocación de proteínas a membrana interna o matriz, pero sí lo hace a proteínas de membrana externa. Se cree que Tom7 provoca un comportamiento dinámico en el translocador: al provocar su disociación hace que la proteína quede en membrana externa.

La *translocasa de la membrana interna* (*TIM*) no se encuentra siempre –todo lo contrario– asociada a TOM; de hecho, su función no depende de ella, sino de lo que TOM ofrece, que es la preproteína. TIM está conformado por dos estructuras: *a*) un canal para preproteínas, y *b*) un motor de importación localizado en el lado matricial.

TIM está formado por 5 proteínas: Tim17, Tim23, Tim44 (esenciales las tres), Tim22 y Tim11. Se cree que el canal está constituido por Tim17 y Tim23; proteínas clase B con 4 pasos transmembrana. El extremo N-terminal de Tim23 se localiza en la cámara externa, es hidrofílico, con carga negativa y capaz de unirse a las presecuencias (sitio de unión en *cis* de la membrana interna). El primer modelo sostenía que la preproteína podía pasar pasivamente por el canal, pero esto permitía la entrada de protones a la matriz; hoy se cree que existe una estrecha y activa interacción entre las Tim que forman el poro y la preproteína. Además, para que la preproteína penetre es necesario que exista un gradiente negativo a través de membrana; es decir, más cargas negativas en la matriz. Esto es lo usual en la mitocondria pues los protones se almacenan en la cámara externa. Tim11 podría estar implicada en la ubicación de la preproteína en la membrana interna (no se sabe si de modo análogo a Tom7). Tim44 se encuentra expuesta principalmente en el lado matricial e interacciona con Tim23 y HSP70 mitocondrial. HSP70 mitocondrial se une al extremo N-terminal y realiza dos funciones: *a*) *trapping*: atrapa el extremo que entra y le impide plegarse sobre sí mismo, de modo que pudiese obturar el poro; *b*) *pulling* (estira), que en realidad es una función motora pues HSP70 posee actividad ATPásica; su cambio conformacional al unirse a la proteína hace de fuerza motriz dando un tirón de la proteína que está empezando a entrar. La HSP70 también interacciona con Tim17 y se cree que de este modo se localiza lo más cerca posible de la entrada del canal para poder unirse a la proteína que va saliendo. Tim22 actuaría como un translocador específico para algunas proteínas de la membrana interna; por ejemplo, el transportador ADP/ATP que se ubica en la membrana interna. Este translocador es independiente del anterior y obviamente no necesita generar poro. En el caso del transportador ADP/ATP, el péptido es transferido a Tom70, luego a Tom 22 y de allí a Tim22. Es necesario que el potencial de membrana sea negativo.

En el caso de los plastos parece obvio que, una vez ubicadas las proteínas en el estroma, necesitan otro código más de importación que las permita anclarse a la membrana del tilacoide o introducirse en su interior.

6.3.5. Importación a peroxisomas

Este punto se desarrolla en el tema 10, dedicado al estudio de los peroxisomas, apartado 10.3 (Biosíntesis). (p. 200)

6.3.6. Importación a núcleo

Este punto ha sido previamente desarrollado en el tema 4, dedicado al estudio del núcleo, apartado 4.2.1 (Complejo del poro). (p. 90)

6.3.7. Proteínas y Golgi

Las proteínas provenientes del RE son llevadas al Golgi (cisterna CGN) mediante un transporte vesicular no específico; es decir, en una vesícula van proteínas de diferentes tipos. Una vez allí, algunas de ellas o son retenidas en el Golgi, pues son proteínas o enzimas constitutivas de este aparato, o avanzan en él y se transforman hasta llegar al final (cisterna TGN) donde pueden escoger un destino entre cuatro posibilidades: lisosomas, membrana plasmática, secreción constitutiva y secreción específica. Todos los saltos entre un orgánulo y otro y entre cisternas del Golgi se realizan mediante vesículas y, como veremos posteriormente, existen dos tipos: las revestidas de clatrina y las de COPs (COP es el acrónimo de co*at protein*).

— *Retención en el Golgi.* Hasta el momento sólo se ha demostrado retención de proteínas en membrana, no en lumen, y parece que los mecanismos de retención son diferentes dependiendo de las diferentes cisternas. En las típicas cisternas golgianas se ha propuesto que el código de retención vendría dado por un segmento transmembrana (18 aminoácidos cerca del extremo C terminal); las enzimas así retenidas son, por ejemplo, glucosiltransferasas. Pero en el caso de la cisterna TGN, donde abundan enzimas proteasas del tipo activación de propéptido, parece que el código de ubicación estaría en la cola citoplasmática, de modo que las colas de diferentes proteínas interaccionarían entre sí formando agregados inmóviles.

— *Destino lisosomas*. Se ha caracterizado un receptor que reconoce a una estructura que poseen todas las enzimas lisosómicas: una molécula de manosa-6-P. Por tanto, la agrupación de las moléculas lisosómicas se haría por un receptor para la manosa-6-P y el mecanismo sería idéntico al de una endocitosis mediada por receptor.

— *Secreción constitutiva*. Se produce la agrupación de todo el material que no ha sido seleccionado y por exocitosis se vierte al exterior, por ello también se le llama *secreción inespecífica*. Las *proteínas de membrana* podrían ir en la propia membrana de la vesícula que hace la exocitosis, pues el proceso de exocitosis determina la integración de la membrana de la vesícula en la membrana plasmática.

— *Vesículas de secreción específica*. Se postula la existencia de un receptor específico para cada tipo de producto a secretar. El proceso sería análogo al de los lisosomas. Además, en este proceso se ha propuesto la participación de un tipo específico de proteínas que podrían actuar como marcadores de esta vía: las graninas. Cromogranina A, cromogranina B y secretogranina II son los miembros principales de esta familia. Su función no es bien conocida pero podrían estar implicadas en el empaquetamiento y concentración en la vesícula de las proteínas a secretar.

6.3.8. Transporte vesicular

El transporte vesicular no es sino una serie de procesos de exo- y endocitosis que permiten la génesis de vesículas a partir de algunos orgánulos y su posterior fusión con las membranas de otros orgánulos o con la membrana plasmática. Conviene recordar que existían dos tipos de vesículas: revestidas por clatrina y revestidas por COPs.

Además, se ha postulado, de modo hipotético, la existencia de un tercer tipo de vesículas que derivarían de caveolas y cuya proteína de revestimiento sería la caveolina.

La función del revestimiento (clatrina o COP) parece ser la génesis de la vesícula, pues el revestimiento se pierde después de formada la vesícula. En este aspecto, parece ser que las vesículas revestidas de clatrina pierden el revestimiento más rápidamente que las vesículas revestidas por COP. Las vesículas revestidas de clatrina estarían implicadas en procesos de endocitosis mediada por receptor y en la génesis de vesículas de secreción específica a partir de la TGN. Las revestidas por COPs también transportan moléculas pero no mediante receptores específicos, es un transporte menos específico. Éste parece ser el mecanismo de transporte en:

1. El paso de RE a Golgi y viceversa.
2. El paso entre cisternas del Golgi.
3. El paso del Golgi a membrana, ya sea para generar membrana plasmática o para secreción constitutiva (figura 6.10).

En los siguientes apartados se analizarán el revestimiento por COPs y el mecanismo que sirve para fusionar de modo correcto a la vesícula con su orgánulo diana. Las vesículas revestidas de clatrina han sido previamente estudiadas.

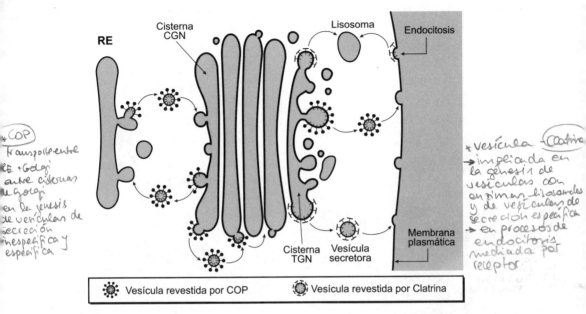

Handwritten margin notes (left):
*COP
transporte entre
RE + Golgi
entre cisternas
de Golgi
en la génesis
de vesículas de
secreción
inespecífica y
específica*

Handwritten margin notes (right):
*Vesícula Clatrina
→ implicada en
la génesis de
vesículas con
enzimas lisosomales
y de vesículas de
secreción específica
→ en procesos de
endocitosis
mediada por
receptor*

FIGURA 6.10. Implicación de los diferentes tipos de vesículas revestidas en el tráfico de vesículas. Las vesículas revestidas por COP se hallan implicadas en el transporte entre RE y aparato de Golgi, en el transporte entre las diferentes cisternas del aparato de Golgi y en la génesis de vesículas de secreción inespecífica o constitutiva. Las vesículas revestidas de clatrina están implicadas en la génesis de vesículas con enzimas lisosomales y de vesículas de secreción específica (rotulada en el dibujo como vesícula secretora); además, también están implicadas en procesos de endocitosis mediada por receptor.

- *Revestimiento por COPs*

Existen dos tipos de revestimiento COP: COP I y COP II. Se ha demostrado que las COP I están implicadas en el transporte desde el Golgi al RE (retrógrado) y las COP II en el transporte desde el RE al Golgi (anterógrado). Además, las COP I también parecen implicadas en el avance de vesículas en el aparato de Golgi. La cubierta de las COP I está formada por la GTPasa ARF y coatómeros. La cubierta de las COP II lo está por la GTPasa Sarp1p y los complejos heterodiméricos Sec23/24p y Sec13/31p.

El coatómero es un gran agregado proteico formado por 7 proteínas, algunas de ellas parecidas a las adaptinas. Esta cubierta se comporta de modo diferente a la de clatrina pues no hay desensamblaje hasta que casi no se alcanza el destino. El ARF (factor de ADP-ribosilación) es una GTPasa monomérica que posee un importante papel en el proceso de ensamblaje-desensamblaje del revestimiento COP I. Va unido a un ácido graso y, tal y como se ilustra en la figura 6.11, una vez activo se une a la membrana y posibilita la yuxtaposición de coatómeros sobre ella ayudando así a la gemación y posterior formación de la vesícula. De modo muy básico, pues en el tema 13 se estudian más a fondo, las GTP-BP (proteínas que unen GTP) son de dos tipos: *a)* triméricas; por ejemplo, las proteínas G, y *b)* monoméricas; por ejemplo, las *ras, rac, rho...* Además conviene saber que mientras la proteína está unida a GTP es activa e inactiva si lo está a GDP, esta unión se regula mediante las GAP (proteínas activadoras de GTPasa) y GEF (factor cambiador de nucleótidos de guanina) (ver el modo de actuación en el apartado 13.7.4).

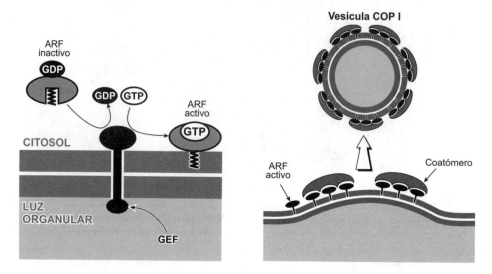

FIGURA 6.11. Vesículas revestidas por COP I. En la izquierda se muestra un modelo de activación de ARF (factor de ADP-ribosilación) por medio de la proteína GEF (factor cambiador de nucleótidos de guanina). ARF sirve de anclaje al coatómero, estructura que genera el revestimiento de estas vesículas. Cada coatómero sólo incluye una molécula de ARF aunque en el esquema se han incluido tres.

- *Mecanismo de fusión correcta de vesículas*

El mecanismo postulado sería universal, valiendo tanto para vesículas recubiertas de clatrina como de coatómero. La hipótesis implica la existencia de unas proteínas llamadas *SNARE*. Existirían dos tipos de SNARE, la v-SNARE y las t-SNARE, las *v* (*vesicle*) irían en la vesícula y las *t* (*target*) estarían en la membrana diana; ambas se reconocerían una a la otra de modo análogo a un ligando-receptor (figura 6.12). Por supuesto existirían tantos juegos de SNARES como compartimentos o destinos en la célula. SNARE es el acrónimo de "receptor de SNAP". SNAP, a su vez, lo es de "proteína soluble de unión de las NSF". Por último, NSF es el acrónimo de "proteína de fusión sensible a la N-etilmaleimida".

La v-SNARE ha de tropezar con diferentes t-SNARES hasta encontrar la t-SNARE correspondiente y ello podría determinar uniones incorrectas. Para evitar esto, existen otras proteínas que actúan chequeando y sellando la unión entre v-SNARE y t-SNARE. Cuando la v-SNARE encuentra a la t-SNARE correcta, las proteínas *rab* hidrolizan GTP bloqueando la vesícula sobre esa membrana y dejándola preparada para iniciar fusión. Las *rab* son GTPasas monoméricas que también van en la vesícula. En el cuadro 6.1 se ilustran distintos tipos de *rab* en función de los destinos de las vesículas.

CUADRO 6.1
Algunos tipos de proteínas rab y su localización subcelular

Tipo	Orgánulo
Rab1	RE y Golgi
Rab2	CGN y zona transicional del RE
Rab3A	Vesículas secretoras
Rab4	Endosomas tempranos
Rab5	Endosomas tempranos y membrana plasmática
Rab6	Cisternas mediales del Golgi y TGN
Rab7	Endosomas tardíos
Rab8	Vesículas de Golgi a membrana
Rab9	Endosomas tardíos y TGN
Rab10	Golgi
Rab11	TGN, reciclaje de endosomas
Sec4	Vesículas secretoras en levaduras

La fusión de membrana se llevaría a cabo por otras proteínas, entre las que destacan las SNAPs y las NSFs. Las SNAP chequean la unión entre v-SNARE y t-SNARE; se unen a ellas y permitien la unión posterior de las NSF, que a su vez podrían actuar sobre otras proteínas más directamente implicadas en fusión (figura 6.12). Además, en los últimos años, se han acumulado evidencias importantes de la implicación de otras proteínas como PLD (fosfolipasa D) y PKC (proteína kinasa C); sin embargo, su papel no se ha concretado todavía.

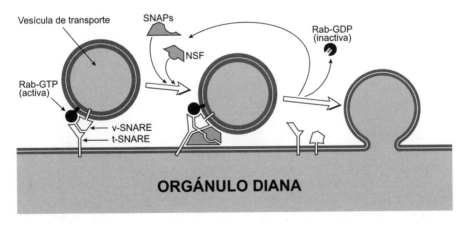

FIGURA 6.12. Mecanismo para garantizar la fusión correcta de la vesícula con su orgánulo diana. Al menos, este mecanismo implica la participación de dos proteínas de membrana, una en la vesícula y otra en la membrana del orgánulo diana (v-SNARE y t-SNARE) y la existencia de una proteína Rab que chequea esta unión y bloquea la vesícula sobre la membrana. Los factores solubles NSF y SNAP parecen ser necesarios para disparar el mecanismo de fusión de membrana.

Mitocondrias

Son orgánulos celulares descritos por Altmann en 1890, a los que denominó *bioblastos;* más tarde fueron denominados *mitocondrias* por Benda (1897) y *condriosomas* por Meves (1908). Están presentes en todas las células eucariotas aerobias y son capaces de realizar la mayoría de las oxidaciones celulares destinando la energía liberada en estos procesos oxidativos para producir la mayor parte del ATP (adenosín trifosfato). Esta molécula suministra energía en aquellos procesos celulares que la necesitan mediante la hidrólisis parcial de sus enlaces fosfato.

7.1. Características morfológicas

Debido a su bajo índice de refracción, su observación *in vivo* es dificultosa, si bien pueden ser visualizadas al microscopio óptico utilizando un colorante vital como el verde Jano. *In vitro* se observan con el microscopio de campo oscuro y con el de contraste de fases.

— *Forma.* Es muy variable, aunque usualmente se describen con forma de pequeños bastoncitos de extremos redondeados. Sin embargo, es necesario tener en cuenta que son estructuras plásticas que pueden fusionarse unas con otras o bien cambiar de aspecto según el lugar que ocupen en la célula o el estado funcional de la misma. En relación con el estado funcional, se ha demostrado que el aspecto que con mayor frecuencia aparece en las microfotografías o *estado morfológico convencional* es típico de mitocondrias inactivas. Sin embargo, el *estado morfológico condensado,* caracterizado por un gran aumento de la cámara externa y una condensación de la matriz, corresponde a mitocondrias con una elevada tasa de fosforilación oxidativa. Parece ser que uno de los procesos que influye en la transición del estado convencional al condensado es la unión del ADP al translocador ADP-ATP situado en la membrana interna.

— *Tamaño.* El diámetro suele ser constante y oscila entre las 0,5 y 1 µm; la longitud es muy variable, pudiendo llegar hasta los 7 µm.

— *Distribución y número.* En general, se puede considerar que su distribución es uniforme por todo el citoplasma; no obstante, existe un mayor número en las zonas de la célula donde ocurren procesos en los que se necesita un alto aporte de energía; por ejemplo, sinapsis, polo basal de los tubos contorneados distales del riñón (laberinto basal), inicio del flagelo del espermatozoide, etc. Además, algunas células, debido a su función, poseen un número más elevado de mitocondrias; por ejemplo, células musculares y células hepáticas; en estas últimas pueden existir hasta más de mil mitocondrias por célula. Por el contrario, en las células cancerosas son escasas, puesto que predomina el metabolismo anaerobio. Teniendo presente que son órganulos muy plásticos, es más correcto analizar el volumen total que ocupan todas las mitocondrias de una célula que analizar su número. En general, es correcto decir que el volumen total de las mitocondrias de una célula es mayor cuanto mayor sea el metabolismo de ésta. El conjunto de todas las mitocondrias de una célula se denomina _condrioma._

— _Movimiento._ La cinematografía de aceleración de los movimientos de células vivas ha demostrado que poseen movilidad. Sus desplazamientos se hacen asociados a los microtúbulos y a los filamentos intermedios del citoesqueleto.

— _Ultraestructura._ Al microscopio electrónico, la mitocondria muestra dos membranas y dos compartimentos delimitados por ellas: _membrana limitante externa; cámara externa,_ situada entre las membranas limitante externa e interna; _membrana limitante interna_ y _cámara interna o matriz mitocondrial_ (figura 7.1). La membrana limitante interna se repliega hacia la cámara interna formando las crestas mitocondriales.

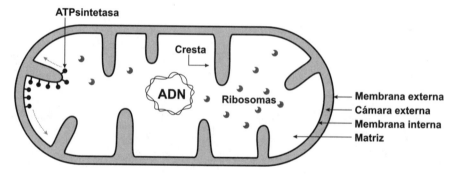

FIGURA 7.1. Ultraestructura mitocondrial. La mitocondria presenta dos membranas (externa e interna) que delimitan dos compartimentos (cámara externa y matriz). Los pliegues de la membrana interna reciben el nombre de _crestas._ En la membrana interna, mediante técnicas específicas, es posible observar la ATP sintetasa; las flechas discontinuas indican que esta molécula se distribuye por toda la membrana interna. En la matriz destaca la existencia de los ribosomas y el ADN.

Estas crestas pueden disponerse longitudinal o transversalmente al eje mitocondrial y su morfología es variada, como sáculos, túbulos... Sus secciones transversales son redondeadas en la mayoría de las células; sin embargo, en algunos astrocitos su sección aparece como triangular. El número de crestas mitocondriales depende de la actividad respiratoria celular y por tanto de la capacidad oxidativa mitocondrial. Las células hepáticas y las germinales poseen pocas crestas y mucha matriz; por el contrario, las células musculares poseen muchas crestas y poca matriz. Las mitocondrias de las células de los músculos alares de los insectos presentan un elevado número de crestas, por necesitar un gran aporte energético. Sumergiendo a las mitocondrias en soluciones hipotónicas y posteriormente en fosfotungstato, se observa que sobre las crestas mitocondriales y dirigidas hacia la matriz se localizan unas partículas elementales. Estas partículas están formadas por una esfera y un pedúnculo que une la esfera a la membrana y, como se verá posteriormente, son la imagen de la ATP sintetasa.

7.2. Análisis bioquímico

El aislamiento de la fracción mitocondrial es relativamente sencillo pues se hace por centrifugación diferencial o mediante centrifugación en gradiente de densidad. Una vez obtenida esta fracción es necesario obtener subfracciones mitocondriales. La membrana mitocondrial se fragmenta sometiendo a las mitocondrias aisladas a un medio hipoosmótico o mediante el uso de un detergente (digitonina) poco concentrado. Los mitoplastos (mitocondrias sin membrana externa) son aislados de la membrana externa y del contenido del espacio intermembrana. El contenido del espacio intermembrana se diluye en el medio de aislamiento y puede ser fácilmente separado de los restos de la membrana externa. Una vez aislados los mitoplastos se les fragmenta con otro detergente (lubrol) o por sonicación para obtener las fracciones correspondientes a la membrana mitocondrial interna y a la matriz mitocondrial. La composición bioquímica mitocondrial es muy parecida en todas las células; sin embargo, la mayoría de los estudios se han hecho en mitocondrias de hígado de rata o de corazón de buey.

7.2.1. Membrana mitocondrial externa

Contiene un 40-50% de lípidos, principalmente fosfolípidos con ácidos grasos muy insaturados. El colesterol se halla en baja proporción. Las proteínas que se ubican en ella son:

1. Enzimas implicadas en el metabolismo de lípidos; por ejemplo, la acil-CoA-sintetasa, que activa los ácidos grasos antes de su oxidación, y la fosfolipasa A_2.
2. Transportadores electrónicos como el citocromo b5 y la NADH-citocromo b5 reductasa.
3. *Porina,* que es una proteína que forma canales acuosos a través de esta membrana, por lo que contribuye a su gran permeabilidad (permite el paso de proteínas con un peso molecular inferior a los 10.000 Da).
4. Complejo transportador de la membrana externa (TOM) que sirve para importar proteínas mitocondriales sintetizadas en el citoplasma.
5. Monoamino oxidasa (MAO), que se encarga de oxidar monoaminas, por ejemplo la adrenalina, a aldehídos y que por su exclusiva localización en esta membrana se usa como marcador.
6. La enzima nucleósido-difosfato-quinasa, capaz de fosforilar otros nucleósidos a partir de ATP. De este modo se sintetizan el UTP, CTP, GTP y TTP. El UTP es dador de energía en muchas reacciones que conducen a la síntesis de polisacáridos y el CTP

lo es en algunas reacciones de la síntesis de lípidos. El GTP se halla implicado en rutas de biosíntesis proteica y en fenómenos de señalización celular.

7.2.2. Cámara externa

La cámara externa separa ambas membranas una distancia entre 6 a 8 nm. Una de las enzimas más importantes que contiene es la adenilato quinasa, encargada de fosforilar AMP a partir de ATP según la reacción:

$$AMP + ATP \rightarrow 2\ ADP$$

Las moléculas de ADP son transportadas a la matriz y fosforiladas a ATP.

7.2.3. Membrana mitocondrial interna

Es una membrana de alto contenido proteico pues sólo posee un 20% de lípidos. Su composición lipídica es muy característica pues no tiene colesterol y posee un alto contenido en cardiolipina o difosfatidilglicerol (DPG), fosfolípido de cuatro ácidos grasos. El alto contenido en cardiolipina es parcialmente responsable de su elevada impermeabilidad. Mediante electroforesis se demostró que esta membrana poseía al menos 60 proteínas diferentes. Para su estudio se clasifican en grupos, en función de su papel fisiológico, y, al menos, se pueden distinguir los siguientes:

— *ATP sintetasa*. También llamada *complejo V,* se localiza en la cara matricial de la membrana interna y constituye el 15% del total de la proteína de esta membrana. Se estima que una mitocondria típica de hepatocito de mamífero puede poseer unas 15.000 copias de esta enzima. Es un complejo transmembrana de aproximadamente 500 kDa formado por al menos 9 diferentes polipéptidos. La esfera (o factor F_1) está formada por 3 subunidades α, 3 subunidades β, 1 subunidad δ, otra γ y otra ε y actúa como una ATP sintetasa cuando pasan los protones a través de ella. La pieza basal (F_0) está integrada en la membrana y consta de tres subunidades diferentes en relación 1a:2b:12c. El pedúnculo descrito anteriormente está integrado por parte de F_1 (δ,ε y parte de γ) y parte de F_0 (parte de b y de a) (figura 7.2). El movimiento de electrones por la cadena respiratoria produce un gradiente de protones; hay más concentración de protones en la cámara externa. El movimiento de estos protones hacia la matriz a través de la ATP sintetasa determina la formación de ATP. En este sentido la región F_1 funciona como una enzima con actividad ATP sintetasa y la región F_0 como un transportador de protones. La región F_1 posee tres sitios catalíticos (subunidad β), donde se unen el Pi y el ADP; la síntesis del ATP viene determinada por un cambio conformacional promovido por la unión de los protones a la enzima. Se cree, además, que estos cambios conformacionales van acompañados con la rotación de la pieza F_1 en relación con el pedúnculo para, de este modo, ir colocando a los sitios catalíticos en la zona de salida de protones. En resumen, este complejo enzimático se encarga de convertir un gradiente electroquímico de protones en energía almacenada en enlaces químicos. El complejo ATP sintetasa de bacterias puede, de modo normal, funcionar como ATP sintetasa o como ATPasa (hidroliza ATP).

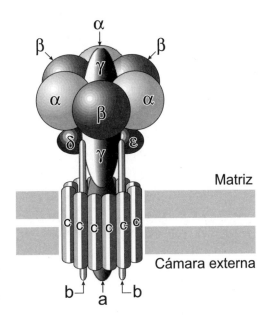

FIGURA 7.2. Estructura de la ATP sintetasa. La región F_1 está formada por cinco péptidos distintos en diferente proporción (3α, 3β, 1δ, 1ε y 1γ); la región F_0 lo está por tres (1a, 2b y 12c).

— *Proteínas transportadoras de electrones.* La cadena de transportadores de electrones o cadena respiratoria está formada por casi 20 tipos de transportadores de electrones que se pueden agrupar en 4 clases: *flavoproteínas* (NADH deshidrogenasa, que contiene FMN, y succinato deshidrogenasa, que contiene FAD), *citocromos* (proteínas que contienen grupos hemo; se han descrito al menos 5: a, a_3, b, c, y c_1), *ubiquinona* (UQ o coenzima Q, molécula liposoluble con una larga cadena hidrofóbica compuesta por unidades isoprenoides de cinco carbonos) y *proteínas de Fe-S* (son proteínas que contienen un centro con dos o cuatro átomos de Fe y S que se unen a la proteína por restos de Cis). Los tres primeros son capaces de aceptar y donar dos electrones y dos protones; sin embargo, un centro de Fe-S sólo puede aceptar y donar un electrón. Cada transportador se reduce al ganar electrones y, a continuación, se oxida porque cede sus electrones al transportador siguiente, que de este modo resulta reducido, y así sucesivamente hasta alcanzar el oxígeno, aceptor final de electrones que, al reducirse, forma agua.

La rotura de la membrana interna mitocondrial permitió el aislamiento de los diferentes transportadores asociados en cuatro complejos: I, II, III y IV. Estos complejos se encuentran embebidos en la membrana; sin embargo, dos de los componentes de la cadena transportadora de electrones, el citocromo c y la UQ, no forman parte de estos complejos y existen de manera independiente en la membrana. Se cree que el citocromo c y la UQ se desplazan por la membrana transportando electrones entre los grandes complejos transportadores, que casi son inmóviles.

El complejo I, también llamado *NADH-UQ oxidorreductasa* o *NADH deshidrogenasa,* cataliza la transferencia de un par de electrones del NADH a la UQ. Es un complejo de cerca de 1 millón de Da de Pm y lo forman cerca de 30 polipéptidos diferentes; además de la flavoproteína lleva nueve centros Fe-S. Se piensa que, por cada 2 electrones que transfiere, pasa de 3 a 4 protones a la cámara externa. El complejo II o *succinato-UQ oxidorreductasa* o *succinato deshidrogenasa* está formado por varios polipéptidos codificados por el genoma nuclear y contiene FAD unido covalentemente y varios centros Fe-S. Este complejo sirve para introducir electrones desde el succinato hasta UQ sin translocación de protones. El complejo III o *UQH$_2$-citocromo c oxidorreductasa* o *citocromo b-c$_1$* transfiere electrones desde la UQH$_2$ al citocromo c, proteína periférica de membrana. Está formado por 10 polipéptidos, tiene un Pm de 500 kDa y posee varios grupos hemo y centros Fe-S. Se cree que por cada par de electrones que transfiere este complejo se translocan 4 protones a la cámara externa. El complejo IV o *citocromo c-O$_2$ oxidorreductasa* o *citocromo c oxidasa* capta electrones del citocromo c y los transfiere al oxígeno y a la vez transloca protones a la cámara externa. Se aisló como un dímero de 300 kDa cuyos monómeros contenían al menos 9 polipéptidos diferentes, incluyendo los citocromos a y a$_3$ y dos átomos de cobre. La reducción del oxígeno es un proceso que necesita 4 electrones y se cree que esta transferencia no se hace de forma simultánea sino un electrón después de otro. El peso de la reducción del O$_2$ es llevado a cabo por un centro de Fe-Cu. Se estima que, en las mitocondrias del corazón, por cada molécula de NADH deshidrogenasa existen 3 moléculas del complejo citocromo b-c$_1$, 7 moléculas del complejo citocromo c oxidasa y 50 moléculas de ubiquinona.

— *Enzimas de oxidación de ácidos grasos.* La enzima D-β-hidroxibutirato deshidrogenasa, que reduce el acetoacetato derivado de la acetil-CoA a D-β-hidroxibutirato.
— *Transferasas.* Como la carnitín-aciltransferasa, que cataliza la transferencia del resto acilo graso desde la CoA hasta la carnitina, y otros transportadores específicos; por ejemplo, el que transporta la acil-carnitina hasta la matriz mitocondrial, o los encargados de transportar ATP-ADP (transportador de nucleótidos de adenina), Pi, aminoácidos, pirúvico...

7.2.4. Cámara interna o matriz mitocondrial

Está formada por una solución acuosa que contiene:

a) Moléculas de ADN mitocondrial y toda la maquinaria necesaria para llevar a cabo la transcripción y traducción de este ADN, donde destaca la existencia de ribosomas mitocondriales. Estos ribosomas poseen un coeficiente de sedimentación de 55 S, inferior, por tanto, al de procariotas (70 S) y al de los citosólicos (80 S). Dos de los ARNs de estos ribosomas (12 S y 16 S) son codificados por el genoma mitocondrial.

b) La mayor parte de las enzimas implicadas en el ciclo de Krebs o ciclo de los ácidos tricarboxílicos; malato deshidrogenasa y glutamato deshidrogenasa se emplean usualmente como marcadores de esta fracción.

c) La mayor parte de las enzimas implicadas en la oxidación de los ácidos grasos, especialmente a partir del acil (graso)-CoA.

d) La enzima superóxido dismutasa, implicada en procesos de transformación de radicales libres de oxígeno generados por la reducción parcial del oxígeno.

e) Inclusiones en forma de gránulos de fosfato de calcio precipitado que podrían actuar como una reserva de iones Ca^{2+}. En algunas células, las de Leydig por ejemplo, se pueden presentar inclusiones lipídicas.

7.3. Funciones

El hecho de que los cuatro compartimentos mitocondriales tengan distintos complejos enzimáticos implica que cada uno de ellos realizará funciones diferentes. No obstante, es frecuente que no todas las enzimas implicadas en un proceso se encuentren en un mismo compartimento; por ejemplo, la enzima succinato deshidrogenasa, perteneciente al ciclo de Krebs, se localiza en la membrana mitocondrial interna aunque el resto de enzimas de este ciclo se localizan en la matriz mitocondrial (figura 7.3).

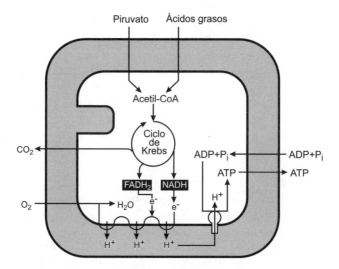

FIGURA 7.3. Metabolismo energético mitocondrial. Piruvato y ácidos grasos entran a la matriz mitocondrial donde son metabolizados hasta acetil-CoA. La acetil-CoA ingresa en el ciclo de Krebs, donde se produce NADH y $FADH_2$ y se elimina CO_2. NADH y $FADH_2$ ceden electrones (en diferentes moléculas) a la cadena de transportadores de electrones. En el proceso de transporte de electrones se translocan protones hacia la cámara externa y se genera un gradiente electroquímico. Este gradiente provoca un movimiento de protones a través de la ATP sintetasa que, acoplado a un mecanismo de fosforilación de ADP, conduce a la formación de ATP. El CO_2 deriva del esqueleto carbonado del pirúvico o de los ácidos grasos. El O_2 acaba transformándose en agua al incorporar protones y los electrones transportados.

- *Ciclo de Krebs*

También llamado *ciclo de los ácidos tricarboxílicos*. Tiene lugar en la matriz mitocondrial. En el citoplasma, por medio de la glucolisis, se obtiene piruvato a partir de la glucosa. Este pasa a la matriz mitocondrial y es transformado en acetil-CoA que entra en el ciclo de Krebs. La acetil-CoA cede el radical acetilo (CH_3CO) al ácido oxálico, comenzando así una serie de reacciones oxidativas de manera cíclica, de tal manera que, en cada vuelta del ciclo, cada radical acetilo se transforma en dos moléculas de CO_2 y permite obtener cuatro pares de electrones (3 pares como NADH y 1 par como $FADH_2$), que serán cedidos a la cadena respiratoria, y una molécula de GTP.

- *Fosforilación oxidativa*

Es el mecanismo por el cual la transferencia de electrones a lo largo de la cadena respiratoria se acopla a la formación de ATP. La enzima encargada de fosforilar el ADP para obtener ATP es la ATP sintetasa y la fuerza que impulsa esta reacción es el paso de protones, desde la cámara externa a la matriz, a través de esta enzima. A su vez, la fuerza que impulsa a los protones es el gradiente electroquímico de protones generado por la cadena de transporte de electrones. Existen moléculas denominadas *desacoplantes* cuya función es desacoplar el transporte de electrones de la fosforilación. Uno de los más usados es el dinitrofenol (DNP), que media su efecto debido a que permeabiliza la membrana interna. Esto no afecta al transporte de electrones, pero impide el establecimiento del gradiente electroquímico de protones y, por consiguiente, la fosforilación del ADP. En la grasa parda existe un desacoplante natural, la termogenina o proteína UCP, que impide la formación del gradiente de protones pues actúa como un canal para protones. En este caso, la energía no utlizada para sintetizar ATP se aprovecha para producir calor. La cadena de transporte de electrones también se denomina cadena respiratoria pues su aceptor final es el oxígeno. Esta cadena está formada por un conjunto de transportadores electrónicos que se van pasando de unos a otros los electrones obtenidos en el ciclo de Krebs. Los electrones liberados en cada ciclo y en la deshidrogenación del pirúvico son aceptados por el NAD$^+$ y el FAD, situados en la matriz mitocondrial. Los pasos siguientes de transporte de electrones tienen lugar en el seno de la membrana interna, tal como se ilustra en la figura 7.4, y forman una auténtica cadena de transporte. El transporte electrónico lleva asociado la translocación de protones desde la matriz a la cámara externa. Esto determina la aparición de un gradiente electroquímico de protones crucial en la fisiología mitocondrial, pues no sólo es responsable de la síntesis de ATP sino que también lo es del mantenimiento de algunos sistemas de transporte o del mecanismo de importación de proteínas a la mitocondria. Cada par de electrones cedidos por el NADH libera suficiente energía como para formar 3 moléculas de ATP; sin embargo, los cedidos por el $FADH_2$ sólo forman 2 moléculas de ATP debido a que son cedidos a la UQ y por ello se pierde la translocación de protones que lleva a cabo la NADH deshidrogenasa. La aparición del gradiente de protones es confirmada por el pH más básico que presenta la matriz (pH = 8); la cámara externa y el citosol presentan un pH muy parecido pues la membrana mitocondrial externa es muy permeable.

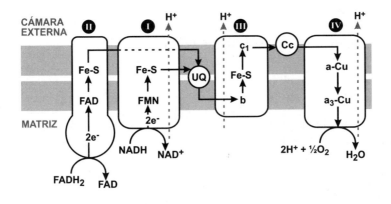

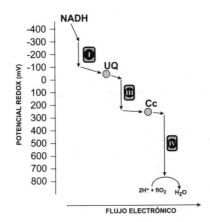

FIGURA 7.4. Esquema de la disposición de los complejos que intervienen en la cadena transportadora de electrones de la membrana mitocondrial interna. Las flechas grises discontinuas indican los complejos donde se produce translocación de protones. Los números romanos rodeados por un círculo negro indican cada uno de los complejos; la ATPsintetasa (complejo V) no ha sido incluida. La flecha negra continua que indica la cesión de electrones desde el complejo II a la ubiquinona (UQ) ha sido transformada en discontinua al pasar sobre el complejo I; este paso sobre el complejo I es por necesidad del dibujo, pues el complejo II cede electrones directamente a la ubiquinona. Cc: citocromo c. En la parte inferior se ilustra el incremento en el potencial redox conforme los electrones van siendo transferidos por los distintos complejos (no se ha incluido el complejo II). Nótese que la translocación de protones se da en los puntos donde su caída es más importante: complejos I, III y IV. El número de protones translocados en cada complejo es aún motivo de controversia; sin embargo, se cree que los complejos I y III translocan dos protones y el complejo IV sólo uno.

Existen moléculas capaces de bloquear la cadena respiratoria. La *rotenona* (insecticida), el *amital* (barbitúrico) y la *piericidina* (antibiótico) bloquean el transporte electrónico entre el NADH y la UQ; se cree que todos ellos actúan sobre la NADH deshidrogenasa. La *antimicina A* bloquea el transporte de electrones entre el citocromo b y el c. El *cianuro*, el *sulfuro de hidrógeno* y el *monóxido de carbono* bloquean el paso desde el citocromo a-a$_3$ hasta el oxígeno.

- *β-oxidación de ácidos grasos*

Los ácidos grasos de los triacilglicéridos almacenados en el tejido adiposo son escindidos por lipasas, alcanzan la sangre y llegan a otros tejidos donde se oxidan. Antes de ser oxidados en la mitocondria necesitan ser activados enzimáticamente (adición de la CoA), proceso que ocurre en el citosol. La mayor parte de las enzimas implicadas en la β-oxidación se sitúan en la matriz mitocondrial, recuérdese que la enzima carnitín-aciltransferasa se localiza en la membrana interna. Cada molécula de acil-CoA que entra en la mitocondria se oxida para formar una molécula de acetil-CoA y el acil-CoA se acorta dos átomos de carbono. A la vez, se reduce una molécula de NAD^+ y otra de FAD a NADH y $FADH_2$ que se dirigen hacia la cadena transportadora de electrones. El acetil-CoA entra en el ciclo de Krebs para ser oxidado a CO_2.

- *Captación de electrones del NADH citosólico*

En la transformación citosólica de glucosa a piruvato se producen 2 moléculas de NADH. Puesto que la membrana mitocondrial interna es impermeable al NADH, la mitocondria utiliza un sistema especial que le permite introducir los electrones del NADH a su sistema de transporte electrónico. El sistema para hacerlo utiliza varias *lanzaderas de electrones* (lanzadera del malato-aspartato y lanzadera del glicerofosfato), aunque la más abundante es la lanzadera del malato-aspartato (figura 7.5). Básicamente, el NADH citosólico reduce el oxalacetato a malato. El malato es transportado a la matriz y allí, mediante la enzima malato deshidrogenasa, reduce al NAD^+ formando oxalacetato y NADH. El transporte de malato es de tipo antiporte y a la vez que entra málico sale cetoglutárico. El oxalacetato de la matriz es transformado a aspártico (aspartato aminotransferasa mitocondrial) y transportado al exterior mediante un sistema de transporte que introduce glutámico a la vez que saca aspártico. El aspártico citosólico es transformado en oxalacetato (aspartato aminotranferasa citosólica). Para cerrar el ciclo el cetoglutárico citosólico es transformado en glutamato, transportado a la matriz y transformado en cetoglutárico. El efecto neto de todo el ciclo es la oxidación a NAD^+ del NADH citosólico y la reducción del NAD^+ mitocondrial a NADH.

- *Síntesis de fosfolípidos*

Aunque se verá con más detalle en el siguiente punto, la mitocondria presenta el fosfolípido cardiolipina (DPG) en su membrana interna. Las fases finales de síntesis de este fosfolípido ocurren en la mitocondria. Además, la mitocondria también posee enzimas que le permiten catalizar el alargamiento de algunos ácidos grasos, principalmente palmítico, a través de adiciones sucesivas de acetil-CoA al extremo carboxilo.

- *Almacenamiento de calcio*

Cuando la concentración de calcio aumenta demasiado en el citosol, se activa una ATPasa Ca^{2+}-dependiente que lo bombea a la matriz mitocondrial. Allí puede reaccionar con el fosfato formando fosfato cálcico que se condensa en forma de gránulos.

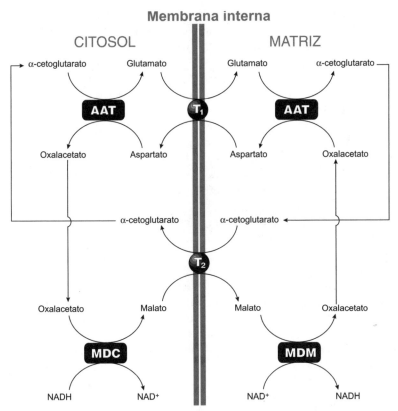

FIGURA 7.5. Esquema de la lanzadera malato-aspartato. T_1 y T_2 son, respectivamente, los transportadores (antiporte) de aspartato-glutamato y de malato-cetoglutarato. MDC: malato deshidrogenasa citosólica. MDM: malato deshidrogenasa mitocondrial. AAT: aspartato aminotransferasa.

- *Síntesis de aminoácidos*

La mitocondria es capaz de sintetizar algunas de sus propias proteínas. Muchos de estos aminoácidos son transportados desde el citoplasma, pero algunos pueden ser sintetizados a partir de metabolitos del ciclo de Krebs.

- *Síntesis de esteroides*

La función esteroidogénica de la mitocondria tiene lugar en células de la corteza supra-rrenal, ovarios y testículos. La transformación del colesterol a pregnolona se lleva a cabo en la mitocondria. Ésta es transformada en el RE para dar desoxicorticoesterona, desoxicortisol y androstenodiona. Los dos primeros corticoides ingresan de nuevo en la mitocondria para transformarse en corticoesterona y cortisol.

Finalmente, es necesario considerar que no todas las mitocondrias de todos los tejidos son funcionalmente idénticas, pues existen casos de especialización funcional. Ejemplos de ello son la síntesis de esteroides vista anteriormente o el hecho de que parte de las reacciones del ciclo de la urea sean llevadas a cabo en las mitocondrias de los hepatocitos. Además, existe una enfermedad, por defecto en una subunidad de la citocromo oxidasa, que sólo afecta al músculo esquelético.

7.4. Biogénesis

Desde el punto de vista filogenético se cree que las mitocondrias se originan a partir de un proceso endosimbiótico entre un primitivo hospedador y una célula procariota primitiva y aerobia. Esta hipótesis se basa en numerosas evidencias del parecido entre las mitocondrias y las células procarióticas actuales:

— La cadena respiratoria se localiza en la membrana.
— La ATP sintetasa se dirige hacia la matriz.
— El ADN es circular y desnudo.
— Se reproducen por fisión binaria como las bacterias.
— Los ribosomas son parecidos en su velocidad de sedimentación.
— El cloranfenicol inhibe la síntesis de proteínas en mitocondrias y bacterias.
— Homología entre las HSPs (proteínas de choque térmico) bacterianas y mitocondriales.
— La membrana externa mitocondrial presenta una composición parecida a la de RE; sin embargo, la interna recuerda a la de procariotas; por ejemplo, carece de colesterol.
— En la naturaleza existen, en el momento actual, casos de endosimbiosis parecida; por ejemplo, algunos paramecios pueden tener bacterias endosimbiontes. Esto demuestra que el proceso endosimbiótico es factible.

Desde el punto de vista ontogenético, las mitocondrias se originan por división de otras mitocondrias preexistentes; jamás lo hacen *de novo*. La división puede producirse por dos mecanismos diferentes: segmentación y partición. La segmentación implica un alargamiento mitocondrial progresivo que produce un estrechamiento en una determinada zona, llegando a escindirla en dos partes. La partición se produce por la fusión de la membrana mitocondrial interna provocada por el crecimiento de las crestas mitocondriales en una región determinada y posterior invaginación y fusión, en la misma zona, de la membrana mitocondrial externa (figura 7.6).

Para que esto ocurra la mitocondria ha de crecer y para ello necesita proteínas y lípidos. En relación con las proteínas, la mayoría son codificadas por el genoma nuclear, sintetizadas en ribosomas citosólicos y transferidas a la mitocondria; sólo unas pocas (ver apartado siguiente) son codificadas y sintetizadas en la mitocondria. Los lípidos de las membranas mitocondriales son sintetizados en las membranas del RE y de allí son arrancados para ser llevados a la cara citosólica de la membrana mitocondrial externa. Este proceso es realizado por unas proteínas citosólicas llamadas *intercambiadoras de lípidos*. De la cara citosólica son transferidos a la cara de la cámara externa mediante flipasas y a la membrana interna a través de puntos de contacto creados con ese propósito. Algunos de los fosfolípidos que llegan a la mitocondria han de ser modificados con el fin de generar cardiolipina (DPG). Es necesario tener en cuenta que, aunque la cardiolipina se sintetiza en la mitocondria, los fosfolípidos que sirven de partida para su síntesis provienen del RE.

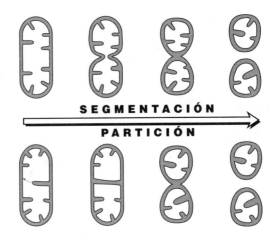

FIGURA 7.6. División mitocondrial. La partición empieza por el crecimiento de una cresta que termina dividiendo a la matriz en dos compartimentos distintos y la segmentación se hace por estrangulamiento.

7.5. La mitocondria como organismo semiautónomo

Las mitocondrias poseen cierto grado de autonomía dentro de la célula. Al poseer ADN y ribosomas son capaces de sintetizar proteínas; además, tal y como se ha visto, tienen capacidad de dividirse y por tanto de transmitir información biológica.

El ADN mitocondrial es circular y desnudo (carece de histonas) y posee un solo origen de replicación; no obstante, una de las cadenas hijas comienza a sintetizarse antes que la otra y la segunda lo hace en un punto distante del empleado por la primera. El ADN mitocondrial humano tiene una longitud de 16.569 pares de bases, el de vegetales puede ser de 10 a 150 veces mayor. Cada mitocondria posee varias copias del genoma en su interior. El contenido de guanina-citosina es mayor en el mitocondrial que en el nuclear, por lo que necesita mayor temperatura para ser desnaturalizado. Las reglas de apareamiento del codón-anticodón son ligeramente diferentes, más relajadas; esto determina que en vez de necesitar 31 ARNt, en la mitocondria sólo existen 22. Además, el código genético también es ligeramente diferente, 4 de los 64 codones tienen distinto significado en el genoma mitocondrial cuando se compara con el genoma nuclear. Se transcriben las dos cadenas del ADN y en total contiene 37 genes que codifican la síntesis de 13 proteínas estructurales de la cadena respiratoria y de la ATP sintetasa, 2 ARNr y 22 ARNt. Esto determina que sólo entre el 5 y el 10% del total de las proteínas de la mitocondria son sintetizadas en ella. El resto proviene del citoplasma bajo forma de precursores y llevan un código que sólo les permite introducirse en la mitocondria y no en otro orgánulo (ver apartado 6.3.4). Los complejos I, III y IV y la ATP sintetasa están integrados por proteínas de origen nuclear y mitocondrial; por ejemplo, el complejo IV (citocromo oxidasa) lo integran 3 proteínas mitocondriales y 10 nucleares. Por tanto, muchos de los componentes mitocondriales se forman por la acción integrada de dos sistemas genéticos: mitocondrial y nuclear, que actúan de forma coordinada.

El mecanismo de reparto de los genes mitocondriales muestra un sistema de herencia citoplásmica o no-mendeliana debido a que en la mitosis las mitocondrias presentes en la célula se reparten al azar. Este tipo de mecanismo hereditario puede tener importantes consecuencias en numerosas especies debido al diferente grado de cooperación que los gametos materno y paterno poseen en la génesis del cigoto. En algunas especies la herencia es biparental; es decir, las mitocondrias del cigoto resultan de la incorporación de mitocondrias maternas y paternas; sin embargo, en la mayoría de las especies la herencia es uniparental, pues tan sólo las mitocondrias del óvulo son las que se mantienen en el cigoto. Las mitocondrias del espermatozoide no son incorporadas en él. Por ello, se dice que, en estos casos, la herencia mitocondrial es materna.

La causa de que las mitocondrias, al igual que los plastos, posean su propio genoma no es fácil de justificar; sin embargo, se piensa que puede ser debido a una parada en el proceso evolutivo por el que estos orgánulos iban transfiriendo sus genes al núcleo. La alteración del código genético en la mitocondria podría descartar la posibilidad de futuras transmisiones pues estos genes no serían funcionales si estuviesen ubicados en el núcleo.

7.6. Control de la respiración mitocondrial

En los primeros experimentos en los que se usó el DNP como desacoplante se observó que se producía un incremento en el consumo de oxígeno y una elevación en la tasa de transporte de electrones. Todo ello indicaba que la respiración mitocondrial estaba sometida a control. Se cree que este control se lleva a cabo por el efecto que el gradiente de protones ejerce sobre el transporte de electrones. Si no hay gradiente, se produce un aumento máximo en la tasa de transporte de electrones; este aumento conduce paulatinamente a la formación de un gradiente que va, también paulatinamente, dificultando el transporte electrónico. De hecho, la creación artificial de un alto gradiente de protones en la cámara externa conlleva la parada del transporte de electrones. Obviamente, esto habría de conllevar la regulación, en este caso negativa, de aquellos sistemas que producen las moléculas que ceden electrones (NADH y $FADH_2$).

Este sistema de control de la respiración tan sólo es una parte de un sistema de control que afecta a la cadena de transporte de electrones, al ciclo de Krebs y a las tasas de glucolisis y β-oxidación de ácidos grasos. En realidad, las tasas de todos estos procesos vienen determinadas por el índice ATP:ADP, de modo que incrementarán cuando este índice disminuye por bajada de la concentración de ATP. Cuando las concentraciones de ADP y Pi aumentan (esto sucede en caso de una alta hidrólisis del ATP), la enzima ATP sintetasa comienza a trabajar más deprisa para aumentar la concentración de ATP. Este aumento de la actividad de la ATP sintetasa conlleva una disminución en el gradiente de protones; recordemos que la ATP sintetasa translocaba protones de la cámara externa a la matriz. Finalmente, esta bajada del gradiente electroquímico de protones conduce a un aumento en la tasa de transporte de electrones que va asociado a una regulación positiva de las vías glucolíticas y de oxidación de grasas. Por ejemplo, el ATP puede regular la tasa de producción de NADH por estas vías al actuar sobre algunas de sus enzimas. Ello conduce a que la tasa de producción y consumo de NADH vayan ajustadas.

7.7. Hidrogenosomas y glicosomas

Los *hidrogenosomas* son orgánulos presentes en un grupo de protozoos (Tricomonadinos), parásitos flagelados que ocasionan infecciones en el aparato genital de algunos mamíferos, el hombre entre ellos; por ejemplo, *Trichomonas vaginalis* causa la vaginitis. Estos protozoos carecen de mitocondrias, pero sus hidrogenosomas les permiten generar ATP al oxidar piruvato a acetato y CO_2 (figura 7.7). Si el proceso se realiza en presencia de oxígeno se forma agua, pues actúa como aceptor de electrones; sin embargo, en condiciones anaeróbicas se forma H_2. Esta capacidad de génesis de H_2 es lo que ha llevado a denominarlos *hidrogenosomas.*

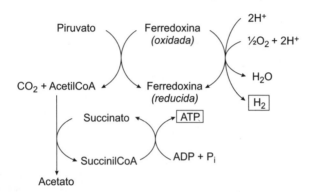

FIGURA 7.7. Reacciones oxidativas que conducen a la formación de ATP en los hidrogenosomas.

En principio, este orgánulo fue considerado como un tipo de peroxisoma; sin embargo, hoy día se cree que derivan de mitocondrias que, en un proceso adaptativo, han perdido hasta el ADN además de otros muchos constituyentes. El hecho de que este protozoo presente la actividad catalasa en el citosol y que el hidrogenosoma no la presente refuerza la hipótesis de un mayor emparentamiento de este orgánulo con las mitocondrias que con los peroxisomas.

Los *glicosomas* son orgánulos presentes en los Tripanosomas, familia de protozoos flagelados que también puede causar enfermedades en el hombre. Por ejemplo, el *Trypanosoma gambiense,* transmitido por la mosca tse-tsé causa la enfermedad del sueño y el *T. cruzi* causa la enfermedad de Chagas. Las leishmaniasis también son causadas por especies estrechamente relacionadas con las anteriores. Estos orgánulos están implicados en el catabolismo de la glucosa a través de algunas reacciones de la vía glucolítica; es necesario recordar que en el resto de organismos este tipo de reacciones ocurren en el citosol, no en orgánulos. En condiciones aeróbicas, mitocondrias y glicosomas se coordinan para producir ATP; pero, en condiciones anaeróbicas, el glicosoma solo es capaz de satisfacer el requerimiento de ATP de este organismo. Este orgánulo no parece estar relacionado ni con peroxisomas ni con mitocondrias, por lo que su clasificación es aún controvertida.

7.8. Alteraciones mitocondriales

Las alteraciones funcionales de las mitocondrias desempeñan un papel importante en la lesión celular aguda; además, alteraciones en el número, tamaño, forma y funcionalidad mitocondrial también se producen en algunos procesos patológicos. Por ejemplo, la hipertrofia y atrofia celular conllevan respectivamente un aumento y disminución del número de mitocondrias. En ciertos déficit nutricionales y en la enfermedad hepática alcohólica, las mitocondrias hepáticas pueden aumentar mucho de tamaño (megamitocondrias). En las miopatías mitocondriales defectos en el metabolismo mitocondrial conllevan importantes alteraciones morfológicas. Alteraciones en número y tamaño (mitocondrias grandes y abundantes) también se han descrito en determinados tumores (oncocitomas).

Las miopatías mitocondriales detectadas hasta el momento están originadas por defectos en los complejos I, III y IV de la cadena respiratoria que, principalmente, determinan debilidad muscular acompañada de otros síntomas como oftalmoplejía externa. A nivel celular se observan alteraciones en el número y tamaño de las mitocondrias y también inclusiones paracristalinas y alteraciones en la estructura de las crestas. Entre las miopatías de esta clase destacan dos síndromes clínicos asociados a anomalías en el ADN mitocondrial: la *oftalmoplejía externa progresiva crónica,* que conlleva una debilidad en la motilidad ocular extrínseca, y el *síndrome de Kearns-Sayre,* caracterizado por oftalmoplejía, degeneración pigmentaria de la retina y bloqueo cardíaco. Entre las encefalomiopatías mitocondriales destaca la *enfermedad de Leigh,* que ocasiona tan graves problemas que determina la muerte antes del segundo año de vida. Parece ser causada por anomalías bioquímicas mitocondriales en relación con el pirúvico. La *epilepsia mioclónica de fibras rojas melladas* (EMFRM, o NMERRF como acrónimo inglés) es una enfermedad de transmisión materna relacionada con una mutación en un gen mitocondrial que codifica para un ARNt. Una causa similar provoca la enfermedad de encefalopatía mitocondrial, acidosis láctica y episodios de tipo ictus (EMALI, o MELAS como acrónimo inglés). La neuropatía óptica hereditaria de Leber (LHON), que causa ceguera por degeneración del nervio óptico, es debida a una única mutación en el par de bases 11778 que afecta a una de las subunidades del complejo I. Además de esta mutación, se han descrito otras tres mutaciones puntuales que también pueden causar LHON; dos de ellas afectan al complejo I y una al complejo III. El efecto final de estas mutaciones es que la mitocondria presenta reducida su capacidad de formación de ATP.

La isquemia (deficiencia de riego sanguíneo) determina importantes modificaciones en la fisiología mitocondrial. Estos efectos son de particular importancia pues, por ejemplo, el infarto de miocardio es el resultado final de un proceso isquémico en el músculo cardiaco. La falta de oxígeno provoca una acumulación de NADH y $FADH_2$ y, además, se desarrolla una acidosis intracelular acompañada de una acumulación de ácido láctico. La concentración de ATP no disminuye al principio, lo hace después de un tiempo pues, a pesar de que la fosforilación de ATP se interrumpe, los niveles de ATP se mantienen mientras se produce transferencia de grupos fosfato de alta energía desde la creatina-fosfato al ADP. La disminución de oxígeno también conlleva el uso preferencial de la vía glucolítica sobre la lipolítica (oxidación de ácidos grasos), al revés que en condiciones normales. Esto es debido a que la oxidación de ácidos grasos es un proceso que requiere FAD y en estas condiciones esta molécula se halla como $FADH_2$. Estos cambios fisiológicos se ven acompañados de cambios estructurales como hinchamiento mitocondrial, desorganización de crestas y presencia de estructuras electrodensas amorfas en la matriz.

Por otra parte, en los últimos años se ha descrito la posible relación de alteraciones funcionales de la cadena respiratoria mitocondrial con el envejecimiento y las enfermedades neurodegenerativas.

Plastos

8

Los plastos o plastidios son orgánulos celulares sólo presentes en células vegetales. Fueron descritos por Schimper (1883), si bien Leeuwenhoek los había descrito en algunas algas filamentosas. Aunque existen diferentes tipos de plastos, en la mayor parte del tema se hará referencia a cloroplastos, pues son los mejor conocidos y los de mayor importancia ecológica y comercial. La posesión de cloroplastos es, probablemente, la mejor característica para distinguir a las plantas de los animales. La principal característica del cloroplasto es poseer pigmentos como la clorofila y los carotenoides y la capacidad de sintetizar y acumular sustancias de reserva: almidón, aceites y proteínas. Su función más emblemática es la fotosíntesis, que permite a la planta fijar CO_2, pero también se hallan implicados en el metabolismo del nitrógeno, azufre, lípidos y algunas hormonas de plantas.

8.1. Clasificación

Se hace en función de su grado de desarrollo, de los pigmentos que poseen y del tipo de material que acumulan. En función de estos criterios, los diferentes tipos de plastos se pueden clasificar en:

a) *Plastos no totalmente diferenciados*. Existen dos tipos:

— *Proplastos*. Son los progenitores del resto de plastos. Se localizan en células meristemáticas.
— *Etioplastos*. Es un tipo de plasto que aparece en las hojas de plantas crecidas en oscuridad y por ello está parcialmente diferenciado. La luz los transforma en cloroplastos.

b) *Leucoplastos* o plastos no coloreados. Éstos se clasifican en función del material que almacenan, y así tenemos:

— *Amiloplastos*. Sintetizan y almacenan grandes cantidades de almidón. Aparecen en células próximas a los extremos en crecimiento de raíces y tallos y en los órganos en los que se almacena almidón. En el caso de la raíz pueden funcionar como estatolitos sensibles a la gravedad.

— *Proteoplastos* o proteinoplastos. Acumulan proteínas. Son característicos de algunas especies y se localizan en raíz, hojas, semillas...

— *Oleoplastos* o elaioplastos. Acumulan lípidos. Son especialmente abundantes en algunas semillas.

c) *Cloroplastos*. Son plastos coloreados que contienen clorofila (color verde) y otros pigmentos fotosintéticos. Son fotosintéticamente activos y se localizan en hojas, tallos y frutos verdes que han crecido con la luz.

d) *Cromoplastos*. También son plastos coloreados pero no contienen clorofilas y los pigmentos que les dan color (carotenoides) no son fotosintéticos. Son fotosintéticamente inactivos. Principalmente se localizan en pétalos y frutos y tienen como misión especial la atracción de polinizadores y predadores.

Todos los tipos de plastos están relacionados entre sí, pudiendo, en muchos casos, transformarse un tipo en otro. En cualquier caso, todos ellos derivan directa o indirectamente de los proplastos.

8.2. Características morfológicas

Los cloroplastos son orgánulos presentes en las estructuras fotosintéticas de las plantas.

• *Forma y tamaño*

En los vegetales inferiores muestran formas muy variables y suelen ser grandes y escasos; debido a esto se les suele utilizar como criterio para la determinación de la especie. Por ejemplo, *Chlamydomonas* sólo presenta uno con forma de cúpula, *Zygnema* posee dos estrellados, *Ulothrix* tiene un solo plasto anular con bordes dentados y *Spirogyra* suele presentar uno o dos con forma helicoidal. En los vegetales superiores son bastante uniformes y suelen presentar forma ovoide o lenticular con un tamaño que va de 2 a 6 μm de diámetro y de 5 a 10 μm de longitud. En las plantas de umbría suelen tener mayor tamaño. En células poliploides el tamaño es mucho mayor que en las correspondientes diploides. En procariotas fotosintéticos, la estructura fotosintética recibe el nombre de *cromatóforo*.

• *Número*

Algunas algas poseen un solo cloroplasto; por ejemplo, los casos vistos en el apartado anterior. En angiospermas lo usual es que una célula posea de 15 a 20 cloroplastos aunque, en algunos casos, pueden llegar a contener centenares de cloroplastos por célula. Un caso extremo es la hoja de *Ricinus* con cerca de 400.000 cloroplastos por mm^2 de superficie.

• *Localización*

Dentro del citoplasma no tienen un lugar fijo, aunque se localizan frecuentemente junto a la pared celular o cerca del núcleo debido a la extension de las vacuolas. Están sometidos a movimientos de ciclosis pero también pueden presentar movimientos activos, como se verá a continuación.

- *Movimiento*

En un medio lumínico isótropo, debido a las corrientes citoplásmicas, los cloroplastos se distribuyen homogénea y pasivamente. Sin embargo, los cloroplastos pueden ser orientados activamente en caso de variar la dirección o intensidad de la luz. Ante luz débil el cloroplasto se dispone perpendicularmente y ante luz intensa lo hace de perfil. La luz actúa como estimulante y regulador del movimiento y, además, como fuente de energía. El *fitocromo* (pigmento sensor de gran importancia en la fisiología de las plantas) es la molécula responsable en el caso de la estimulación y regulación del movimiento; sin embargo, la clorofila es la responsable en el caso de la obtención de energía. Las causas últimas que determinan el movimiento no son bien conocidas pero parece que un sistema contráctil basado en microfilamentos y miosina puede ser el responsable.

- *Estructura y ultraestructura*

Al microscopio óptico los cloroplastos aparecen con su forma lenticular y se distinguen en su interior unos gránulos más densos o *grana*, distribuidos de manera heterogénea.

Al microscopio electrónico los cloroplastos se observan como orgánulos constituidos por un sistema de doble membrana o *envoltura* que delimita un espacio interior o *estroma*, en el seno del cual se encuentran sacos aplanados o *tilacoides*. La membrana de los tilacoides no mantiene contacto con la envoltura. El interior del tilacoide es denominado *luz del tilacoide*. Los grana resultan del apilamiento de tilacoides (figura 8.1). Es frecuente el uso de la expresión "tilacoide granal" y "tilacoide estromal" para definir a los tilacoides apilados de los que no lo están; sin embargo, es mucho más correcto usar los términos *membrana granal* y *membrana estromal*. La membrana granal es la membrana del tilacoide que está en contacto con la membrana de otro tilacoide y la membrana estromal es la que se encuentra en contacto con el estroma. Esto hace que un tilacoide tenga a la vez membrana granal y membrana estromal (figura 8.1). Además, esta terminología es aún más correcta si se considera que la luz del tilacoide es única; es decir, que sólo hay un único tilacoide dentro del cloroplasto. El número de grana de un cloroplasto, o mejor, el grado de apilamiento de membrana tilacoidal no es estático; todo lo contrario, la relación membrana granal/membrana estromal es muy dinámica y un reflejo de la regulación de la actividad del cloroplasto.

Los cloroplastos de muchas algas contienen un gránulo, a veces voluminoso, llamado *pirenoide*; suele ser un depósito de material de reserva; por ejemplo, almidón.

8.3. Análisis bioquímico

La composición bioquímica del cloroplasto se pudo determinar gracias a la puesta a punto de la técnica de aislamiento. Básicamente, se rompe el material vegetal con tratamiento breve en homogeneizador de cuchillas y se filtra el homogeneizado para retirar restos grandes, células sin romper, paredes celulares... Los cloroplastos se pueden separar del homogeneizado por centrifugación diferencial y para conseguir una mayor purificación se debe volver a centrifugar en gradiente de densidad de percoll. Estos procesos es necesario realizarlos con diferentes disolventes, ya que el uso de ciertos disolventes determina la solu-

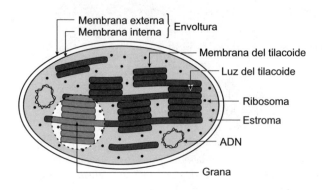

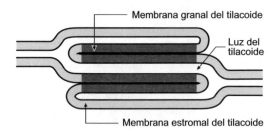

FIGURA 8.1. Organización ultraestructural de un cloroplasto. La parte inferior de la figura demuestra la continuidad de la luz del tilacoide y los dos tipos de membrana que éste posee: membrana granal (apilada o comprimida) y membrana estromal (no apilada o no comprimida).

bilización y pérdida de algunos compuestos. Una vez aislados los cloroplastos, la obtención de las distintas subfracciones es bastante parecida a la descrita en el caso de las mitocondrias, pues se hace a base de choques osmóticos y centrifugación.

En cloroplastos aislados, el 20-30% es materia seca. De ella, aproximadamente el 60% son proteínas y el 20% lípidos (4,3 clorofilas, 0,7 carotenoides y 15% de lípidos incoloros), el 2% es ARN; el resto lo integrarían ADN, iones, intermediarios fotosintéticos, aminoácidos, azúcares... A continuación se detalla la composición bioquímica de la envoltura, el estroma y la membrana del tilacoide.

8.3.1. Envoltura

La envoltura está formada por una doble membrana: membrana plastidial externa y membrana plastidial interna. Esta última, a diferencia de la membrana mitocondrial interna, no presenta crestas. Las membranas se encuentran separadas por un espacio intermembranoso o cámara externa. La membrana externa, al igual que la mitocondrial, presenta una gran permeabilidad por la existencia de *porina* en la membrana externa. Por el contrario, la interna es relativamente impermeable y por ello presenta numerosos transportadores o translocadores. El translocador más importante se denomina *translocador de fosfato* y permite el intercambio de triosas fosfato procedentes del cloroplasto por fosfato procedente del citosol. Esto es lógico pues durante la fotosíntesis se produce triosa fosfato en el interior del cloroplasto y durante la síntesis de sacarosa se origina fosfato libre en el citosol. Otro translocador importante es el *translocador de ácidos dicarboxílicos,* que permite la salida del cloroplasto de moléculas con poder reductor. Este transportador intercambia malato del cloroplasto por oxalacetato citosólico; el oxalacetato es reducido a malato en el cloroplasto y posteriormente reoxidado a oxalacetato en el citosol con la conversión de NAD en NADH. Otros translocadores se encargan de transportar otros compuestos; por ejemplo, glicolato, glicerato, glutamato...

La envoltura carece de clorofila pero puede poseer algunos carotenoides –violaxantina fundamentalmente– no implicados en captación de luz con fin fotosintético. Existe abundancia de sulfolípidos y galactolípidos bastante insaturados; sin embargo, la PC y PE son escasas. La envoltura también posee quinonas y unas 75 proteínas diferentes implicadas en la síntesis de algunos componentes de membrana como fosfolípidos y carotenoides, así como de otros compuestos como flavonoides, terpenos, quinonas, etc.

8.3.2. Estroma

Está constituido por una matriz amorfa (en estado gel) situada en el interior del cloroplasto que incluye, aproximadamente, el 50% del contenido proteico total del cloroplasto. En él se localizan el ADN del cloroplasto, ribosomas (plastorribosomas) y, sobre todo, todas las enzimas solubles, cofactores e intermediarios que participan en las rutas anabólicas de utilización de la energía metabólica obtenida a partir del tilacoide; por ejemplo, la fijación del CO_2 para formar carbohidratos (fase oscura de la fotosíntesis), síntesis de almidón, síntesis de algunos aminoácidos (leucina, isoleucina, valina...), síntesis de ácidos grasos (parece que en la célula vegetal se da exclusivamente en el cloroplasto) y síntesis de isoprenoides. Obviamente, también posee la maquinaria necesaria para duplicar y transcribir su ADN, y para sintetizar proteínas. El estroma, además, puede presentar inclusiones en forma de granos de almidón e inclusiones lipídicas.

Los ribosomas del cloroplasto presentan un tamaño y coeficiente de sedimentación (70 S) menor que los de los ribosomas del citoplasma y son más parecidos a los de procariotas. Son muy abundantes pues suelen representar el 50% de los ribosomas totales en las células de las hojas; los ribosomas mitocondriales sólo representan el 1%. Las subunidades que los forman son de 50 S y 30 S. La subunidad de 50 S está constituida por ARNs de 23 S, 5 S y 4,5 S, y la de 30 S por un ARN de 16 S. Contienen alrededor de 60 proteínas codificadas por el núcleo y el ADN del cloroplasto. Cuando van a sintetizar proteínas, forman polisomas que se asocian o no a las membranas de los tilacoides en su cara estromática.

8.3.3. Membrana del tilacoide

Contiene un 50% de proteínas, un 38% de lípidos incoloros y un 12% de pigmentos lipídicos, de los que el 10% son clorofilas y el 2% carotenoides. Presenta una mayor cantidad de sulfolípidos y galactolípidos altamente insaturados que la envoltura, por lo que esta membrana posee una elevada fluidez. En cuanto a las proteínas, en ella se localizan de 30 a 50 polipéptidos diferentes, algunos agrupados con pigmentos lipídicos para formar complejos. En esta membrana destaca la presencia de cuatro complejos: fotosistema I (*PS I*), fotosistema II (*PS II*), *citocromo b_6-f* y *ATP sintetasa;* además, existen otras proteínas de interés como plastocianina (PC), ferredoxina (Fd) y ferredoxina-NADP oxidorreductasa (NADP reductasa). Los *fotosistemas* se encuentran formados por un *centro de reacción* (RC, *reaction center*) y un complejo pigmento-proteína asociado llamado *complejo captador de luz* o LHC (*light harvesting complex*), también llamado *complejo antena*. A su vez, el RC está formado por un complejo proteína-pigmento de tamaño grande o complejo CC (*core complex*), otro complejo proteína-pigmento de pequeño tamaño pero de gran importancia en la fotosíntesis (P680 o P700, dependiendo de que sea el PSII o el PS I) y otras moléculas implicadas en el transporte de electrones.

A) El fotosistema II

El *PS II* (figura 8.2) se encarga de generar un poder oxidante para extraer electrones del agua y reducir plastoquinona (PQ); está formado por un RC y el LHC II. Su *RC* incluye, al menos, un P680 (P680 es un complejo proteína-pigmento pues está formado por un par de moléculas de clorofila en un entorno proteico especial), proteínas dadoras de electrones asociadas a átomos de Mn, feofitina, las quinonas A y B, el citocromo b_{559} y el complejo CC II. El complejo *CC II* posee alrededor de 40 clorofilas a y dos polipéptidos. El complejo *LHC II* está formado por trímeros; cada trímero consta de 3 proteínas integrales de membrana, cada una de estas proteínas se une, mediante enlaces no covalentes, a 12 moléculas de clorofila (7 clorofilas a y 5 clorofilas b) y dos carotenoides, que protegen al complejo de las especies reactivas de oxígeno. Existen dos formas de LHC II, una específica del PS II y otra capaz de transferir la energía tanto al PS I como al PS II según esté o no fosforilada. La importancia en la regulación de la fotosíntesis de la forma capaz de transferir energía a ambos fotosistemas se analizará posteriormente. Todos los pigmentos mantienen un estrecho contacto entre sí, de modo que permiten la rápida transferencia de energía hacia el par de clorofilas (P680) del centro de reacción.

La transferencia de energía de excitación entre todos los pigmentos captadores del LHC II y de éstos al par de clorofilas del RC del PS II es un proceso muy interesante. La transferencia es muy sensible a la distancia, es decir, que necesita una gran proximidad entre las moléculas implicadas en la transferencia. Este problema no existe, pues todas ellas están muy próximas formando un complejo (LHC II); a su vez, el LHC II está muy próximo al CC II y éste al P680, por tanto, hay proximidad entre el LHC II y el P680, que es donde se ubica el último par de clorofilas al que le es transferido energía (figura 8.2). En el proceso de transferencia existe una regla por la que la energía de excitación no puede transmitirse a una molécula pigmento que absorbe longitud de onda más corta (de mayor energía) que la absorbida por la molécula dadora. Por ello se suele representar a todos los pigmentos captadores de luz de los fotosistemas como un embudo. En su parte alta se ubicarían los pigmentos que captan longitudes de onda menores, éstos emiten una longitud de onda mayor que es captada por otros pigmentos y así sucesivamente hasta alcanzar el par de clorofilas existentes en el centro de reacción que absorben a la longitud de onda más alta y que estarían representadas en el extremo del embudo. El hecho de que estas clorofilas presenten el máximo de absorción a 680 nm ha sido la causa de denominar como *P680* al complejo en el que se hayan incluidas.

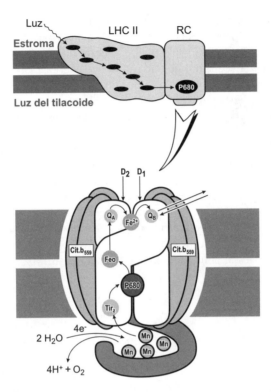

FIGURA 8.2. Fotosistema II. En la parte superior se indican sus dos componentes: el centro de reacción (RC), que incluye el P680, y el complejo captador de luz (LHC II); las elipses negras representan moléculas de clorofila. La parte inferior es un esquema más detallado donde se han incluido algunas de las moléculas de mayor importancia en el proceso de transporte de electrones a través de este fotosistema. Las flechas de sentido contrario que marcan la plastoquinona B (QB) indican la capacidad de disociación de esta molécula (en su forma reducida) del PS II.

La energía captada por LHC II se transfiere al complejo CC II y de allí a P680. Una vez que la energía es transferida a P680, éste transfiere un electrón fotoexcitado a una molécula de feofitina. De este modo se genera un donador con carga positiva (P680$^+$) y un aceptor con carga negativa (Feo$^-$). P680$^+$ es un potente agente oxidante pues tiende a capturar electrones; su potencial redox es lo suficientemente potente como para atraer con gran intensidad a los electrones del agua (no directamente, como se verá) y por ello romper la molécula de agua. La feofitina transfiere su electrón a la PQ$_A$, que a su vez lo transfiere a la PQ$_B$. Por otra parte, P680$^+$ capta un nuevo electrón de un resto de una tirosina (Tir$_Z$) de la proteína D1. La absorción de un segundo fotón por P680 determina el envío de este nuevo (segundo) electrón para acabar obteniendo PQ$_B^{2-}$ que se combina con dos protones para formar PQ$_B$H$_2$. Los protones proceden del estroma, por lo que se provoca una elevación del pH estromal. PQ$_B$H$_2$ se disocia del PS II y es sustituida por una nueva PQ$_B$ de las que hay en la membrana del tilacoide.

El proceso de ruptura de la molécula de agua se produce en unas manganoproteínas (hay 4 átomos de Mn por PS II) asociadas al PS II y ubicadas en la parte del PS II que asoma a la luz del tilacoide. Los electrones obtenidos del agua son transferidos a unas proteínas llamadas D1 (hay dos proteínas D: D1 y D2). Desde el resto de tirosina de D1, los electrones son transferidos a P680. P680 sólo puede generar una carga +, es decir, que sólo puede ceder un electrón cada vez; sin embargo, en la descomposición del agua se producen 4 electrones ($2H_2O \rightarrow 4H^+ + O_2 + 4e^-$). Los 4 átomos de Mn forman un grupo esencial para equilibrar este desfase en el número de electrones. El grupo Mn en estado reducido puede ir transfiriendo electrones (de uno en uno, no simultáneamente) a la proteína D1 hasta alcanzar un estado oxidado 4^+. En este momento es cuando puede captar los 4 electrones generados en la ruptura de las dos moléculas de agua. Obviamente, la proteína D1 transfiere los electrones, también de uno en uno y no simultáneamete, a P680 que, mediante la captación de 4 fotones, uno por electrón, los transfiere a la cadena vista previamente. Por tanto, cada dos moléculas de agua rotas generan 2 moléculas de PQ_BH_2. Ya vimos que la génesis de PQ_BH_2 conllevaba un aumento del pH estromal; además, la rotura de agua genera protones libres en la luz del tilacoide y, por tanto, también contribuye a generar un gradiente electroquímico de protones entre el estroma y la luz del tilacoide. El sentido de este gradiente es el paso de protones desde la luz del tilacoide hacia el estroma.

B) El fotosistema I

El *PS I* incluye un *RC* formado por un P700 (al igual que el P680 es un complejo proteína-pigmento que incluye un par de clorofilas cuya absorción máxima se produce a 700 nm y una serie de proteínas asociadas), los aceptores A_0 y A_1, tres proteínas con complejos Fe-S llamadas F_X, F_A y F_B, al menos una decena de polipéptidos y el complejo CC I. Genera un poder oxidante que extrae electrones de la plastocianina (PC) y reduce el NADP vía ferredoxina. El complejo *CC I* posee, por cada P700, cuatro polipéptidos, 80 moléculas de clorofila a y un número escaso de carotenos. El complejo *LHC I* posee dos tipos de polipéptidos y unas cuatro veces más de clorofila a que de clorofila b.

El LHC I absorbe luz y la transfiere vía CCI hasta el P700 de modo que le arranca un electrón y lo transforma en $P700^+$ (oxidado). El electrón arrancado es transferido al aceptor A_0 (una molécula de clorofila), de aquí es transferido a la molécula A_1 (un tipo de quinona denominado *filoquinona*), posteriormente pasa por F_X, F_A y F_B (proteínas Fe-S). A lo largo de este proceso el electrón se va alejando del lado luminal hacia el estroma. De la última de las proteínas Fe-S es transferido a otra proteína Fe-S llamada *ferredoxina* (Fd), que no forma parte del PS I. En el caso del PS II, el $P680^+$ era abastecido por electrones que procedían de la fotólisis del agua; en este caso, el $P700^+$ es abastecido por electrones que provienen de la plastocianina (PC).

C) Complejo citocromo b_6-f y complejo ATP sintetasa

El citocromo b_6-f es un complejo enzimático que carece de pigmentos y acepta electrones de la PQH_2 para cederlos a la PC. Contiene 5 polipéptidos (al menos uno de ellos es un complejo proteína Fe-S), un citocromo f y dos citocromos b_6. Este complejo recuerda mucho al complejo citocromo b-c_1 de la membrana interna mitocondrial y también bombea protones al interior del tilacoide aumentando el gradiente electroquímico de protones generado por el PS II.

El complejo ATP sintetasa es muy parecido al mitocondrial (apartado 7.2.3) y está orientado de modo que la cabeza queda en el estroma. En este caso la cabeza o parte extrínseca del complejo recibe el nombre de CF_1 y la pieza basal integrada en la membrana el de CF_0. La orientación de este complejo y el sentido del gradiente electroquímico hacen que los protones pasen desde la luz del tilacoide hasta el estroma. El gradiente es muy potente pues la diferencia de pH entre la luz y el estroma es de 3 a 4 unidades de pH; alrededor de 5 en la luz del tilacoide y de 8 en el estroma.

D) Plastoquinona, Plastocianina, Ferredoxina y NADP reductasa

La plastoquinona (PQ) es una molécula muy parecida a la ubiquinona o coenzima Q mitocondrial. Como su nombre indica es un tipo de quinona, moléculas terpenoides que actúan como transportadores de hidrógeno, pudiendo, por tanto, reducirse y reoxidarse. En el tilacoide existen dos tipos: la PQ_A y la PQ_B; la primera está incluida en el PS II, capta electrones de la feofitina y los transfiere a la la PQ_B. La PQ_B entra y sale al PS II y se mueve por la membrana, capta electrones de la PQ_A y los cede al citocromo b_6f. Están formadas por un anillo de quinona (transporta el hidrógeno) y una larga cadena lateral isoprenoide. La plastocianina (PC) tiene como particularidad ser una cuproproteína de bajo Pm (10,5 kDa), de color azul y asociada a la cara luminal de la membrana del tilacoide; toma los electrones del citocromo b_6f y los cede al PS I. La ferredoxina (Fd) es una proteína ferrosulfurada (2 átomos de Fe y 2 de S) con cuatro restos de cisteína y un Pm de 11 kDa. Es una proteína fácil de solubilizar pues se asocia débilmente a la membrana en el lado estromal, toma electrones del PS I y los cede a la NADP reductasa. La NADP reductasa es una flavoproteína integral de membrama de 35 kDa que transfiere electrones desde la ferredoxina hasta el $NADP^+$.

E) Los pigmentos

Los pigmentos implicados en el proceso fotosintético son las clorofilas, los carotenoides y las ficobilinas; los dos últimos son conocidos como *pigmentos accesorios* por su menor importancia.

Las *clorofilas* son moléculas asimétricas que poseen una cabeza hidrofílica integrada por 4 anillos pirrólicos unidos por un átomo de Mg y una cola hidrofílica de naturaleza terpenoide de 20 átomos de C (fitol) ligada al anillo IV. Además de los 4 anillos pirrólicos presentan un quinto anillo unido al anillo III (figura 8.3). Los electrones del sistema conjugado de dobles enlaces son los que absorben la radiación visible, al igual que ocurre en los carotenoides y las ficobilinas. Las clorofilas más abundantes son la a y b. La clorofila a está presente en todos los organismos fotosintéticos, con una cantidad menor de clorofila b. En algas pardas, diatomeas y dinoflagelados la clorofila b es sustituida por clorofila c y en las algas rojas por clorofila d y ficobilinas. En las bacterias fotosintéticas aparece la llamada *bacterioclorofila*.

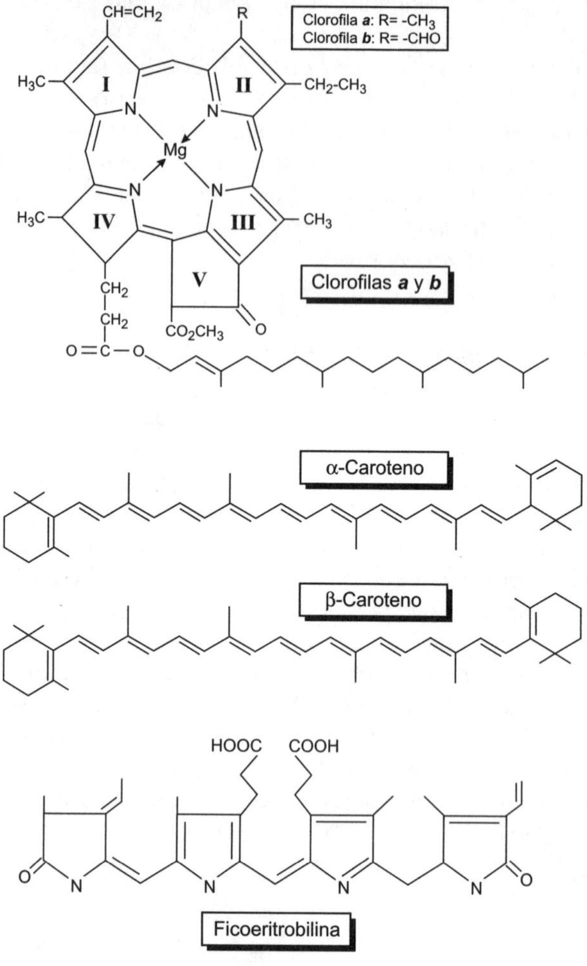

FIGURA 8.3. Estructura molecular de los tres tipos de pigmentos fotosintéticos. Sólo se incluyen las clorofilas *a* y *b*, α- y β-carotenos y ficoeritrobilina.

Los pigmentos *carotenoides* son los carotenos y xantofilas y su color se halla enmascarado por el verde de la clorofila; sin embargo, cuando en otoño ésta disminuye se ponen de manifiesto sus colores amarillos, anaranjados y rojos. Son poliisoprenoides de 40 átomos de C (figura 8.3) y aparecen en el tilacoide y en la envoltura. Los del tilacoide, que participan en fotosíntesis, pueden ser de tipo caroteno (su molécula sólo consta de C e H) o de tipo xantofila (su molécula posee C, H y O). Los principales de las plantas superiores son β-caroteno, luteína, violaxantina y neoxantina. En las algas hay mayor variedad.

Las *ficobilinas* son tetrapirroles no cíclicos (figura 8.3) y se hallan asociadas a proteínas formando ficobiliproteínas. Sólo aparecen en algas rojas, verde-azules y criptofitas y dan color azul y rojo. Existen dos tipos: ficoeritrobilina y ficocianobilina.

8.4. Organización molecular del tilacoide

La membrana del tilacoide no es homogénea; se ha visto previamente que, en función de su apilamiento, en el tilacoide se consideran dos tipos de membrana: membrana granal y membrana estromal (apartado 8.2). A la membrana granal (apilada) también se le denomina *membrana comprimida* debido a que su superficie externa está adosada o comprimida contra la superficie externa de la membrana del tilacoide adyacente; a la estromal (no apilada) se le denomina *membrana no comprimida*. Estos dos tipos de membrana son continuos –recuérdese que la luz del tilacoide es única– y el grado de superficie que ocupa una u otra es complementario; es decir, si la membrana estromal ocupa en un determinado momento el 80% de la superficie total de membrana del tilacoide, la granal ocupa el 20%. La relación de superficie entre una y otra no es un valor fijo, todo lo contrario; y, como se verá, esta plasticidad de organización del tilacoide, apilando o desapilando membrana, es reflejo de su funcionalidad.

En los años setenta se postuló que el PS II estaba restringido a la membrana granal, el PS I se distribuía por los dos tipos de membrana, la ATP sintetasa se localizaba en la membrana estromal y la Rubisco (encima encargada de fijar CO_2) se localizaba laxamente unida a la superficie externa de la membrana estromal. Esto sugería que la membrana granal era el lugar donde se producía la fotosíntesis no cíclica (necesita PS II y PS I) y la estromal el lugar de ubicación de la cíclica (sólo necesita el PS I). La mejora de las técnicas de aislamiento de subfracciones del tilacoide y el empleo de anticuerpos marcados con oro condujo a postular un nuevo modelo en la década de los ochenta. PS I y ATP sintetasa aparecen casi exclusivamente en la membrana estromal, PS II en la granal y sólo el citocromo b_6-f se distribuye regularmente en los dos tipos de membrana. Los lípidos también mostraban una distribución especial, pues la proporción de MGDG (monogalactosildiacilglicerol) en relación con DGDG (digalactosildiacilglicerol) es de 3:1 en membrana granal y de 1:1 en estromal.

Este tipo de distribución implica que los transportadores móviles como PQ y PC han de difundir por la membrana y transportar electrones entre los dos fotosistemas. Esto habría de conllevar un elevado grado de fluidez en la membrana del tilacoide, hecho demostrado pues parece que ésta es la que mayor fluidez posee entre todas las membranas biológicas estudiadas hasta el momento. Quedaba, no obstante, por comprender el mecanismo que regulaba el grado de apilamiento de las membranas del tilacoide. Éste era un hecho de importancia crucial pues parece lógico hipotetizar que la regulación entre los dos tipos de fotosíntesis (no cíclica y cíclica) podía tener reflejo en el grado de apilamiento de la membrana del tilacoide. Este mecanismo de regulación e hipótesis serán analizados posteriormente, una vez estudiados los dos tipos de fotosíntesis: cíclica y no cíclica. Sin embargo, es necesario adelantar que el complejo LHC II es la molécula implicada en el apilamiento de la membrana del tilacoide, pues la alteración selectiva de segmentos superficiales de LHC II o el uso de mutantes para este complejo determinaba la no existencia de granas. Además, la inclusión de LHC II a sistemas liposomales conducía espontáneamente a su apilamiento.

8.5. Funciones

Los cloroplastos son orgánulos capaces de realizar las siguientes funciones: fotosíntesis, fotorrespiración, síntesis de ácidos grasos, síntesis de aminoácidos y síntesis de amoníaco.

8.5.1. Fotosíntesis

En este proceso tienen lugar reacciones dependientes de la luz, que conducen a la producción de ATP y de NADPH, y reacciones independientes de la luz u oscuras, que emplean la energía producida por las primeras en la fijación de CO_2 para formar hidratos de carbono. La expresión "fase oscura de la fotosíntesis" puede ser equívoca pues parece sugerir que este conjunto de reacciones necesita la ausencia de luz para que ocurran. Esto no es cierto, la realidad es que esta "fase oscura" no necesita luz pero se puede dar, y de hecho se da, en presencia de luz.

- *Fotosíntesis no cíclica y cíclica*

La energía derivada de la luz solar es absorbida por el PS II. La captación final de 4 fotones por P680 y el consiguiente transporte de electrones por el centro de reacción de este fotosistema conlleva la aparición de PQ_BH_2 en la membrana del tilacoide. Esta molécula se mueve libremente por esta membrana y transfiere los electrones al citocromo b_6f. Los protones quedan en el interior del tilacoide; por tanto, esto se puede considerar como una translocación pues estos protones fueron captados en el estroma. El citocromo b_6f transfiere estos electrones a la PC, proteína ubicada en el lado luminal de la membrana del tilacoide. A su vez, PC los transfiere a P700, reponiendo los que han sido arrancados por efecto de la captación de luz del PS I (fotosistema en el que está incluido P700). Los electrones son transferidos desde P700 hasta la Fd, ubicada en el lado estromal de la membrana y, desde aquí, al NADP$^+$ para formar NADPH gracias a la actividad de la NADP reductasa (figura 8.4). Si se representa el paso de los electrones entre los distintos transportadores colocados en función de su potencial redox se obtiene una disposición en Z. Por ello este mecanismo fotosintético se denominó *fotosíntesis en Z* o *fotosíntesis no cíclica*. A lo largo del proceso se genera un aumento de la concentración de protones (gradiente electroquímico) en la luz del tilacoide. Más específicamente, la responsabilidad de generar este gradiente recae en el proceso de descomposición del agua en PSII y en la transferencia de electrones desde PQ_BH_2 al citocromo. Al igual que en la mitocondria, el paso de estos protones hacia el estroma a través de la ATP sintetasa conlleva la producción de ATP. Por cada 4 fotones se libera 1 molécula de O_2, los electrones transferidos en este proceso generan dos moléculas de NADPH y, aproximadamente, un gradiente capaz de inducir la síntesis de 3 moléculas de ATP. Por tanto, la fotosíntesis no cíclica es un proceso que genera ATP y NADPH y conlleva la liberación de O_2. En este proceso, los electrones arrancados del agua son finalmente transferidos al NADP$^+$.

Posteriormente, en la década de los cincuenta, se demostró la existencia de la *fotosíntesis cíclica*. Este proceso, independiente del PS II, se inicia con la captación de energía y la consecuente transferencia de electrones desde el PS I a la Fd. Sin embargo, en este caso, Fd no cede los electrones al NADP$^+$ sino que lo hace a la PQ y ésta al citocromo b_6f. El paso de electrones desde la PQH_2 al citocromo conlleva la translocación de protones. Desde el citocromo los electrones pasan a la PC y de allí al PS I, cerrando un ciclo (figura 8.5). Este proceso no genera NADPH y tampoco conduce a liberar O_2; sin embargo, debido a que induce la formación de un gradiente electroquímico de protones, es capaz de formar ATP.

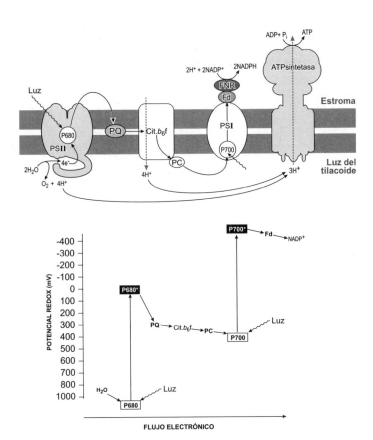

FIGURA 8.4. Fotosíntesis no cíclica. En la parte superior se representan los diferentes complejos proteicos que participan en este proceso y el camino que siguen los electrones; además, se ha incluido la ATPsintetasa indicando que por cada tres protones translocados se sintetiza una molécula de ATP. PS II: fotosistema II. PQ: plastoquinona. Cit b_6f: citocromo b_6f. PC: plastocianina. PS I: fotosistema I. Fd: ferredoxina. FNR: ferredoxina-NADP reductasa. En la parte inferior se ha realizado un esquema con los complejos que intervienen en este proceso ordenados en función de su potencial redox. El asterisco que aparece en P680 y P700 indica que estas moléculas están excitadas por la luz, lo que determina el cambio tan brusco que se aprecia en su potencial redox. Las flechas que unen todas las moléculas originan, en conjunto, una "zeta" girada 90° es por ello que la fotosíntesis no cíclica también se llama *fotosíntesis en Z*.

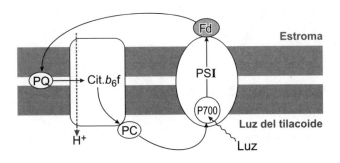

FIGURA 8.5. Fotosíntesis cíclica. En este caso, la absorción de luz por el fotosistema I (PS I) sólo está acompañada por una translocación de protones cuando plastoquinona (PQ) cede los electrones al citocromo b_6f (cit b_6f). PC: plastocianina. Fd: ferredoxina.

Una vez que el estroma del cloroplasto posee energía en forma de ATP y NADPH se pueden iniciar las reacciones enzimáticas que conducen a la síntesis de hidratos de carbono. El conjunto de estas reacciones ocurre en el estroma y se denomina *fase oscura de la fotosíntesis* o, mejor, *fase no dependiente de luz*. Existen diversas estrategias en el mundo vegetal para llevar a cabo la biosíntesis de azúcares: *vía C_3 o ciclo de Calvin*, en honor al científico que lo postuló (Melvin Calvin), *vía C_4* y una variante de la vía C_4 llevada a cabo por las *plantas MAC*.

La *vía C_3* recibió este nombre porque el primer metabolito marcado que aparecía tras la incubación de cloroplastos con CO_2 poseía 3 átomos de carbono. Por extrapolación, a las plantas que utilizaban esta vía se les denominó *plantas C_3*. En esta vía, el CO_2 se fija a una molécula de 5 átomos de C, ribulosa 1,5-difosfato (RuBP), para formar una molécula de 6 átomos de C que se fragmenta inmediatamente generando dos moléculas de 3-fosfoglicerato (PGA). La enzima encargada de todo el proceso (condensar o fijar el CO_2 y romper la molécula de 6 átomos de C) se llama *ribulosa difosfato carboxilasa*, comúnmente *Rubisco*. Es una enzima de 500 kDa de Pm y es la proteína más abundante sobre la Tierra, alrededor de 10 kg por cada ser humano. En las plantas superiores la Rubisco está formada por 8 subunidades grandes y 8 pequeñas (L_8S_8).

Básicamente el ciclo de Calvin comprende tres partes principales: formación de PGA por medio de la Rubisco, reducción del PGA a gliceraldehído 3-fosfato (GAP) consumiendo ATP y NADPH, y regeneración de RuBP. En el ajuste del ciclo, 6 RuBP se combinan con 6 CO_2 y generan 12 GAP. Dos de ellas abandonan el ciclo y las otras diez se reducirán a 6 moléculas de RuBP (figura 8.6). El balance químico final es:

$$6\ CO_2 + 12\ H_2O \rightarrow C_6H_{12}O_6 + 6\ O_2 + 6\ H_2O$$

que conduce a la acumulación de 686.000 calorías por mol. Esta energía la suministran 12 moléculas de NADPH y 18 de ATP, que contienen 750.000 calorías; por tanto, la eficiencia de este proceso es del 90%.

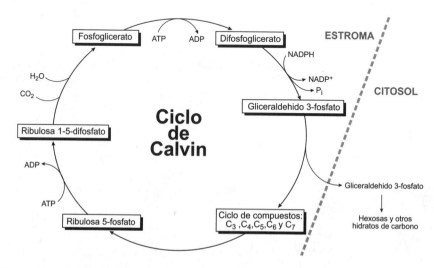

FIGURA 8.6. Ciclo de Calvin (fase de la fotosíntesis no dependiente de luz). El esquema no está estequiométricamente ajustado y sólo muestra las moléculas más representativas.

Las moléculas de GAP que abandonan el ciclo son exportadas al citoplasma para formar sacarosa o, alternativamente, se quedan en el estroma y se emplean en la síntesis de almidón, ácidos grasos o aminoácidos.

En algunas plantas, la primera molécula que aparecía después de suministrar CO_2 marcado era una molécula de 4 átomos de C. Por ello, estas plantas (principalmente tropicales, entre las cultivadas destacan la caña de azúcar, el maíz y el sorgo) reciben el nombre de plantas C_4. En la *vía* C_4, la primeras moléculas marcadas eran málico y oxalacético, que se generaban por la fijación del CO_2 al fosfoenolpirúvico (PEP) mediante la actividad de la enzima *fosfoenolpiruvato carboxilasa*. Esta vía es usada por plantas que viven en ambientes secos y calientes adaptando la fase de captación de CO_2 de su mecanismo fotosintético para evitar pérdidas de agua, lo que ha conllevado a la optimización del proceso de fijación de CO_2. Para captar el CO_2 las plantas necesitan abrir sus estomas, lo cual conlleva la pérdida de agua por transpiración. Estas plantas han desarrollado un mecanismo de *separación espacial* del proceso de fijación del CO_2 que les permite fijar CO_2 en condiciones óptimas sin necesidad de abrir estomas tan frecuentemente. Las hojas de estas plantas poseen alrededor de los haces vasculares una capa de células concéntricas llamadas *células de la vaina perivascular,* que son las únicas encargadas de realizar la fotosíntesis. El resto de células del mesófilo carecen de cloroplastos funcionales, pues no poseen Rubisco y sólo se encargan de incorporar el CO_2 en forma de málico u oxalacético. Las células de la vaina poseen cloroplastos funcionales que únicamente presentan tilacoides estromales pues no presentan PS II; esto hace que sólo realicen fotosíntesis cíclica. Cuando la célula abre sus estomas, las células del mesófilo fijan CO_2 y forman los productos C_4. Una vez cerrados los estomas estos productos de 4 átomos de C pasan a las células de la vaina, impermeables a gases, a través de plasmodesmos y allí se hidrolizan para generar una alta concentración de CO_2 y pirúvico. La alta concentración de CO_2 es la adecuada para que la Rubisco lleve a cabo la fijación de CO_2. El pirúvico es transportado de nuevo a las células del mesófilo para volver a ser fosforilado y cerrar el ciclo generando PEP. La Rubisco de las células de la vaina posee una alta afinidad por el CO_2; esto, unido a que en estas células se genera una elevada concentración de CO_2 y que la tensión de O_2 es más baja pues los estomas están cerrados más tiempo, conduce a una elevada eficiencia en el proceso de fijación de CO_2. Recuérdese que la enzima Rubisco puede usar CO_2 y O_2 indistintamente, pero que desde el punto de vista fotosintético lo interesante es que la enzima trabaje con CO_2. Se puede considerar que esta vía ocurre debido a un mecanismo de especialización celular pues unas células se especializan en captar CO_2 y otras en hacer la fotosíntesis (figura 8.7). Esta especialización celular ha conllevado de forma inevitable una separación temporal de los procesos previamente comentados. El propio sistema de formación de CO_2 conduce a la formación de NADPH dentro del cloroplasto de las células de la vaina. Éste es un hecho importante pues es necesario tener en cuenta que estos cloroplastos carecen de PS II, sólo realizan fotosíntesis cíclica y, por tanto, no son capaces de sintetizar NADPH.

Existe un tipo de plantas, las *plantas MAC* (metabolismo ácido de las crasuláceas), especializadas para vivir en ambientes desérticos; entre ellas se incluyen las suculentas (cactáceas). Estas plantas, al igual que las C_4, poseen PEP carboxilasa para fijar el CO_2 pero su característica diferencial es que la fase de captación de la luz la realizan a diferente hora del día que la fotosíntesis. Estas plantas sólo abren sus estomas por la noche, lo cual les permite almacenar CO_2 con una mínima pérdida de agua; en este caso se produce una *sepa-*

ración temporal que no va acompañada de una especialización celular como en el caso anterior. El ácido málico formado se almacena en las vacuolas de las células, que están muy desarrolladas, hecho que le permite a la célula almacenar gran cantidad de CO_2. Durante el día, los estomas están cerrados, el ácido málico se desplaza al interior del cloroplasto y se desdobla en pirúvico y CO_2 que puede ser fijado por la Rubisco. El proceso de fijación del CO_2 está favorecido en este ambiente pues, al estar los estomas cerrados, las bajas concentraciones de oxígeno favorecen la fijación de CO_2.

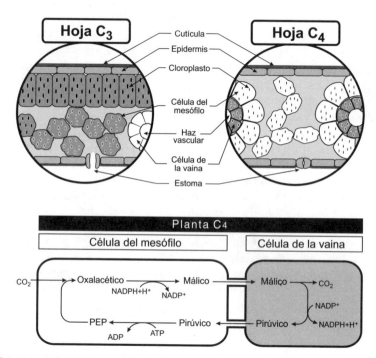

FIGURA 8.7. Fotosíntesis C_3 y C_4. La parte superior muestra la estructura de un corte transversal de una hoja de una planta C_3 y de una planta C_4. En la planta C_3 todas las células del mesófilo poseen cloroplastos funcionales; sin embargo, las células de la vaina no realizan fotosíntesis, no tienen cloroplastos. En la planta C_4, las células del mesófilo poseen cloroplastos no fotosintéticos pues sólo fijan CO_2, las células de la vaina sí realizan fotosíntesis. En la parte inferior se ilustran las reacciones que tienen lugar entre las células del mesófilo y las de la vaina en una planta C_4; el paso de málico y pirúvico se realiza a través de plasmodesmos.

8.5.2. Fotorrespiración

Este mecanismo se detalla en el apartado 10.2 (Ácido glicólico y fotorrespiración). La base del proceso es el hecho de que la enzima Rubisco, en condiciones de baja concentración de CO_2, reacciona con el O_2 y escinde la molécula de RuBP en PGA (3 átomos de C) y ácido fosfoglicólico (2 átomos de C). La participación del peroxisoma es esencial en el proceso de fotorrespiración.

8.5.3. Síntesis de ácidos grasos, aminoácidos y amoníaco

Los ácidos grasos de las células vegetales parece que son sintetizados exclusivamente en el cloroplasto o en otros plastos. Se sintetizan a partir de acetil-CoA y presentan un número par de átomos de C, generalmente entre 12 y 20, aunque los de 16 y 18 átomos de C son los más abundantes.

El uso del CO_2 marcado permitió saber que un tercio de los compuestos orgánicos que aparecían marcados minutos después de la incubación eran aminoácidos. Leucina, isoleucina, valina, lisina, ácido glutámico, glutamina, alanina, ácido aspártico y cisteína pueden ser sintetizados en cloroplastos.

El amoníaco necesario para las aminaciones necesarias en los procesos de síntesis de estos aminoácidos y de nucleótidos se obtiene en el cloroplasto por reducción del nitrato (NO_3^{2-}). La reducción del nitrato se lleva a cabo mediante dos etapas: primero el nitrato es reducido a nitrito (NO_2^-) y después a amoníaco (NH_3). En estas dos etapas participan, respectivamente, la nitrato reductasa (citosol) y la nitrito reductasa (estroma). El proceso consume NADPH.

Los cloroplastos también son capaces de reducir sulfato y transformarlo en grupos tiol (-SH) que son incorporados a la cisteína. El sulfato (SO_4^{2-}) entra al cloroplasto y es activado por ATP generando la adenosina 5'-fosfosulfato o APS, que es fosforilada de nuevo a 3'-fosfoadenosina 5'-fosfosulfato o PAPS. La enzima sulfotransferasa transfiere el grupo sulfato desde el PAPS hasta una proteína portadora y allí es reducido hasta grupo tiol. Este grupo tiol puede ser transferido a la acetilserina obteniendo cisteína.

8.6. Control del tipo de actividad fotosintética

En este punto analizaremos exclusivamente la regulación entre la fotosíntesis cíclica y no cíclica. Para entender el mecanismo de regulación es necesario tener en consideración: 1) la fotosíntesis no cíclica produce ATP y NADPH mientras que la cíclica sólo produce ATP, y 2) el LHC II posee dos partes, una fija y una móvil. Esta última sólo presenta movilidad cuando está fosforilada y entonces puede transferir la energía captada al PS I en lugar de al PS II.

Mediante experimentos se demostró que la actividad de la proteína kinasa (PK) que fosforilaba la parte potencialmente móvil de LHC II era activada en medios que contenían un fuerte agente reductor y se llegó a la conclusión de que el agente reductor clave era PQ, aceptor terminal de electrones del PS II. En el caso de que PS II estuviese operando a un nivel más alto que PS I (fuera de equilibrio) podría suceder que la PQ se acumulase en su forma reducida (PQH_2). El aumento de concentración de PQH_2 conllevaría la activación de la PK y la disociación de la parte móvil de LHC II tras su fosforilación. El LHC II móvil transferiría la energía captada al PS I y, de este modo, corregiría a la baja el funcionamiento de PS II y al alta el de PS I hasta llegar a una situación de equilibrio. Existen evidencias experimentales que apoyan esta hipótesis pues, tras la fosforilación, la presencia de LHC II se detecta en membrana estromal; sin embargo, antes de la fosforilación sólo aparecía en membrana granal. Además, la fracción de LHC II fosforilada es mucho más alta en membranas estromales que en membranas granales.

La adquisición de movilidad por parte de LHC II es un mecanismo controvertido y no bien aclarado; no obstante, se piensa que una de las causas fundamentales de la adquisición de movilidad es la fosforilación. La fosforilación de la parte móvil conlleva la adquisición de carga negativa por este complejo, hecho que podría causar repulsión electrostática con las proteínas vecinas y su consiguiente desplazamiento a zonas no apiladas, es decir, a membrana estromal. Puesto que LHC II está implicado en el apilamiento, la desaparición de parte de este complejo, por su desplazamiento hacia la membrana estromal, podría alterar el apilamiento de membrana y conducir a una pérdida de superficie apilada; es decir, que determinaría un aumento de membrana estromal sobre membrana granal.

Considerando lo anterior, parece claro que la movilidad de LHC II corrige el desequilibrio entre los dos fotosistemas pero, además, puede servir para desempeñar otras dos importantes funciones, pues podría limitar el daño a PS II por sobreexcitación luminosa y podría regular el equilibrio entre fotosíntesis cíclica y no cíclica. Se sabe que la luz de alta intensidad daña casi exclusivamente al PS II. Este tipo de luz induce la fosforilación de LHC II y la consiguiente disociación de PS II; con ello disminuye el riesgo de dañar a PS II por sobreexcitación. La PK no sólo es activada por PQH_2, se demostró que esta enzima también se activaba cuando el índice NADPH/NADP era muy alto. Si la concentración de NADPH es alta disminuye la necesidad de realizar fotosíntesis no cíclica y parte del sistema de captación puede ser aprovechado por el PS I, estimular así la fotosíntesis cíclica y producir ATP sin necesidad de producir NADPH.

Por el momento se puede hipotetizar una lógica relación entre la fotosíntesis cíclica y la membrana estromal y entre la fotosíntesis no cíclica y la membrana granal. Es decir, que la estructura del cloroplasto en relación con la mayor o menor abundancia de grana guardaría una estrecha relación con la mayor o menor actividad de la fotosíntesis no cíclica. Existe una interesante evidencia que apoya esta hipótesis pues los cloroplastos de las células de la vaina de las hojas de plantas C4, que sólo realizan fotosíntesis cíclica, carecen de grana (ver apartado 8.5.1).

8.7. Biogénesis

Desde el punto de vista filogenético, ya nadie duda de que, al igual que las mitocondrias, el origen filogenético del cloroplasto se debe a un proceso endosimbiótico. Las evidencias que apoyan esta hipótesis son numerosas; por ejemplo:

— Los ribosomas plastidiales son parecidos a los bacterianos.
— El ADN bacteriano muestra un notable parecido con el ADN del plasto.
— Los ARNm del plasto pueden ser leídos por ribosomas bacterianos.
— Los ribosomas del plasto son capaces de utilizar ARNt bacterianos.
— En la naturaleza se han encontrado casos de endosimbiosis de cianobacterias con células eucariotas que demuestran que el proceso endosimbiótico pudo ser viable. El alga unicelular *Cyanophora paradoxa* posee en su interior de 2 a 4 estructuras fotosintéticas llamadas *cianelos*. Los cianelos son cianobacterias modificadas, de modo que son endosimbiontes obligatorios de este alga.

Los cloroplastos, al igual que las mitocondrias, jamás se sintetizan *de novo*. Tanto el aumento del número de cloroplastos como el aumento de tamaño de los cloroplastos de una célula requieren un aporte de constituyentes. En relación con los lípidos, la mayoría de ellos son sintetizados por el propio cloroplasto; el resto, al igual que en el caso de la mitocondria, son trasladados por proteínas específicas transportadoras de lípidos que los arrancan del RE. Algunas de las proteínas del cloroplasto, como se verá en el apartado siguiente, son sintetizadas por el propio genoma del cloroplasto; el resto son sintetizadas en los ribosomas citosólicos y transferidas hasta su lugar de ubicación definitivo en el cloroplasto. El mecanismo no debe ser muy diferente al propuesto para mitocondrias, implicando complejos transportadores, poros de importación y proteínas de estrés; sin embargo, las secuencias guía han de ser diferentes pues la existencia simultánea de cloroplastos y mitocondrias en las células vegetales así lo requiere. Sea como fuere, el sistema ha de ser algo más complejo que el mitocondrial pues posee al menos tres membranas (externa e interna de la envoltura y tilacoide) y tres compartimentos internos (espacio intermembrana de la envoltura, estroma y luz del tilacoide) donde se pueden ubicar las proteínas. La plastocianina es una proteína que posee 99 aminoácidos y su secuencia guía consta de 69. Después de su entrada al estroma, una enzima elimina dos tercios de esta secuencia, el resto le sirve para ser guiada a la luz del tilacoide.

Si el crecimiento de una planta se hace en oscuridad (planta etiolada), los proplastos no se diferencian en cloroplastos sino en *etioplastos*. Este proceso incluye un aumento de tamaño del orgánulo acompañado de una biogénesis de membrana que se organizan formando una estructura llamada *cuerpo prolamelar* (figura 8.8). Esta estructura no es fotosintética pero al recibir luz se organiza y transforma en un cloroplasto funcional. Si se ilumina con luz intermitente se forma un cloroplasto sin grana.

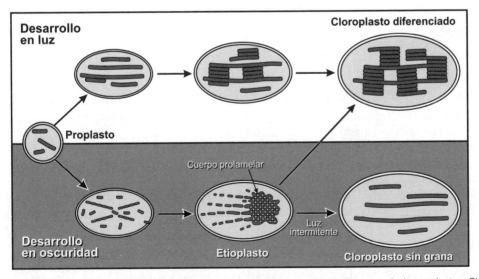

FIGURA 8.8. Biogénesis del cloroplasto. Con luz, los cloroplastos se desarrollan a partir de proplastos. Si el desarrollo se produce en la oscuridad se generan etioplastos, éstos pueden transformarse en cloroplastos si reciben luz o en cloroplastos sin grana si reciben luz intermitente.

8.8. El cloroplasto como organismo semiautónomo

El cloropasto posee ADN localizado en el estroma. En las plantas superiores este ADN es una molécula (doble hélice) circular no unida a histonas. Dentro de un cloroplasto existe un número alto de copias de esta molécula, usualmente de 10 a 20 copias y hasta 200 en algunos casos. Es decir, que el cloroplasto contiene un único tipo de cromosoma pero es poliploide; sin embargo algunas especies parecen poseer dos tipos de moléculas diferentes. En cualquier caso, el alto número de copias hace que, aproximadamente, el ADN del cloroplasto pueda suponer entre el 10 y el 20% del ADN total de una célula en el caso de las hojas; en la raíz no suele pasar del 1%.

La longitud de este ADN oscila entre 115.000 y 170.000 pb; esta variación se debe a diferencias interespecíficas. La secuenciación completa del genoma de cloroplastos de algunas especies ya ha sido llevada a cabo, por ejemplo tabaco. El genoma del cloroplasto del tabaco consta de 155.844 pb, codifica para 146 genes y posee un par de regiones invertidas repetidas. Este ADN codifica para los ARNr, al menos 30 ARNt, 19 proteínas ribosomales, algunas subunidades de la ARN polimerasa, la subunidad grande de la Rubisco y numerosas proteínas del tilacoide, especialmente algunas incluidas en el PS I y el PS II, tres polipéptidos del complejo citocromo b_6f y seis de los 9 que posee la ATP sintetasa. Por el contrario, se sabe que el genoma nuclear codifica para la subunidad pequeña de la Rubisco, los tres péptidos restantes de la ATPsintetasa, el centro Fe-S del complejo citocoromo b_6-f, ferredoxina, NADP reductasa, plastocianina, algunas proteínas ribosomales, algunos polipéptidos de los dos fotosistemas y otros péptidos implicados en el metabolismo del CO_2 y en la síntesis de clorofilas y carotenoides. La similitud del genoma de cloroplastos con el bacteriano es bastante estrecha, pues, además del parecido estructural, los promotores y finalizadores de transcripción son bastante parecidos.

El genoma del cloroplasto, al igual que el mitocondrial, presenta herencia materna. En los casos en los que el macho aporta un volumen citoplasmático significativo se piensa que puede haber una destrucción selectiva de los orgánulos que aporta el macho; sin embargo, existen algunas excepciones bien documentadas.

El hecho de que parte del material del cloroplasto se codifique en el genoma nuclear hace que el cloroplasto no sea un orgánulo totalmente autónomo. Esto obliga a una estrecha regulación entre los dos genomas, especialmente porque existen complejos (Rubisco, ATPsintetasa, fotosistemas, citocromo...) en los que parte de sus constituyentes se codifican en el núcleo y la otra parte en el cloroplasto.

Los mecanismos de regulación que ajustan la síntesis de estas moléculas con el fin de no generar componentes en exceso, ya sean codificados por el genoma del cloroplasto ya por el genoma nuclear, no son bien conocidos. Sin embargo, la luz puede ser un importante regulador; por ejemplo, parece ser que el ADN del cloroplasto codifica un represor que sale fuera e inhibe la transcripción de algunos genes nucleares que codifican para proteínas del cloroplasto. Para que el represor sea activo ha de estar unido a un intermediario de la síntesis de clorofila. Si hay luz, esta molécula intermediaria desaparece y el represor no es activo; contrariamente, si no hay luz el represor es activo. Parece lógico que la expresión de los genes que codifican para proteínas del cloroplasto se vean inhibidos en condiciones de oscuridad.

8.9. Aparición de sistemas fotosintéticos

Los primeros precursores celulares eran heterótrofos anaerobios y es más que posible que su gran abundancia acabase conduciendo a una disminución de nutrientes en el medio donde vivían (apartado 1.4). Esto determinó la aparición de ancestros celulares capaces de tomar carbono de fuentes alternativas. El CO_2 era una fuente casi ilimitada de carbono; sin embargo, necesita ser reducido por una molécula con un alto potencial redox; por ejemplo, el NADH o el NADPH. En las condiciones primitivas es muy probable que los principales agentes reductores fuesen algunos ácidos orgánicos y el H_2S, lejos de poseer el alto potencial redox necesario para reducir el CO_2. Es también más que probable que apareciesen moléculas de actividad parecida a la NADH deshidrogenasa, capaces de obtener NADH transportando electrones desde el medio hacia el interior celular; sin embargo, el acontecimiento más importante fue el desarrollo de centros de reacción fotoquímica que usaban la luz solar para producir moléculas reductoras del tipo NADH y empleaban como dadores de electrones moléculas del tipo H_2S. Éste era un proceso relativamente fácil de realizar puesto que el salto en el potencial redox que tenía que dar el electrón no era muy alto, aproximadamente 200 mV. En la actualidad existen sulfobacterias que emplean este mecanismo; toman electrones del H_2S (–230 mV de potencial redox) y mediante la luz y un fotosistema elevan el potencial de estos electrones hasta aproximadamente –400 mV, potencial suficiente para reducir el NADP vía Fd y NADP reductasa (figura 8.9).

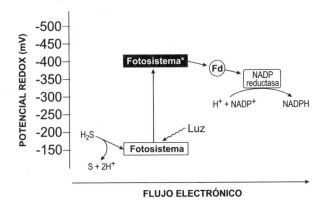

FIGURA 8.9. Mecanismo fotosintético de sulfobacterias. El fotosistema actúa de modo parecido al PS I de plantas pues cede a la ferredoxina (Fd) los electrones generados tras la descomposición del H_2S.

El siguiente avance evolutivo fue la aparición de organismos capaces de utilizar el agua como dador de electrones. Debido a la elevada diferencia de potencial redox que poseen los electrones del agua y la NADP reductasa, aproximadamente 1.220 mV, desde +820 hasta –400 mV, fue necesaria la aparición de otro fotosistema que actuase en serie con el primero. Se cree que esto se consiguió mediante la cooperación de un fotosistema derivado de bacterias púrpura, el PS II, y otro derivado de bacterias verdes, el PS I. El proceso conllevó la aparición y acumulación sucesiva de oxígeno en la atmósfera.

El oxígeno es altamente tóxico por su alta capacidad de oxidación y por ello los organismos primitivos tuvieron que evolucionar y conseguir sistemas de protección. Por otra parte, su empleo como aceptor final de electrones condujo al metabolismo aerobio, mucho más eficaz que el anaerobio.

8.10. Cloroplastos en células animales

En los últimos años, la existencia de orgánulos de tipo cloroplasto se ha descrito en un grupo de especies animales. Este grupo de animales pertenece al filum *Apicomplexa*, en el que se encuadran géneros como *Toxoplasma* y *Plasmodium*, parásitos unicelulares causantes de graves enfermedades para el hombre y otros mamíferos.

En *Plasmodium* se han descrito tres tipos de ADN: nuclear, un corto fragmento lineal y uno circular. El ADN circular posee un gran parecido con el ADN de cloroplastos; sin embargo, el ADN lineal parece ser de origen mitocondrial. Este ADN circular parecido al de cloroplastos se localiza en un orgánulo rodeado por 4 membranas. La existencia de este orgánulo podría deberse a un proceso de endosimbioisis secundaria. La endosimbiosis primaria se produjo entre una bacteria fotosintética y otra célula más evolucionada, de este modo aparecen los plastos. La endosimbiosis secundaria se produjo entre un alga que poseía cloroplastos y un ancestro del parásito. Considerando este proceso de endosimbiosis secundaria, las dos membranas más internas podrían pertenecer al cloroplasto del alga que hizo endosimbiosis, la siguiente membrana más externa a la membrana plasmática del alga y la última –en contacto con el citosol del parásito– al propio parásito. Esta última membrana se podría haber originado en el proceso de endocitosis del alga a partir de la membrana plasmática del parásito. Estructuras similares a este orgánulo se habían descrito en el pasado y denominado como "cuerpos lamelares", "vacuolas plurimembranosas" o "cuerpos esféricos"; actualmente se les denomina *apicoplastos*.

El ADN de este orgánulo es circular, tiene 35 kilobases y, en *Toxoplasma*, existen unas 8 copias de esta molécula. El apicoplasto no hace fotosíntesis, pero se replica y transcribe. Su función es aún desconocida pero se piensa que puede estar implicado en procesos de síntesis de aminoácidos y degradación de lípidos.

Lisosomas

9

Los lisosomas son orgánulos citoplásmicos rodeados de membrana, capaces de realizar la digestión intracelular debido a su alto contenido en enzimas hidrolíticas. Entre estas enzimas hidrolíticas se encuentran: proteasas, lipasas, glucosidasas, fosfatasas, fosfolipasas, nucleasas y sulfatasas.

Su descubrimiento se debe a De Duve en 1949. Se encuentran presentes en todas las células excepto en los glóbulos rojos, siendo particularmente importantes en los macrófagos y en los granulocitos. En las bacterias no existen lisosomas, pero el espacio periplásmico puede desempeñar un papel semejante al de los lisosomas.

Su aislamiento fue posible gracias a las técnicas de ultracentrifugación diferencial, dado que su coeficiente de sedimentación es intermedio entre el de las mitocondrias y el de los microsomas.

Su morfología corresponde a la de corpúsculos más o menos esféricos de dimensiones variables. Pueden ser observados tanto en microscopía óptica cómo electrónica. Cada lisosoma consta de una membrana simple que protege a la célula contra la lisis que producen sus enzimas, pero a la vez permite una cierta permeabilidad. En la membrana lisosomal han de localizarse:

a) Una bomba de protones que determina la existencia de un pH 5 intralisosomal y un pH 7,4 perilisosomal.
b) Receptores que permiten al lisosoma reconocer las estructuras que tendrá que degradar.
c) Proteínas glucosiladas en las que el componente glucídico protege de la acción de las hidrolasas.
d) Proteínas de transporte que permiten el paso a través de membrana hacia el citoplasma de las moléculas resultantes de la digestión lisosomal.

En su interior se han identificado más de cuarenta enzimas lisosómicas diferentes, todas son *hidrolasas ácidas;* la más característica es la *fosfatasa ácida.* Los lisosomas de los distintos tipos celulares contienen distintas enzimas según del papel funcional de la célula.

9.1. Biosíntesis

Las hidrolasas lisosomales son sintetizadas en el RER, se modifican en el aparato de Golgi, de donde surgen a partir de evaginaciones de la última cisterna del dictiosoma, cisterna TGN.

Todas las enzimas lisosómicas tienen un marcador común que es la manosa-6-P. En la membrana de la cisterna TGN existe un receptor para la M-6-P que hace que, mediante un mecanismo de endocitosis mediada por receptor, todas las proteínas que lo poseen sean englobadas en la misma vesícula. Cuando la vesícula pierde su revestimiento y se libera en el citoplasma, decimos que se constituye un lisosoma primario. De esta manera, se separan y empaquetan las hidrolasas del resto de proteínas.

Existe una enfermedad (enfermedad celular-I) en la que el sistema de carga del lisosoma a partir de la cisterna TGN no funciona y las hidrolasas son secretadas fuera de la célula. Sin embargo, en esta enfermedad, los lisosomas de algunas células (hepatocitos) tienen su dotación enzimática completa. Esto implica que algunas células podrían presentar un sistema de clasificación lisosomal diferente; probablemente por síntesis citoplásmica en ribosomas libres y entrada al lisosoma a partir del reconocimiento en la proteína de algún código específico de importación lisosomal.

9.2. Clasificación

Los criterios de clasificación de los lisosomas son bastante variados, clásicamente se atendió a su fusión o no con otras estructuras celulares; además, también se consideró el origen del material con el que se fusionan. Esto determinó la siguiente clasificación (figura 9.1):

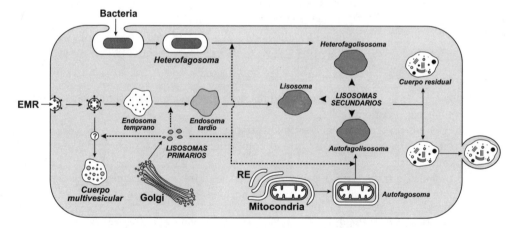

FIGURA 9.1. Sistemas de degradación por lisosomas: fagocitosis, autofagia y endocitosis. La fagocitosis se ilustra a través de la captación de una bacteria, la autofagia mediante la digestión de una mitocondria y el camino que sigue una vesícula generada en un proceso de endocitosis mediada por receptor (EMR) sirve para ilustrar la vía endocítica. Las flechas discontinuas indican la fusión de un lisosoma primario con la estructura correspondiente. La génesis de los cuerpos multivesiculares no es bien conocida, por ello la vía propuesta aparece marcada con un signo de interrogación. Los cuerpos residuales se generan a partir de lisosomas secundarios, fundamentalmente de la vía de fagocitosis y la de autofagia, y pueden ser almacenados en la célula o, en algunos casos, ser vertidos al exterior celular mediante una evaginación.

a) Lisosomas primarios. Se denominan así a los lisosomas recién formados, que todavía no han participado en ningún proceso digestivo. Tanto al microscopio óptico como electrónico aparecen con una morfología redondeada u ovalada, con un diámetro que oscila entre 0,3 y 1,5 μm. Al microscopio electrónico muestran un contenido denso a los electrones y homogéneo.

Lo usual es que se fusionen con vesículas transportadoras de materiales exógenos o endógenos, originando los llamados *lisosomas secundarios.* Sin embargo, en algunos casos pueden verter sus enzimas al exterior celular, provocando la lisis del material extracelular presente. Este fenómeno acontece en la remodelación del cartílago y del hueso de los vertebrados. El acrosoma de los espermatozoides, formado a partir del aparato de Golgi, es considerado como un lisosoma especial que contiene hialuronidasa, proteasas y abundante fosfatasa ácida.

b) Lisosomas secundarios. Son orgánulos de morfología variable que resultan de la fusión de un lisosoma primario con otro componente y son los responsables de la digestión celular. Dependiendo del origen del otro componente se denominan:

— *Fagolisosomas,* heterofagolisosomas o heterolisosomas. Proceden de la fusión de un lisosoma primario con partículas provenientes del exterior de la célula (fagosoma).

— *Autofagolisosomas* o citolisosomas. Son lisosomas secundarios procedentes de la fusión de un lisosoma primario con distintas partes de la célula, ya sean membranas, orgánulos o partículas del citosol (autofagosomas).

— *Lisosomas.* Son los generados a partir de un proceso de endocitosis. Son parte del compartimento endosomal, de hecho, son un tipo de endosoma tardío (ver apartado 2.5.2).

c) Cuerpos residuales. Son un tipo especial de lisosomas secundarios en los que permanecen las sustancias indigeribles. La naturaleza del residuo y su forma son muy variables pues su aspecto depende de su origen:

— *Figuras mielínicas.* Aparecen en los autolisosomas. Son productos de la degradación de las fosfolipoproteínas. La fracción proteica es degradada por proteasas, mientras que la lipídica, poco modificada, se empaqueta y dispone formando capas concéntricas monomoleculares.

— *Lipofuchinas,* o pigmentos pardos resultantes de la oxidación no enzimática de los lípidos. Se les llama tambien *pigmento de desgaste* en células alteradas o envejecidas, por ejemplo en las neuronas y en las células miocárdicas.

— *Pigmentos biliares, ferritina o sustancias exógenas inyectadas.* Son materiales que también se pueden acumular en los cuerpos residuales.

Estos cuerpos pueden ser sacados fuera de la célula a través de una evaginación o bien pueden quedar acumulados intracelularmente hasta la muerte celular o ser la causa de ella.

d) Cuerpos multivesiculares. Son estructuras formadas por una membrana en cuyo interior se almacenan numerosas vesículas; son típicos de células sanguíneas, miocardiocitos, ovocitos... Su origen no es bien conocido pero no se duda de su naturale-za lisosomal pues poseen actividad fosfatasa ácida. La teoría de origen más acepta-da es que son el resultado de la fusión del lisosoma primario con vesículas mem-branosas procedentes de la endocitosis.

En el momento actual, dada su función, se incluye a los lisosomas dentro del *compar-timento endosomal*. La definición de este compartimento y la relación que los lisosomas mantienen con él fue analizada en el apartado 2.5.2.

9.3. Función

Las moléculas que serán hidrolizadas por los lisosomas pueden proceder al menos de tres vías distintas: fagocitosis, autofagia y endocitosis (figura 9.1). Además, se ha postulado una cuarta vía que permitiría a determinadas proteínas entrar al lisosoma para su posterior degradación; estas proteínas deberían llevar adosada la secuencia KFERQ. Se ha postulado que esta secuencia unida a determinados orgánulos también podría ser la señal de iniciar la vía de autofagocitosis. En este apartado se analizarán más a fondo las funciones que se consiguen con cada una de las tres vías antes descritas.

9.3.1. Degradación vía fagocitosis

El *fagosoma* o heterofagosoma es un enclave del medio exterior de la célula captado por ella mediante fagocitosis; por tanto, contiene material exógeno. Una vez formado pue-de evolucionar de dos maneras:

— Atravesar la célula sin fusionarse con ningún lisosoma (transcitosis o diacitosis) y descargar su contenido en el medio extracelular.
— Fusionarse con un lisosoma primario para formar un heterofagolisosoma. Esto acon-tece mediante la fusión de las membranas de ambos. Una vez convertido el fagoso-ma en heterofagolisosoma, los enzimas lisosómicos degradan el contenido del fago-soma. Tras la digestión, el material degradado atraviesa la membrana lisosomal y será utilizado por la propia célula. Si la digestión no ha sido completa se forman los *cuerpos residuales*.

Los heterofagolisosomas desempeñan las siguientes funciones:

— *Nutrición* mediante la digestión intracelular. Las moléculas resultantes de la lisis enzi-mática lisosomal atraviesan la membrana del lisosoma y una vez en el citoplasma son utilizadas como materiales de síntesis. Este tipo de función asegura la digestión en la ali-mentación de numerosos protozoos, como son la ameba y el paramecio; en estos casos la denominación más usual de este orgánulo suele ser la de *vacuolas heterofágicas*.
— *Defensa* contra agresiones patógenas. La mayoría de las bacterias y los virus son englobados y destruidos por los enzimas lisosomales.

— *Reabsorción* de proteínas. En el riñón las proteínas que se han filtrado a nivel del espacio glomerular son recogidas por las células que tapizan los túbulos contorneados proximales y degradadas por sus lisosomas.

— *Destoxificación.* Las sustancias tóxicas o medicamentosas son degradadas por los lisosomas mediante este mecanismo.

9.3.2. Degradación vía autofagia

Se denomina *autofagia* a la digestión intracelular de sustratos endógenos. Estos sustratos deben estar rodeados de membrana, dando así origen a los *autofagosomas.* Su origen puede ser diverso:

— A partir del REL. La membrana del REL, bien por enrollamiento o por fusión de sus sáculos, rodea al sustrato endógeno fusionando los extremos de los sáculos, de modo que la vacuola presenta doble membrana. La membrana interna se espesa y desaparece por lisis enzimática. Este origen es el más frecuente.
— A partir del aparato de Golgi. La porción celular a digerir puede estar rodeada por una cisterna del dictiosoma.
— Por fusión de vesículas de pinocitosis que rodearían al material celular a englobar.

Cuando el autofagosoma que encierra el sustrato endógeno (membranas, orgánulos, glucógeno, etc.) se fusiona con el lisosoma primario, se constituye el autofagolisosoma y comienza la digestión intracelular. El material degradado evoluciona del mismo modo que en las vacuolas heterofágicas y, si la digestión es incompleta, también se forman cuerpos residuales.

La constitución de los autofagolisosomas es un fenómeno constante y necesario en múltiples funciones:

— Destruye los componentes celulares que ya no son necesarios para la célula. En los hepatocitos se ha podido comprobar que una mitocondria es totalmente destruida en quince minutos. En las células que han sido sometidas a agentes tóxicos, y por ello su REL está muy desarrollado, a los pocos días de suspender el tratamiento el REL disminuye notablemente debido al proceso de autofagia.
— Destruye las zonas lesionadas en la célula, bien sea por agentes tóxicos o por agentes de otro tipo. Las zonas lesionadas se rodean de una membrana formando una vacuola autofágica. Se trata de lesiones de tipo focal, es decir de un territorio concreto. Constituye un mecanismo de defensa que tiende a limitar la extensión de un proceso degenerativo.
— Interviene en procesos de desarrollo. La autofagia es necesaria en numerosos procesos de metamorfosis, como la regresión de la cola del renacuajo y la regresión de las branquias externas, entre otros. En estos procesos desencadenados por la ecdisona aumenta notablemente el número de lisosomas y, por tanto, se forma un gran número de vacuolas autofágicas.
— Asegura la nutrición celular en condiciones desfavorables, viviendo la célula de la digestión de sus propios materiales.

— Autodestruye las células muertas mediante las enzimas de sus propios lisosomas, cuyas membranas se rompen en el transcurso de la necrosis celular.
— Regula la secreción celular o *crinofagia*. Este fenómeno se observa en todas las células secretoras, sean endocrinas o exocrinas. Cuando las necesidades del organismo están cubiertas, los gránulos secretores no son vertidos al exterior y se acumulan en la célula siendo destruidos por los lisosomas. Los gránulos secretores y los lisosomas se fusionan y forman los llamados *crinolisosomas*.

9.3.3. Degradación vía endocitosis

Las moléculas a degradar o modificar se captan vía endocitosis mediada por receptor, se forma el endosoma temprano y, posteriormente, se fusiona con un lisosoma primario (ver apartado 2.5.2) para generar el endosoma tardío y el lisosoma propiamente dicho. Este proceso es usado en bastantes procesos biológicos, como son:

— *Formación de hormonas tiroideas*. El coloide captado por las células foliculares es transformado mediante los enzimas del lisosoma en hormonas tiroideas.
— *Importación de colesterol*. Las LDL son captadas por endocitosis y tras su fusión con un lisosoma primario se libera el colesterol al citoplasma.
— *Importación de hierro*. El hierro es captado por endocitosis mediada por receptor unido a la transferrina. La fusión de este endosoma con el lisosoma determina la liberación de hierro al citoplasma.
— *Degradación de receptores*. Un ejemplo muy ilustrativo es el caso del receptor para EGF (factor de crecimiento epidérmico). La mayoría de estos receptores no se reciclan sino que son degradados junto con el EGF. Esto va en función de la concentración del EGF, si es muy alta en el exterior se produce una alta endocitosis y la subsiguiente degradación. El proceso, por tanto, determina una regulación a la baja en el número de receptores para EGF (*receptor down-regulation*).

9.4. Lisosomas en células vegetales

En las células de las semillas de ciertos vegetales se acumulan unas reservas conocidas como *gránulos de aleurona*. En realidad son lisosomas secundarios que se mantienen sin efectuar la digestión intracelular hasta la época de la germinación. En ese momento los tejidos que se encontraban con gran pérdida de agua se hidratan y los enzimas lisosómicos se activan. Comienza así un proceso de digestión intracelular en el que los productos son aprovechados por el embrión en desarrollo.

9.5. Enfermedades de origen lisosomal

Los lisosomas son los responsables directos del origen de algunas enfermedades debidas a algunas anomalías o bien en la membrana lisosomal o bien en su contenido enzimático. Además de las que se describen a continuación, conviene recordar la enfermedad celu-lar-I, descrita previamente (apartado 9.1), generada por un déficit en el empaquetamiento de las enzimas lisosomales.

- *Por alteración de la membrana lisosomal*

  — *La silicosis*, o enfermedad de los mineros, se produce debido a la fagocitosis de cier-tas partículas sólidas (carbón, sílice, etc.) por parte de los macrófagos o de los gra-nulocitos del sistema respiratorio. La membrana de los lisosomas acaba por rom-perse liberando los enzimas que digieren el material circundante y ocasionan lesiones pulmonares.
  — *La gota* es una alteración producida por un defecto en el metabolismo de las purinas que provoca la formación de cristales de urato de sosa. Estos cristales una vez fagoci-tados rompen las membranas de los lisosomas secundarios y sus enzimas producen dolorosas reacciones inflamatorias, particularmente en las extremidades inferiores.
  — *La enfermedad de Chadiak-Streinbrink-Higashi* es de origen genético y se caracte-riza por que las membranas lisosomales tienen capacidad de fusionarse con la de otros lisosomas, originando lisosomas gigantes con gran aumento de la permeabili-dad de la membrana. Los niños afectados por esta enfermedad mueren pronto y clí-nicamente manifiestan muy escasa resistencia a las infecciones, hipertrofia de órga-nos como el hígado, el bazo, los ganglios linfáticos, albinismo, fotofobia...

- *Por alteración del contenido enzimático*

Este tipo de alteraciones puede tener origen congénito o deberse a la inactividad en alguna enzima lisosómica, lo que provoca la no degradación de los metabolitos acumula-dos en el interior celular. Se conocen más de veinte enfermedades originadas por esta cau-sa que se clasifican en función del carácter bioquímico del metabolito acumulado.

  — *Esfingolipidosis*. Son un conjunto de enfermedades que se caracterizan por el blo-queo enzimático que afecta a las vías de degradación de lípidos complejos. Entre ellas se encuentra la enfermedad de *Tay-Sachs*, en la que se acumula el gangliósi-do GM_2 debido a deficiencias en la subunidad α de la hexosaminidasa. Afecta al sis-tema nervioso central y al aparato locomotor. La enfermedad de *Nieman-Pick* se caracteriza por la deficiencia de esfingomielinasa, acumulando esfingomielina; se conocen cinco variedades de esta enfermedad. En la enfermedad de *Gaucher*, el metabolito acumulado es un glucocerebrósido debido a la carencia de glucocere-brosidasa en los lisosomas de las células del sistema reticuloendotelial.
  — *Mucopolisacaridosis*. En este grupo de enfermedades, debidas al acúmulo de muco-polisacáridos, se incluyen las de *Hurler* y *Hunter*, en las que se acumulan derma-tán-sulfato y queratán-sulfato. Los mucopolisacáridos se acumulan en fagocitos y se suelen ver afectados hígado, médula ósea, ganglios linfáticos, vasos sanguíneos y corazón; también pueden aparecer lesiones encefálicas.
  — *Glucogenosis*. Estas enfermedades se producen por la alteración del metabolismo del glucógeno. La deficiencia de glucosa-6-fosfatasa produce la enfermedad de *Von*

Gierke. La carencia de α-1-4 glucosidasa es la responsable de la enfermedad de *Pompe,* que manifiesta trastornos cardíacos y respiratorios en los recién nacidos. Otra enfermedad de este tipo es el síndrome de *McArdle,* generado por la deficiencia de fosforilasa muscular que determina la acumulación de glucógeno en el músculo.

Todas las enfermedades anteriormente citadas son de origen genético y relacionadas con los cromosomas autosómicos, pero las hay también por trastornos genéticos relacionados con los cromosomas sexuales, concretamente con el cromosoma X. Se trata, por tanto, de enfermedades ligadas al sexo como son la enfermedad de *Fabry,* donde se acumulan ceramidas por deficiencia de la α-galactosidasa A, y el síndrome de *Lesh-Nyhan,* enfermedad gotosa donde hay una sobreproducción de ácido úrico por deficiencia total de HGPRT (hipoxantina guaninafosforribosil transferasa).

Peroxisomas 10

Los peroxisomas, también llamados *microcuerpos,* fueron descritos por De Duve (1965) en fracciones lisosomales; sin embargo, no contenían hidrolasas ácidas. Su nombre es debido a que contienen una o más enzimas capaces de generar peróxido de hidrógeno (H_2O_2 o agua oxigenada). En los últimos años, los progresos más importantes en relación con este orgánulo se han hecho en su biogénesis, especialmente en el mecanismo de importación de proteínas. El uso de mutantes ha permitido demostrar la implicación de un grupo de genes, los genes PEX, cuyos productos, las peroxinas, son esenciales en la biogénesis y proliferación del peroxisoma.

Los peroxisomas están presentes en todas las células eucarióticas, tanto animales como vegetales. Al microsocopio electrónico se presentan como vesículas simples, de morfología heterogénea, aunque el aspecto más frecuente es circular. Están rodeados por una membrana sencilla que en su interior alberga una matriz bastante homogénea y un núcleo cristalino denso (nucleoide) consistente en una enzima oxidativa, generalmente ácido úrico oxidasa. La morfología del nucleoide es característica de algunas especies. El nucleoide no está presente en los peroxisomas de primates, en los que aparece una placa marginal densa periférica. Los peroxisomas tienen un diámetro medio de 0,15 a 1,8 µm. Se distinguen dos tipos de peroxisomas en función del tamaño:

a) Pequeños o *microperoxisomas*, que son universales pues están en todas las células y su diámetro oscila de 0,15 a 0,25 µm.
b) Grandes, que miden más de 0,5 µm y sólo se observan en determinados tipos celulares; por ejemplo, hepatocitos.

Los estudios ultraestructurales han revelado una cierta proximidad entre peroxisomas con mitocondrias y REL; con las mitocondrias por motivos funcionales y con el REL por posible relación biosintética. La población de peroxisomas de una célula puede ser cambiada experimentalmente variando las condiciones del medio; por ejemplo, en levaduras, los peroxisomas se hacen más grandes al añadir más metanol al medio de cultivo.

10.1. Análisis bioquímico

Su membrana posee transportadores de electrones como citocromo b_5, NADH-citocromo b_5 reductasa y NADPH-citocromo P450 reductasa. En su matriz existen siempre dos tipos de enzimas: las oxidasas flavínicas y la catalasa. La función de ambas es reducir el oxígeno a agua en dos etapas. Las oxidasas tienen como grupo prostético una flavina: FAD (flavin-adenín dinucleótido) o FMN (flavín mononucleótido). Los sustratos que oxidan son ácido úrico, acil-CoA, ácido glicólico, aminoácidos, por lo que son denominadas como ácido úrico oxidasa, acil-CoA oxidasa, glicolato oxidasa, D- o L-amino ácido oxidasas... y en su actividad generan H_2O_2. La catalasa, grupo prostético hemo, descompone el agua oxigenada producida por las oxidasas.

Pueden existir otras enzimas muy específicas en función del tipo celular y suelen estar relacionadas con degradación de purinas, de lípidos por β-oxidación, fotorrespiración...

10.2. Funciones

Los peroxisomas presentan un grupo de funciones común en todas las células, que son las que se describen a continuación. Pero también presentan algunas específicas de determinadas células, especies o grupos de seres vivos. Por ejemplo, degradación de purinas, la β-oxidación de ácidos grasos, el ciclo del glioxílico y la fotorrespiración.

— *Reacciones de oxidación.* En estas reacciones son oxidados determinados compuestos utilizando el oxígeno molecular como aceptor de electrones; la reacción global es $RH_2 + O_2 \rightarrow R + H_2O_2$. Las enzimas más comunes que catalizan este tipo de reacción son las oxidasas de aminoácidos, de ácido úrico y de α-hidroxiácidos. El agua oxigenada que elimina el peroxisoma también puede provenir de fuera de los peroxisomas, especialmente mitocondrias, retículo y citosol. En estos lugares, en las reacciones de oxidación se producen aniones superóxido (O_2^-) que son eliminados por la enzima superóxido dismutasa generando agua oxigenada, $2 O_2^- + 2 H^+ \rightarrow H_2O_2 + O_2$.

— *Eliminación del H_2O_2.* Ésta es una molécula muy tóxica por su alta reactividad (oxida cadenas laterales de aminoácidos, lípidos...). La enzima que se encarga de degradarla es la catalasa mediante la reacción $H_2O_2 \rightarrow H_2O + \frac{1}{2} O_2$. El H_2O_2 también puede ser degradado al utilizarlo para oxidar sustancias tóxicas como alcoholes, formaldehído, fenoles, ácido fórmico... mediante la reacción $TH_2 + H_2O_2 \rightarrow T + 2 H_2O$.

— *Catabolismo de purinas.* Los nucleótidos procedentes de la degradación de los ácidos nucleicos son degradados hasta obtener bases púricas y pirimidínicas. Estas bases pueden ser reutilizadas o degradadas. Muchas de las enzimas que catalizan la degradación de las purinas (adenina y guanina) se encuentran en peroxisomas; sin embargo, el catabolismo varía mucho dependiendo de la especie. En los primates y algunas aves la degradación da ácido úrico. Los anfibios, algunos peces e invertebrados marinos hacen un catabolismo más completo formando ácido glicoxílico y urea. Existen grupos de vertebrados que se quedan en pasos intermedios del catabolismo pues degradan hasta alantoína o ácido alantoico.

— *β-oxidación de ácidos grasos.* El hígado es un órgano pivotal en el metabolismo de los ácidos grasos pues los dirige a la esterificación en triglicéridos o los oxida. La esterificación conduce a la secreción a sangre del exceso de triglicéridos como VLDL y a su posterior captación por los adipocitos para almacenamiento como triglicéridos. En la vía oxidativa se conduce a la producción y secreción de cuerpos cetónicos que sirven como fuente de energía para cerebro, músculo y riñón. Esta vía se encuentra regulada por una familia de factores de transcripción activados por lípidos, la familia PPAR (receptor activado por el proliferador de peroxisomas) que pertenece a la superfamilia del receptor retinoico/tiroideo/esteroideo. Los PPARs controlan captación, activación, oxidación peroxisomal o mitocondrial de los ácidos grasos y cetogénesis. Los ácidos grasos captados por el hígado derivan de ácidos grasos no esterificados transportados por albúmina y de la hidrólisis de los triglicéridos transportados por quilomicrones. Los triglicéridos son hidrolizados extracelularmente por la lipasa lipoproteica (LPL) que es estimulada por PPAR. Una vez en el hepatocito los ácidos grasos son activados por CoA y pueden ser esterificados o β-oxidados. Todas las enzimas implicadas en la β-oxidación de los ácidos grasos muy largos ($>C_{20}$) están en peroxisomas y los genes de las 3 enzimas implicadas en el proceso son regulados por PPARs. Los ácidos grasos largos (C_{14}-C_{20}) y medios (C_8-C_{12}) se oxidan en peroxisomas o mitocondrias. Finalmente, una de las enzimas encargadas de la génesis de cuerpos cetónicos (acetoacetato o 3-OH-butirato) a partir de la acetil-CoA, producto final de la oxidación de los ácidos grasos, también es controlada por PPARs. El grado de contribución del peroxisoma y la mitocondria a la β-oxidación de los ácidos grasos viene determinado por PPARs. Se cree que aproximadamente el 25% de la β-oxidación de ácidos grasos se produce en peroxisomas y la diferencia con la mitocondria es que la primera reacción de oxidación en el peroxisoma produce H_2O_2 pues la cataliza una oxigenasa flavínica y no una deshidrogenasa.

— *Ciclo del glioxalato*. Se produce en los tejidos de reserva de semillas oleaginosas con el fin primordial de obtener hidratos de carbono (figura 10.1). La acetil-CoA generada tras la oxidación de los ácidos grasos se incorpora al oxalacetato formando citrato y después isocitrato que, al escindirse, forma succinato y glioxalato. El glioxalato se une a otra molécula de acetil-CoA y forma malato que, mediante la malato deshidrogenasa, se transforma en oxalaceatato y el ciclo puede volver a empezar de nuevo. Cada vuelta del ciclo consume dos moléculas de acetil-CoA y produce una molécula de succinato que alcanzará la matriz mitocondrial para entrar en el ciclo de Krebs y ser oxidada a oxalacetato, precursor de la síntesis de glúcidos en el hialoplasma. Los peroxisomas que realizan este ciclo reciben el nombre de *glioxisomas*.

— *Glicolato y fotorrespiración*. La enzima Rubisco, en condiciones de baja tensión de CO_2 y abundancia de O_2 y luz, fija O_2 a la ribulosa 1-5-difosfato, que se escinde para dar 3-fosfoglicerato y fosfoglicolato transformado en glicolato por una fosfatasa del estroma. El glicolato entra en el peroxisoma, se transforma en glioxalato consumiendo O_2 e inmediatamente pasa a glicina que, posteriormente en la mitocondria, rendirá serina y CO_2 (figura 10.2). Básicamente el global de la reacción es parecido a un intercambio respiratorio pues se consume O_2 y se produce CO_2, pero esto ha de ocurrir en presencia de luz, que es la fuente de energía para producir ribulosa 1-5-difosfato; por todo ello el proceso recibe el nombre de *fotorrespiración*. La serina mitocondrial vuelve al peroxisoma donde se convierte en glicerato que ingresa en el cloroplasto o queda en el citoplasma, es fosforilado a 3-fosfoglicerato y pasa a participar en la formación de glúcidos. De este modo se recupera para la síntesis de glúcidos la molécula de 2 átomos de carbono (fosfoglicolato) que resultó de la escisión de la ribulosa 1-5-difosfato.

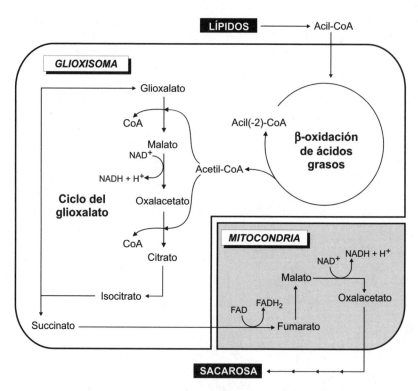

FIGURA 10.1. Ciclo del glioxalato. El esquema ilustra los procesos que conducen a la degradación de lípidos y formación de sacarosa en semillas de oleaginosas, para ello es necesaria la participación de dos orgánulos: los glioxisomas y las mitocondrias. El término Acil(-2)-CoA significa que el ácido graso ha perdido 2 átomos de C al dar una vuelta en el ciclo de la β-oxidación; estos átomos son los que configuran el resto acetilo de la acetil-CoA.

Finalmente, los peroxisomas también están implicados en la síntesis hepática de colesterol (conversión del escualeno en colesterol), ácidos biliares y metabolismo de prostaglandinas. También poseen las dos primeras enzimas implicadas en la síntesis de plasmalógenos, tipo importante de fosfolípido cerebral en el que un ácido graso va unido al glicerol mediante un enlace éter y no éster. La enzima luciferasa, implicada en la emisión de luz por las luciérnagas, es peroxisómica y la síntesis de penicilina en *Penicillium chrysogenum* también ocurre en peroxisomas.

10.3. Biosíntesis

Se piensa que los peroxisomas tienen una vida media de 5-6 días y que son eliminados vía autofagosomas. Su número se restablece a partir de otros peroxisomas preexistentes mediante crecimiento y fisión; sin embargo, no se descartan otras posibilidades pues se ha visto que células mutantes que carecen de peroxisomas a temperaturas restrictivas los sintetizan, parece que *de novo,* al pasar a otras temperaturas. Se ha demostrado la implicación

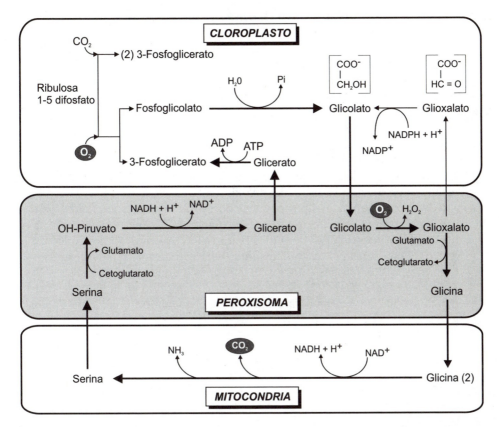

FIGURA 10.2. Fotorrespiración. Básicamente, en la fotorrespiración se transforma el fosfoglicolato, generado al romperse la ribulosa 1-5-difosfato en presencia de O_2, en 3-fosfoglicerato que será utilizado para la síntesis de hidratos de carbono. Las flechas gruesas indican el camino seguido para lograr esta transformación. El proceso recibe el nombre de fotorrespiración porque se consume O_2, se libera CO_2 y es necesaria la luz para generar la ribulosa 1-5-difosfato.

de los productos génicos PEX10 y PEX11, pues estas proteínas causan proliferación de peroxisomas. Los lípidos son importados del retículo endoplásmico mediante proteínas intercambiadoras; sin embargo, no se excluyen otras dos posibilidades como son la incorporación en forma de vesículas y el establecimiento de contactos entre RE y peroxisomas. Las proteínas son importadas a partir del citosol (translocación postraduccional). Para ello poseen una secuencia señal. Se dice que al menos pueden existir tres secuencias señal. La secuencia PTS1 (*peroxisomal targeting signal*) es la más común; es una secuencia de tres aminoácidos (*Ser, Lis* y *Leu*) en el extremo carboxilo. La PTS2 son 5 aminoácidos en el extremo amino (*Arg-Leu-X-His/Gln-Leu*). La PTS3 es hipotética puesto que hay enzimas peroxisomales que carecen de PTS1 y PTS2. Los receptores de las secuencias PTS1 y PTS2 también han sido identificados e incluso se han propuesto otros mecanismos de importación de enzimas peroxisómicas. El mecanismo de importación requiere HSP70 y ATP.

10.4. Patologías de origen peroxisomal

Se han agrupado en tres categorías, grupos I, II y III, en función del número de enzimas del peroxisoma afectadas. En las del grupo I el peroxisoma es como una bolsa vacía (no tiene enzimas), las del grupo II son enfermedades ocasionadas por la pérdida de un pequeño grupo de enzimas y las del grupo III están ocasionadas por la pérdida de una única actividad enzimática. Entre ellas las más características son:

— *Síndrome de Zellweger.* Caracterizado por la presencia de peroxisomas "vacíos"; los pacientes mueren antes del primer año de vida. Se cree que está originado por la mutación del gen que codifica la síntesis de una proteína implicada en la incorporación de proteínas a la matriz del peroxisoma.
— *Adrenoleucodistrofia.* Los peroxisomas no pueden degradar los ácidos grasos de cadena muy larga debido a que la enzima que los transporta es defectiva. Esta enzima es una proteína integral de la membrana del peroxisoma. Se desarrolla una neuropatía mixta sensitivo-motora, insufuciencia suprarrenal y paraplejía espástica. Comienza en los varones entre los 10 y 20 años y en las mujeres entre los 20 y 40.
— *Enfermedad de Refsum.* El defecto metabólico se localiza en la hidroxilasa del ácido fitánico. Produce neuropatía mixta, ataxia, ceguera nocturna, retinitis pigmentosa e ictiosis.

Vacuolas e inclusiones

11

En las células pueden localizarse enclaves hidrófilos e hidrófobos. Los enclaves hidrófilos están muy desarrollados en las células vegetales y se les denomina *vacuolas*. A los enclaves hidrófobos se les denomina *inclusiones* y aunque aparecen en células animales y vegetales suelen ser más abundantes en las últimas. Las vacuolas son auténticos orgánulos celulares con una gran importancia funcional para la célula vegetal. Por el contrario, las inclusiones son materiales acumulados que carecen de actividad propia. El conjunto de inclusiones de una célula recibe el nombre de *paraplasma*.

11.1. Vacuolas

Se definen como enclaves líquidos hidrófilos, limitados por una fina membrana o *tonoplasto* y situados en el citoplasma. Están presentes en todas las células vegetales, excepto en algas cianofíceas. El término "vacuola" también se aplica a algunos orgánulos de las células animales; por ejemplo, las vacuolas autofágicas y digestivas no son otra cosa que lisosomas. La forma, el número y el tamaño de las vacuolas vegetales es muy variable no sólo de un tipo celular a otro, sino también a lo largo de la vida de una misma célula. Es bien sabido que las células jóvenes poseen numerosas y pequeñas vacuolas y las células maduras poseen pocas y muy grandes. Esto es debido a que en el proceso de maduración de la célula vegetal las vacuolas aumentan de tamaño y se fusionan. En las células parenquimáticas pueden llegar a ocupar el 90% del volumen celular.

El contenido o *jugo vacuolar* suele ser de apariencia amorfa aunque, en ocasiones, se pueden observar en su interior algunas estructuras que suelen ser la imagen de productos acumulados en el interior. Este jugo suele ser incoloro, aunque a veces puede llevar en disolución sustancias coloreadas tales como los pigmentos antociánicos y compuestos oxiflavónicos (como ocurre en las células de los pétalos florales).

11.1.1. Evolución

La evolución de la vacuola está en relación con el contenido de agua de la célula. En las células meristemáticas, cuyo contenido de agua es bajo, las vacuolas son de muy pequeño tamaño (sólo observables con microscopía electrónica) y muy numerosas. En células diferenciadas como las parenquimáticas, el contenido acuoso puede ser de un 95% y las pequeñas vacuolas se fusionan originando varias vacuolas grandes o incluso una gran vacuola central observable con microscopía óptica. Esta evolución no es irreversible; células ya diferenciadas con una o varias vacuolas pueden, en determinadas condiciones, volver al estado meristemático con todas sus características. Su origen no está claramente demostrado pero parecen derivar de vesículas originadas en el aparato de Golgi.

11.1.2. Contenido

El elemento más abundante es el agua, pero además, dependiendo de su función, pueden contener productos muy diversos desde el punto de vista molecular.

— *Hidratos de carbono*. Almacenan monosacáridos, disacáridos y polisacáridos. Los monosacáridos suelen ser tipo hexosa y destacan glucosa, fructosa, galactosa y manosa. Los disacáridos más habituales son sacarosa y maltosa. El polisacárido más abundante es la *inulina* (D-fructosa $\beta(2\rightarrow1)$). El almidón y la celulosa son citados habitualmente como polisacáridos vegetales pero el primero se acumula en plastos y el segundo en la pared. La deshidratación induce la cristalización de la inulina en agrupaciones llamadas esferocristales. Es muy excepcional la presencia de glucógeno en el mundo vegetal, sólo en algunos líquenes e hifas de algunos hongos y, al igual que el almidón, no se almacena en vacuolas.

— *Pigmentos*. Responsables del color de flores, frutos y en ocasiones de los tallos y raíces. Son de naturaleza *flavónica* (color amarillo) o *antociánica* (colores rojo y azul).

— *Proteínas*. El acúmulo más característico son los *granos de aleurona,* muy frecuentes en las vacuolas del endospermo de semillas, donde sirven como nutriente cuando empieza la germinación. En determinadas vacuolas se localizan aminoácidos como tirosina, leucina y asparagina. En algunas especies se acumulan enzimas como amilasa, lipasas y proteasas.

— *Ácidos orgánicos y sus correspondientes sales*. Abundan en plantas crasas o suculentas y los más frecuentes son cítrico, málico, tartárico y oxálico. Suelen encontrarse en el interior vacuolar de forma cristalizada. Las *ráfides* son cristales de oxalato cálcico monohidratado en forma de aguja. Las *drusas* son cristales de oxalato cálcico trihidratado, en forma octaédrica. Los *cistolitos* son concreciones pedunculadas de carbonato cálcico. El málico en las plantas C4 sirve como sistema de acumulación de CO_2 (ver fotosíntesis C4, apartado 8.5.1).

— Otras sustancias como *taninos* (poli-fenoles de rápida oxidación utilizados para curtir pieles)*, alcaloides* (morfina, nicotina, quinina, cocaína, papaverina, codeína, cafeína, mezcalina, estricnina..., el opio es una mezcla de más de veinte de ellos)*, iones* (Cl^-, Na^+, K^+, Mg^{2+}, SO_4^{2-}, PO_4^{3+}...) y *sustancias nocivas o de olor desagradable,* que le pueden servir a la planta como sistema de defensa pasivo; por ejemplo los glucósidos que contienen cianuro y los glucosinolatos.

11.1.3. Funciones

1. Almacenamiento y reserva de los productos citados previamente.
2. Llenado de espacio. Las células vegetales son rígidas y de gran tamaño debido a que tienen una gran presión intracelular (turgencia). Generar una presión de este tipo con materia orgánica es muy caro para la célula. Las vacuolas lo hacen con agua.
3. En algunos casos pueden tener función digestiva y funcionar de modo análogo a un lisosoma, hasta poseen pH ácido.
4. En algunas especies pueden regular el pH del citosol mediante captura o liberación de protones.
5. Lugar de acumulación de algunas sustancias tóxicas. Puesto que las plantas carecen de un sistema excretor como el observado en animales, utilizan las vacuolas para almacenarlas fuera del citosol. Algunos de estos compuestos poseen importante valor en la clínica; por ejemplo, la digital, que provoca un aumento en la fuerza de la contracción cardíaca o disminución de su frecuencia.

11.2. Inclusiones

Las inclusiones son enclaves citoplásmicos que carecen de actividad propia y resultan de la actividad metabólica celular. En general son de carácter hidrófobo y su naturaleza puede responder a cualquiera de los principios inmediatos (glúcidos, lípidos o proteínas). En ocasiones aparecen bajo formas cristalizadas y, aunque son más abundantes en las células vegetales, también están presentes en las células animales. Clásicamente se agrupaban bajo la denominación de *paraplasma* como un componente celular más.

Han sido clasificadas por bastantes criterios; por ejemplo, atendiendo a su naturaleza orgánica o inorgánica, atendiendo a su origen exógeno o endógeno o bien considerando alguna característica especial (pigmentos, cristales, sustancias de reserva...).

11.2.1. En células vegetales

— *Lipídicas,* para utilizar como nutrientes. Son particularmente abundantes en el endospermo de las semillas de oleaginosas. Se observan como pequeños corpúsculos refringentes de diámetro semejante al de las mitocondrias (ver apartado 10.2).

— *Aceites esenciales*. Son una mezcla de compuestos terpénicos (lípidos simples no saponificables construidos por unidades múltiples de isopreno). Entre los monoterpenos destacan geraniol, limoneno, mentol, pineno, alcanfor, carvona... que dan olores y sabores muy característicos a las plantas que los llevan. Constituyen pequeñas gotas líquidas que se pueden unir en pequeñas vacuolas, como sucede en las células del pericarpio de ciertas frutas (naranja, limón, mandarina, pomelo), de pétalos (rosa) o de hojas (laurel). Estos aceites pueden sufrir procesos de oxidación y polimerización, transformándose en *resina*, que puede circular por canales específicos o canales *resiníferos,* por ejemplo en las plantas coníferas. El ámbar es resina fosilizada.

— *Látex*. Sustancia elaborada por el citoplasma que contiene del 50 al 80 % de agua y sustancias disueltas en ella como sales minerales, ácidos orgánicos, glúcidos, etc. Circula por los canales *laticíferos,* muy característicos de las plantas euforbiáceas. El caucho procede del látex de la planta llamada *Hevea brasiliensis*.

11.2.2. En células animales

— *Glucógeno*. Es el polisacárido de reserva más abundante en las células animales (en las vegetales lo es el almidón). Molecularmente es un polímero de D-glucosa $\alpha(1 \rightarrow 4)$, presenta ramificaciones cada 8-12 restos con enlaces $\alpha(1 \rightarrow 6)$. Las células animales que más abundancia de glucógeno presentan son los hepatocitos, las células musculares y los astrocitos. Al microscopio óptico se puede identificar mediante dos procedimientos tintoriales clásicos, el llamado *carmín de Best* y el método del *PAS*, que lo tiñen como granulaciones rojizas. En microscopía electrónica el glucógeno se observa bajo dos formas, *gránulos β*, que son gránulos isodiamétricos, osmiófilos y de 15 a 30 nm de diámetro, o bien como *gránulos α*, que son agrupaciones de gránulos β de tamaño variable en forma de roseta. Cada partícula parece ser una molécula de glucógeno rodeada de las enzimas que intervienen en su metabolismo.

— *Lípidos*. Se acumulan como triglicéridos de ácidos grasos, también llamados *grasas neutras*. Aunque son particularmente abundantes en adipocitos, también se encuentran en otros muchos tipos celulares. Suelen tener un alto grado de insaturación de modo que son fluidas a temperatura corporal. Para su observación al microscopio óptico hay que tener en cuenta que los alcoholes necesarios para la fijación y deshidratación del material disuelven las grasas, por lo que se aconseja hacer los cortes por congelación. Dos métodos son los clásicos: el *osmio,* que tiñe las grasa en negro, y el *Sudán III,* que lo hace de rojo. Al microscopio electrónico, dado que las grasas son osmiófilas aparecen como gotas densas a los electrones, de tamaños variables y sin membrana limitante; sin embargo, suelen estar rodeadas de una fina capa de material filamentoso, imagen de filamentos intermedios de vimentina y proteínas implicadas en su metabolismo.

— *Proteínas*. Se pueden observar en gran cantidad de tipos celulares y en general bajo formas cristalizadas. Por ejemplo: cristales de Charcot-Böttcher (células de Sertoli), cristales de Reinke (células de Leydig), en el *tapetum lucidum* o capa coroidea situada rodeando la retina del gato, células plasmáticas... Su localización es muy variable: hialoplasma, interior de mitocondrias, núcleo, RER, etc. En invertebrados y en ciertas situaciones patológicas de vertebrados se observa un incremento de estas inclusiones proteicas cristalizadas. En algunos casos se observa que su número aumenta con la edad (cristales de Reinke). A veces los virus pueden formar inclusiones cristalinas nucleares o citoplásmicas en las células que infectan. Destaca también la estructura cristalina de los peroxisomas, urato-oxidasa; el cristal que presentan los gránulos específicos de los eosinófilos, probablemente proteína básica principal; y los cristales de Böttcher, que se generan cuando el semen comienza a enfriarse y se cree que están constituidos por fosfato de espermina.

— *Pigmentos*. Son sustancias que dan color natural al tejido que los lleva. Se clasifican en endógenos y exógenos:

- *Exógenos*: se originan fuera del organismo. Destacan los carotenos, típicos de plantas, que al ser digeridos y almacenados por los animales pueden dar color a los lugares donde se ubican; por ejemplo, el color amarillo del huevo y de la grasa humana. Sustancias inorgánicas como polvo, tintas, plata, carbón... que pueden formar parte de tatuajes.
- *Endógenos:* originados por el propio metabolismo. Los más importantes son:

  — *Derivados de la hemoglobina*. La hemoglobina es una ferroproteína ubicada en el interior del glóbulo rojo. En su degradación da origen a otros pigmentos como la *hemosiderina,* que es el pigmento que contiene el hierro y se localiza en el citoplasma de los macrófagos de la médula ósea, bazo e hígado. También se originan los llamados pigmentos biliares como *biliverdina y bilirrubina,* tetrapirroles de cadena abierta que no contienen metal. Son vertidos a los canalículos biliares desde los hepatocitos y por la acción de los microorganismos se transforman en *estercobilina*, pigmento principal de las heces. La bilirrubina es parcialmente absorbida y retornada al hígado pero si la degradación de hemoglobina es excesiva o el hígado sufre algún proceso degenerativo se acumula en la piel dándole un tinte amarillento (ictericia).
  — *Lipofuchina*. Compuesta por fosfolípidos combinados con proteínas, también se le conoce como *pigmento de desgaste*. Su presencia es más abundante con la edad y se deposita en el citoplasma de neuronas, miocardiocitos y hepatocitos. Se trata de un pigmento parduzco, de forma irregular, que se interpreta como un producto final de la actividad celular. Se acumula en los cuerpos residuales (ver apartado 9.2).
  — *Melanina*. Pigmento de color pardo o negro. Se observa en forma de gránulos o melanosomas en los queratinocitos de la epidermis, en las células pigmentarias melánicas también epidérmicas, en la coroides ocular y en algunas células de las que constituyen los pelos. La melanina es un conjunto de melanoproteínas producidas a partir de L-tirosina. La hidroxilación de L-tirosina por la tirosinasa genera DOPA que se oxida hasta DOPA-quinona. La polimerización no enzimática de derivados de DOPA-quinona forma la melanoproteína. El albinismo es un conjunto de trastornos hereditarios debidos a la no producción de melanoproteínas por deficiencias en la tirosinasa. Los *melanocitos* o células pigmentarias cargadas de melanina son muy abundantes en peces y anfibios, en donde llegan a formar grandes láminas.

Los *cromatóforos* son células que contienen pigmentos rojos *(eritróforos)* o amarillos *(xantóforos),* relacionados con las pteridinas y los carotenoides. Las células que constituyen el estandarte de las plumas de determinadas aves son un buen ejemplo.

Pared celular **12**

Se denomina *pared celular* a una cubierta que se diferencia sobre la superficie externa de la membrana plasmática de las células vegetales. Muchos autores la interpretan como una forma especializada de la matriz extracelular en el reino vegetal. Su presencia es un carácter diferencial más entre las células animales y las vegetales.

Robert Hooke (1667) usó por primera vez el término *cell* (celda, célula) para describir las oquedades o celdas que aparecían en una laminilla de corcho al ser observada con su microscopio óptico elemental. En realidad, estaba describiendo gruesas paredes celulares que delimitaban cavidades poligonales (celdas) donde se habían ubicado las células.

Está presente en todas las células vegetales excepto en las esporas móviles de algas y hongos y en las células sexuales de las llamadas embriofitas. Constituye un exoesqueleto que protege, da soporte mecánico a la célula y mantiene el balance con la presión osmótica. Ha de estar siempre en contacto con la parte viva de la célula, no pudiendo ser independiente de ella. Su espesor es variable, aumentando con el grado de diferenciación de la célula, y depende de la función del tejido. En células indiferenciadas su espesor es de 1 a 3 μm, pudiendo llegar a ocluir toda la luz celular en las células de tejidos de soporte como el esclerénquima. En el caso del xilema y esclerénquima, la pared adquiere importancia comercial dado que es la que forma la madera y algunas fibras textiles. Dependiendo de su composición química y grosor va a dar calidad a ciertos productos alimenticios como el maíz, los tubérculos y las frutas.

12.1. Composición química

La composición química de la pared es muy variable dependiendo del grupo de seres vivos que se estudia.

En las bacterias, la composición química es mucoproteica (Gram +) o con predominio de lípidos (Gram –). En las algas está formada, en general, por celulosa y pectinas. En los hongos existe una gran variabilidad en cuanto a la composición, estando formada por glúcidos, lípidos y proteínas; lo más peculiar es que la mayoría de ellos lleva quitina. Contiene además abundantes sales minerales y pigmentos del tipo de la melanina que les confiere gran diversidad de color, desde blanco hasta negro pasando por grises, ocres, pardo-marrones... En los vegetales con embrión (embriofitas), la pared celular está compuesta por polisacáridos (celulosa, hemicelulosa y sustancias pécticas), monosacáridos libres (pentosas y hexosas), proteínas, lípidos, agua, sales minerales e iones. En los últimos estadios del desarrollo las paredes pueden presentar grandes cantidades de lignina y en los órganos aéreos se suelen encontrar cubiertas de ceras, cutina y suberina.

La *celulosa* está formada por cadenas lineales de 8.000 a 14.000 restos de glucosa enlazadas mediante uniones β (1 → 4). En las paredes primarias las cadenas son más cortas (2.500 restos). Estas cadenas de glucosa tienden a asociarse de modo que una fibrilla elemental son 36 cadenas y 20 fibrillas elementales forman una microfibrilla; estado en el que está la celulosa en la pared primaria. 250 microfibrillas forman una fibrilla y unas 1.500 fibrillas forman una fibra de celulosa, estructura que sólo aparece en la pared secundaria. La estructuración fibrilar ocurre gracias a puentes de H intramoleculares y de O intermoleculares. El número de estos puentes es muy alto, confiriendo una gran rigidez a la fibra y a la pared.

Las *hemicelulosas* son compuestos no bien definidos que aparecen en la pared con estructura amorfa o paracristalina. Las más fecuentes son xilanos, arabinoxilanos, galactomananos, glucoarabinoxilanos, glucomananos, calosa y xiloglucanos. Estructuralmente todas ellas poseen un esqueleto lineal, cadena plana de azúcares unidos mediante enlaces β (1 → 4), del que salen ramificaciones muy cortas, generalmente un solo azúcar. Las hemicelulosas no forman agregados como la celulosa aunque pueden interaccionar con las cadenas de celulosa. Desde el punto de vista fisiológico, destaca el xiloglucano.

Las *pectinas* son polisacáridos ricos en ácido D-galacturónico que forman una cadena lineal muy ramificada. Los principales son de carácter ácido: homogalacturonano y ramnogalacturonanos I y II, y de carácter neutro: arabinanos, galactanos y arabinogalactanos. El homogalacturonano es D-galacturónico unido α (1 → 4) que forma geles rígidos e insolubles en presencia de Ca^{2+} generando una estructura conocida como "caja de huevos" (figura 12.3).

Las *proteínas* representan aproximadamente el 10% del peso seco de la pared, suelen ser muy ricas en uno o dos aminoácidos, contienen dominios con secuencias altamente repetidas y están o alta o pobremente glucosiladas. Entre ellas destacan las glucoproteínas ricas en OH-prolina (HRGPs) o extensinas, las proteínas ricas en glicina (GRPs), las arabinogalactano proteínas (AGPs), las ricas en prolina (PRPs), las lectinas de solanáceas y las proteínas quiméricas que contienen dominios tipo extensina. Estos tipos de proteína varían de unas paredes a otras, por lo que se les puede asumir un papel funcional específico. Además de éstas existen otras proteínas descritas aunque cuantitativamente menos importantes: tioninas ricas en cisteína, una proteína rica en histidina y triptófano y diferentes enzimas de pared como peroxidasas, fosfatasas, endoglucanasas, transglucosidasas, esterasas, proteasas, oxidasa del ácido ascórbico... Las *extensinas* son HRGP que contienen un pentapéptido muy repetido (Ser-OH-Pro$_4$). La mayoría de la OH-Pro suele ir glucosilada con arabinosa, serina lo hace con galactosa. Una vez secretada se insolubiliza con rapidez probablemente por el efecto puente que hace el difeniléter entre dos tirosinas de la misma o diferentes moléculas de extensina. El puente formado por las dos tirosinas y el difeniléter también se llama isoditirosina. A esta insolubilización se le ha atribuido función defensiva pues generaría una barrera más impenetrable para los patógenos. Las *GRPs* contienen 50-70% de glicina agrupada en cortos fragmentos que se repiten abundantemente. Hay dos clases de GRPs, unas de pared, implicadas en lignificación y cicatrización, y otras de citoplasma en relación con respuestas a fenómenos estresantes. Las GRPs de pared aparecen en células que van a ser lignificadas asociadas a haces vasculares. Las *PRPs* se agrupan en dos clases, las de pared y las de nódulos. Se caracterizan por tener fragmentos –Pro-Pro– altamente repetidos y estar débilmente glucosiladas. Están implicadas en procesos de desarrollo que van desde la germinación hasta la nodulación. Las *lectinas* de solanáceas se diferencian del resto de las lectinas vegetales por su muy preponderante localización extracelular, su inusual composición aminoacídica, donde abundan arabinosa e OH-Pro y por aglutinar N-acetilglucosamina. Molecularmente están muy relacionadas con las HRGPs y se ha sugerido que podrían mediar interacciones célula-célula y actuar en procesos de defensa por inmobilización de patógenos que llevasen N-acetilglucosamina. Las *AGP* son proteínas muy solubles ricas en OH-Pro y extensivamente glucosiladas; abundan en la lámina media. Su funcionalidad no es bien conocida y se les ha propuesto como pegamentos, lubricantes, humectantes e incluso en procesos de reconocimiento celular donde actuarían como moléculas de adhesión.

La *lignina* es genéricamente un polímero de fenilpropano que se forma por deshidrogenación enzimática de los alcoholes cumarílico, coniferílico y sinapílico (figura 12.1) seguida de polimerización no enzimática. Es un material hidrófobo y rígido que se une covalentemente a muchos polisacáridos generando una estructura muy fuerte y resistente a la degradación.

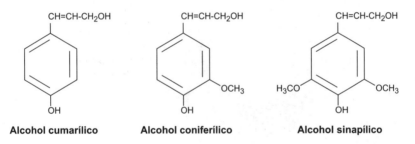

FIGURA 12.1. Estructura molecular de los alcoholes que forman parte de la lignina.

La *cutina* y *suberina* están formados por ácidos grasos de cadena larga (di-OH-octadecanoico y tri-OH-octadecanoico), son muy resistentes al ataque enzimático. Las *ceras* son una mezcla de ésteres de ácidos alifáticos, alcoholes y cetonas que forma una cubierta hidrófoba sobre la superficie y protege a las plantas de lesiones mecánicas, pérdida de agua e invasiones de patógenos. Por último, en algunos casos, puede existir *mineralización* por sílice (gramíneas) o carbonato cálcico, y también aparecer moléculas como *taninos* que pueden ser hidrolizables rindiendo ácidos fenólicos como el gálico o elágico que reaccionan con proteínas salivares y glucoproteínas existentes en la boca causando un efecto astringente que actúa como disuasorio nutritivo.

El componente más novedoso son las *oligosacarinas* y se pueden definir como fragmentos de los polisacáridos de las paredes vegetales con una importante función en regulación de procesos fisiológicos que afectan a la pared. La mayoría de las oligosacarinas presentan entre 7 y 12 restos de azúcares. Además de actuar en mecanismos de defensa (apartado 12.5) también regulan el crecimiento vegetal.

12.2. Organización de los elementos de la pared

Los componentes de la pared no están homogéneamente distribuidos por ella. De hecho, las diferentes capas que se van añadiendo a la pared durante el desarrollo de la célula difieren bastante en la abundancia relativa de cada uno de los componentes. La pared se puede estructurar en tres capas: lámina media, pared primaria y pared secundaria. La lámina media es la primera que se sintetiza y posee abundancia de pectinas e iones. La pared primaria es la más equilibrada pues posee hemicelulosa, celulosa, pectinas, proteínas... La pared secundaria suele ser la más desarrollada en las células que la poseen. Suele tener un alto contenido en celulosa y carece de pectinas; por su alta organización es ópticamente activa. La lámina media se ubica más externamente y la pared secundaria queda vecina de la membrana plasmática (figura 12.2). A continuación se estudiará la estructura de la lámima media, pared primaria y pared secundaria.

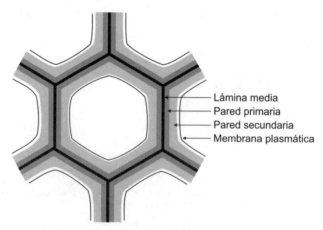

Lámina media
Pared primaria
Pared secundaria
Membrana plasmática

Figura 12.2. Estructura de la pared celular vegetal. La lámina media es compartida por las células vecinas. La pared secundaria, última capa que aparece en la pared, es la más próxima a la membrana plasmática de la célula vegetal.

12.2.1. Estructura de la lámina media

También denominada *lámina primitiva*. Es la primera capa en formarse, queda como cemento de unión entre las células adyacentes y es común a las células vecinas. Consta de material muy hidrófilo con escasa o nula estructuración compuesto fundamentalmente por pectina. La presencia de muchos azúcares de carácter ácido permite la unión de cationes como Ca^{2+} y Mg^{2+} que forman sales (pectatos). Su alta hidratación hace que su naturaleza física recuerde a un gel bastante estable. La pectina se une a las hemicelulosas localizadas en la pared primaria de las células que comparten la lámina media, por lo que puede interconectar células adyacentes.

12.2.2. Estructura de la pared primaria

Existen dos modelos estructurales básicos: el del complejo macromolecular y el de urdimbre y trama (*warp & weft*). El primero considera que todos los componentes de la pared pueden interaccionar entre sí por enlaces covalentes y unirse a las microfibrillas de celulosa por puentes de H a través del xiloglucano. El segundo considera que la pared es una estructura entramada conformada por dos polímeros. Uno de ellos forma microfibrillas de celulosa que penetran en el otro, que es una red de extensinas. Todo ello iría suspendido en un gel hidrofílico de pectina-hemicelulosa. Los esqueletos de celulosa y extensinas no estarían covalentemente unidos pero la extensina entrelazaría las fibras de celulosa. La red de extensina se formaría gracias a los puentes de isoditirosina. Las fibras de celulosa serían la urdimbre y la malla de extensina la trama (figura 12.3). El modelo propone una pared rígida y a la vez capaz de extenderse. El xiloglucano tiene un papel importante en este modelo pues al liberar a la celulosa (se une a ella por puentes de H) permite a las fibrillas deslizarse a través de la malla de extensina.

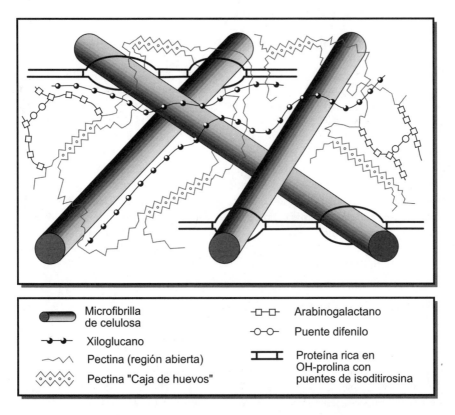

Microfibrilla de celulosa

Xiloglucano

Pectina (región abierta)

Pectina "Caja de huevos"

Arabinogalactano

Puente difenilo

Proteína rica en OH-prolina con puentes de isoditirosina

FIGURA 12.3. Estructura de la pared primaria. La composición bioquímica es bastante variada y las microfibrillas de celulosa no muestran un orden aparente.

Los enlaces que se establecen entre los distintos componentes son la base de la estructura de la pared primaria. Hasta el momento se han descrito los siguientes:

— Unión no covalente por puentes de H entre hemicelulosa (xiloglucano) y microfibrillas de celulosa.
— Unión covalente por acoplamiento fenólico o puentes difenilo. En dicotiledóneas es entre pectinas (arabinogalactanos) y en monocotiledóneas entre hemicelulosas (arabinoxilanos).
— Unión covalente tipo glucosídico entre hemicelulosas y pectinas (xiloglucano y arabinogalactano).
— Unión covalente tipo glucosídico entre pectinas (arabinogalactanos y ramnogalacturonano I).
— Unión covalente entre extensinas. Lo más habitual es la formación de puentes de isoditirosina.
— Unión no covalente de tipo iónico. Puentes de Ca^{2+} entre pectinas ácidas generan la estructura llamada "caja de huevos".

12.2.3. Estructura de la pared secundaria

Algunos tipos celulares sólo poseen pared primaria pero otros, una vez que ha cesado el crecimiento, pueden sintetizar más capas adicionales de pared que reciben el nombre de *pared secundaria*. Ésta puede llegar a ser la capa más gruesa que constituye la pared celular, formando prácticamente todo su espesor. El número de capas de esta pared es variable, llegando incluso a 20, como ocurre en la hoja de *Aloe*. Su composición y estructura varía grandemente según el tipo celular; por ejemplo, en los pelos de la semilla del algodón es celulosa pura y en el tubo polínico es calosa. En las células del endospermo y cotiledones abundan polisacáridos no celulósicos de reserva.

Lo más usual es que tenga un alto contenido en celulosa altamente organizada en fibras paralelas, lo que le confiere una extraordinaria rigidez. La existencia de varias capas es debido a que en cada capa las fibras de celulosa presentan diferente orientación. Esto le confiere una alta resistencia mecánica. En realidad lo que parece suceder es que las fibras de celulosa se disponen girando helicoidalmente y en un punto determinado existe un desfase en el giro entre unas capas y otras (figura 12.4). Es usual que acabe lignificándose, lo cual la hace aún más rígida aunque más frágil.

12.3. Biosíntesis de la pared celular

Los materiales que la forman son sintetizados en la propia célula y secretados al exterior. Puesto que la estructura y composición de la pared se modifican a lo largo de la vida de la célula y en respuesta a factores ambientales, parece necesaria la existencia de un mecanismo de regulación todavía hoy no bien conocido. La síntesis de los componentes de la pared sigue siempre una mecánica común: formación de precursores, síntesis del polímero, secreción vía vesículas que derivan del retículo endoplásmico y aparato del Golgi y exocitosis seguida de incorporación del material a la pared ya existente.

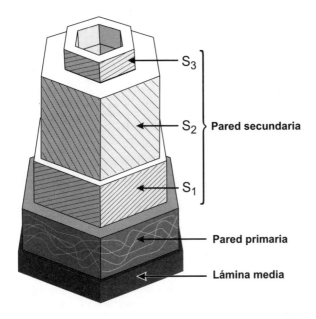

S_3

S_2 } **Pared secundaria**

S_1

Pared primaria

Lámina media

FIGURA 12.4. Detalle de la estructura de la pared secundaria. La pared secundaria presenta un alto contenido en celulosa organizada en fibras paralelas. Se han descrito hasta 3 capas, S_1, S_2 y S_3; las fibrillas de una capa están desfasadas con respecto a las de las otras capas.

Los polisacáridos no celulósicos (hemicelulosas y pectinas) se forman a partir de nucleósidos difosfato de monosacáridos (NDP-azúcares). Los NDP-azúcares se sintetizan en el citoplasma y se transfieren al retículo endoplásmico, donde se cree que comienzan las primeras polimerizaciones. Del retículo son transferidos al Golgi, donde acaban su polimerización por acción de unos complejos multienzimáticos llamados *polisacárido sintasas* o *glucan sintasas*. Además, estos polisacáridos son modificados en el Golgi y empaquetados en vesículas para su posterior exocitois.

La síntesis de las cadenas de celulosa tiene lugar en la membrana plasmática a partir de unas estructuras en roseta que, teóricamente, podrían sintetizar simultáneamente 36 cadenas. El centro de la roseta formaría un canal por donde va saliendo la fibrilla de celulosa. Esta síntesis simultánea permitiría a las cadenas asociarse lateralmente para formar la fibrilla elemental. La enzima encargada de la síntesis sería la *celulosa sintasa* que utiliza UDP-glucosa. La orientación de las fibrillas de celulosa podría venir determinada por la existencia de un conjunto de microtúbulos ubicados inmediatamente debajo de la membrana plasmática (microtúbulos corticales). Estos microtúbulos podrían servir para restringir el movimiento de las rosetas y determinar la dirección de las fibrillas de celulosa que se van sintetizando. La posición de los microtúbulos es, a su vez, determinada por hormonas (giberelinas, ácido abscísico y etileno) que conducirían a cambios en Ca^{2+} intracelular o a alteraciones en las MAPs del microtúbulo. Tampoco se duda de que la proteína que une los microtúbulos a la membrana pueda comportarse como un dipolo y por efecto de un campo eléctrico determinar la orientación de estos microtúbulos. También es considerada la posibilidad de que causas biofísicas, originadas por la presión hidrostática y la propia geometría de la célula y células adyacentes, puedan tener influencia en la orientación de los microtúbulos corticales aunque, hasta el momento, no se dispone de ningún dato que apoye esta posibilidad.

Las unidades básicas que constituyen la lignina se sintetizan a partir de fenilalanina, que es desaminada para dar el ácido cinámico y posteriormente los distintos fenoles. La desaminación se lleva a cabo en el citoplasma; el ácido cinámico pasa fácilmente al RE debido a su carácter lipofílico y allí es transformado en los correspondientes fenoles que son transportados en vesículas hasta la membrana donde se exocitan. Su polimerización ocurre por enzimas tipo peroxidasa presentes en la pared.

La síntesis de proteína mejor conocida es la de las extensinas y sigue el patrón clásico. Se sintetiza en RER como peptidil prolina y allí es hidroxilada postraduccionalmente. Pasa al Golgi, donde es glucosilada, y se secreta vía exocitosis. Una vez en la pared es rápidamente insolubilizada por la formación de puentes isoditirosina a cargo de las peroxidasas.

12.4. Plasticidad y crecimiento de la pared celular

La pared, calificada a veces como exoesqueleto, desempeña un papel paradójico: debe permitir a la vez el soporte y la extensión de una célula a la que envuelve totalmente. En este sentido, la pared es un material heterogéneo donde ciertos elementos son muy resistentes a la tracción (fibras de celulosa) y otros son maleables y extensibles (elementos matriciales). El resultado es un estado viscoplástico de propiedades mecánicas complejas que evolucionan en el transcurso del tiempo.

El crecimiento celular en las plantas embriofitas tiene lugar frecuentemente sin aumento de volumen en el citosol, pues es la captura de agua en la vacuola la que genera una presión de turgencia hacia el exterior. Esto, unido a la desestabilización parcial de la estructura de la pared primaria, permite que la célula se expanda en determinada dirección. Únicamente la pared primaria será capaz de desestabilizarse y disminuir su rigidez. La dirección de crecimiento viene determinada por la dirección de las fibrillas de celulosa, pues la presión de turgencia se ejerce igual en todas las direcciones. El proceso, por tanto, implica (a) un conjunto de transformaciones que disminuyen la rigidez, (b) la incorporación de nuevos componentes y (c) la estabilización de los mismos para volver a la rigidez inicial. La repetición de este ciclo determina el crecimiento sucesivo de la pared. Los componentes susceptibles de modificaciones serán la red extensible, los restantes la red rígida. Los ciclos no son exactamente iguales pues van variando con el tiempo; normalmente se empobrece la red extensible y aumenta la rígida, lo que determina una pérdida de la capacidad de extensión que conduce a procesos de maduración y diferenciación. Para explicar la pérdida de rigidez se ha establecido la siguiente hipótesis: la excreción de protones por una ATPasa de membrana activada por auxina origina un descenso de pH en la pared. Esto activa exo- y endoglucanasas que despolimerizan el xiloglucano. La menor relación entre el xiloglucano y las microfibrillas permite el deslizamiento de las microfibrillas de celulosa sometidas a tensión y consecuentemente el crecimiento de la pared. Por tanto, el complejo xiloglucano-celulosa es la red extensible. La red rígida tiene como función atrapar las fibrillas de celulosa e impedir su separación. La base molecular de esta red la constituyen los puentes entre pectinas, hemicelulosas y extensinas. Las oligosacarinas parecen tener una importante función de control en este proceso. Se ha demostrado que la oligosacarina XG9 a bajas concentraciones presenta una actividad antiauxínica inhibiendo las enzimas activadas por auxina; sin embargo, a mayor concentración puede estimular crecimiento. La salida de protones puede ser balanceada con una entrada de K⁺ a la célula. Esto podría determinar la entrada de agua necesaria para aumentar la presión de turgencia, hecho crítico en el crecimiento de la pared.

Si la célula necesita aumentar de tamaño la pared primaria crece principalmente por *intususcepción*, es decir, el nuevo material depositado se entremezcla con el ya existente; teóricamente este tipo de crecimiento no engrosa de modo importante la pared primaria. El crecimiento en grosor, típico de la pared secundaria, se produce por *aposición*, es decir, se van añadiendo capas que se sitúan más internas que las ya existentes.

12.5. Implicaciones funcionales

1. *Crecimiento*. La pared, especialmente la pared primaria, es una estructura con una alta implicación en el crecimiento de la célula. Esta implicación ya ha sido analizada (apartado anterior) pero es útil recordar que la posibilidad de transformación de la pared en una estructura extensible es imprescindible en el crecimiento de la célula vegetal.

2. *Maduración de los frutos*. Durante la maduración de los frutos se produce una pérdida de firmeza debida fundamentalmente a cambios en la pared. Estos cambios se deben a la actividad de poligalacturonasas, celulasas y pectinmetilesterasa. Es interesante constatar que, mediante técnicas de biología molecular, se han conseguido plantas de tomate con genes antisentido y quiméricos para poligalacturonasas y pectinmetilesterasa que pueden retrasar la maduración de los frutos.

3. *Abscisión*. Esta palabra se emplea para indicar la caída de cualquier parte de la planta; por ejemplo, hojas. En este proceso, la disolución de la pared en la zona de separación que permite la caída es absolutamente esencial. Primero se disuelve la lámina media y luego el resto. La activación de enzimas degradadoras de matriz como poligalacturonasa y celulasa se ha demostrado en algunas especies.

4. *Movilización de sustancias de reserva*. Las paredes de algunas semillas contienen sustancias de reserva: mananos, xiloglucanos y galactanos. Estas moléculas son hidrolizadas en la pared por las enzimas correspondientes y sus componentes moleculares absorbidos por la célula para su reutilización.

5. *Defensa*. Las plantas son susceptibles de ser atacadas por numerosos microorganismos: virus, bacterias y hongos. Para evitarlo desarrollan una serie de mecanismos (activos y pasivos) en los que la pared tiene un gran protagonismo. En relación con los mecanismos pasivos, la pared supone una barrera física que impide alcanzar a estos patógenos el interior de la planta o de la célula. Además, en caso de infección, la pared puede sufrir modificaciones estructurales para aumentar su resistencia a los microorganismos; por ejemplo, lignificación, acumulación de HPRPs y depósitos de calosa. La pared también participa en la génesis de mecanismos activos. La acumulación de *fitoalexinas* en la zona de infección es un mecanismo activo para evitar la proliferación de los microorganismos. Las fitoalexinas son compuestos antimicrobianos que sintetizan las plantas por la acción de unos factores llamados *elicitores*. Éstos pueden ser exógenos (producidos por el patógeno) y endógenos (producidos por la planta). Las *oligosacarinas*, que se originan en la pared, son los elicitores endógenos mejor conocidos. Otro mecanismo de defensa activo es la muerte celular hipersensible o respuesta HR (respuesta hipersensitiva). Es una rápida respues-

ta que implica muerte celular seguida de deshidratación y sirve para limitar el crecimiento del patógeno. La HR se dice que es una forma de apoptosis. Los factores que la inducen también son exógenos y endógenos. Los endógenos no son bien conocidos aunque parece importante la participación del H_2O_2; las harpinas (factores bacterianos) son alguno de los exógenos.

12.6. Diferenciaciones de la pared celular

La circulación o flujo de agua entre las células de las plantas es absolutamente vital para estos seres vivos. La pared celular vegetal en su conjunto es permeable al agua y a las sustancias disueltas en ellas. Esta permeabilidad se debe a la existencia de diferenciaciones, como son plasmodesmos y punteaduras.

12.6.1. Plasmodesmos

Son pequeños canales que atraviesan totalmente la pared celular y establecen una continuidad entre el citoplasma de las células vecinas. La observación con microscopía electrónica permite constatar que existe una perfecta continuidad entre las dos membranas plasmáticas de las células intercomunicadas. El número de plasmodesmos varía de unas células a otras. En las células meristemáticas oscila entre 1.000 y 10.000 y pueden repartirse por toda la pared o estar localizados preferentemente a nivel de las punteaduras.

Aparecen durante la citocinesis en los lugares de la placa celular en que los tubos del retículo endoplásmico muestran continuidad entre las dos células recién formadas. Esto hace que en el centro del canal quede un resto de RE que por su aspecto se llama *desmotúbulo* (figura 12.5) y que mantiene continuidad con el RE. Asociado al desmotúbulo existe una capa de material proteináceo. Se ha propuesto que el desmotúbulo estaría rodeado helicoidalmente por actina; de esta hélice de actina saldrían moléculas de miosina dirigidas radialmente hacia la membrana. El centrado y anclado del desmotúbulo podría ser llevado a cabo por una proteína contráctil que hiciese de puente entre el desmotúbulo y la membrana (posiblemente centrina).

El plasmodesmo permite el libre paso de agua, iones y moléculas muy pequeñas a su través; sin embargo, no se excluye que determinadas macromoléculas puedan ser transportadas activamente y los filamentos de miosina (posee actividad ATPasa) que irradian de la actina que rodea al desmotúbulo son un buen candidato efector de este mecanismo.

12.6.2. Punteaduras

La punteadura es un adelgazamiento de la pared celular que generalmente se corresponde con otra complementaria y al mismo nivel en la célula adyacente. Existen dos tipos de punteaduras: primarias y secundarias. Las primarias son áreas ricas en plasmodesmos donde el desarrollo de la pared primaria es muy débil (figura 12.6). Al formarse la pared secundaria las punteaduras primarias deberían quedar ocluidas, pero no ocurre así. La pa-

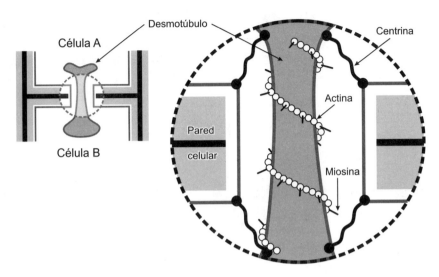

FIGURA 12.5. Estructura del plasmodesmo. El área marcada por una circunferencia discontinua se amplía y detalla en el lado derecho. La centrina parece actuar centrando y anclando el desmotúbulo a la membrana plasmática.

red primaria queda igual y sobre ella no se deposita pared secundaria aunque el depósito sí ocurre alrededor; esta estructura recibe el nombre de *punteadura secundaria*. Cuando la punteadura de un lado tiene otra complementaria en la célula vecina, al complejo se le denomina *punteadura bilateral*, si no existe la complementaria se llama *punteadura simple*. La estructura que separa las cavidades de la punteadura se llama membrana de la punteadura y está formada por dos paredes primarias y una lámina media. En las traqueidas de ciertas plantas (coníferas) aparece un tipo especial de punteadura llamada *punteadura areolada* en la que la pared secundaria se levanta ligeramente formando un techo arqueado de microfibrillas orientadas radialmente. En el centro de la membrana de la punteadura se ubica un engrosamiento o toro formado por microfibrillas de celulosa dispuestas circularmente. Como la membrana de la punteadura suele ser flexible el toro puede ser desplazado hacia un lado u otro en determinadas condiciones. Cuando el toro está totalmente desplazado el agua pasa con dificultad a través de la punteadura.

12.7. Modificaciones de la pared celular

La pared celular puede sufrir modificaciones debido a sustancias depositadas sobre ella, variando así su composición química. Existen modificaciones que aseguran la rigidez como son la *lignificación* o impregnación total de la pared por lignina que acontece en algunos tejidos de soporte (esclerénquima) y de conducción (xilema) y la *mineralización* o impregnación de la pared celular con carbonato cálcico o sílice que se produce fundamentalmente en las células epidérmicas.

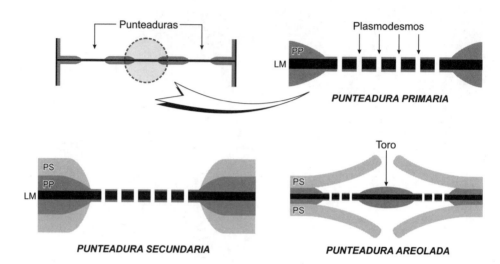

FIGURA 12.6. Tipos de punteaduras. En el lado izquierdo de la parte superior se muestra una zona de contacto entre dos células que posee tres punteaduras; en el lado derecho se detalla la estructura de una punteadura primaria. En la parte inferior aparecen los esquemas de la estructura de una punteadura secundaria normal y otra areolada. LM: lámina media. PP: pared primaria. PS: pared secundaria.

Otras modificaciones de la pared aseguran su impermeabilidad; por ejemplo, la *cutinización,* que no es otra cosa que impregnar y cubrir de cutina la pared de las células epidérmicas en contacto con el medio ambiente externo. Sobre la cutina se suelen depositar ceras. La *suberificación* o impregnación por suberina y otros compuestos se da en las capas más externas de la peridermis formando el súber o corcho. El proceso de suberificación también ocurre en heridas y forma callos que sirven de protección.

Comunicación celular

13

13.1. Tipos de comunicación

La comunicación celular es un proceso absolutamente esencial entre los organismos pluricelulares y, sin menoscabo de otras funciones, la principal misión de este proceso es la coordinación entre todas las células que componen al individuo. La pérdida o alteración de esta comunicación es una de las características básicas de las células tumorales. La comunicación celular se puede estructurar en dos grandes áreas: *comunicación intercelular* y *comunicación intracelular*. La primera no es otra cosa que el mecanismo por el que una célula o conjunto de células emite una señal a otra célula o conjunto de células. La segunda hace referencia a los mecanismos que se activan en la célula que recibe la señal para emitir una respuesta. La molécula que recibe la señal es el receptor y el conjunto de mecanismos que se activan no son otra cosa que el sistema de *transducción* al que está acoplado el receptor; al sistema de transducción también se le llama *vía de señalización*. Así, la comunicación intracelular también recibe el nombre de transducción. Estos dos tipos de comunicación son imposibles de separar pues la activación del receptor es el punto final de un proceso (comunicación intercelular) y el punto inicial de la activación del otro (comunicación intracelular).

En conjunto, un proceso de comunicación entre células tiene cuatro fases bien definidas: 1. Emisión de señal, 2. Unión de señal al receptor, 3. Transducción intracelular y 4. Respuesta de la célula diana.

Esto hace que las moléculas implicadas en este proceso puedan agruparse en cuatro categorías: ligandos, receptores, transductores y factores de transcripción.

13.2. Comunicación intercelular

Las células pueden comunicarse entre sí mediante las siguientes estrategias básicas (figura 13.1):

1. *Comunicación por moléculas secretadas*. A su vez existen tres tipos:

   a) *Endocrino*: la célula blanco puede o no estar lejos de la productora de la señal y la molécula señal suele viajar por sangre. La molécula señal recibe el nombre de *hormona*.

b) *Paracrino*: la molécula señal alcanza las células contiguas; característico de las células del SED (sistema endocrino difuso). En vez de hormonas se les suele llamar *mediadores locales*; sin embargo, algunos de estos mediadores pueden tener idéntica naturaleza molecular que las hormonas.

c) *Autocrino*: la molécula señal actúa sobre la célula que la secreta. Es bastante usual que el mecanismo autocrino y paracrino ocurran simultáneamente.

2. *Comunicación por contacto.* Ocurre a través de moléculas ancladas a la membrana plasmática. Este mecanismo recibe el nombre de *yuxtacrino*.
3. *Contacto vía uniones comunicantes o sinapsis eléctrica.* Las moléculas han de ser de pequeño tamaño y difundir de una célula a otra a través de la unión.
4. *Plasmodesmos.* Característicos de células vegetales.
5. *Sinapsis química.* La comunicación vía sinapsis química no se considerará en este libro. Puede ser considerada como una especialización del sistema de comunicación paracrino. Las moléculas implicadas en este proceso reciben el nombre de *neurotransmisores* o *neuromoduladores,* según su función.

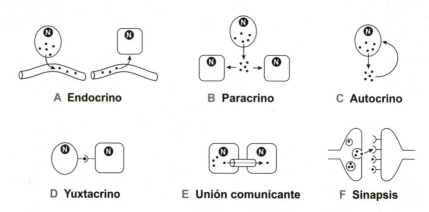

FIGURA 13.1. Diferentes estrategias que utilizan las células para comunicarse entre sí. Excepto en D, la molécula señal aparece representada por un pequeño círculo negro. La estructura tubular de A representa un vaso sanguíneo. N: núcleo.

Es necesario tener en cuenta que un mismo tipo de molécula puede usar diferentes sistemas de señalización; por ejemplo, la adrenalina puede funcionar de modo endocrino y paracrino. Es también bastante frecuente que algunas hormonas o mediadores locales actúen como neurotransmisores o como neuromoduladores. En algunos casos, esta pluralidad funcional es más sorprendente puesto que las funciones desempeñadas no guardan relación alguna; por ejemplo, la glicina, el aspártico o el glutámico pueden actuar como aminoácidos constituyentes de proteínas o como neurotransmisores; el ATP también actúa como molécula transportadora de energía química y como neurotransmisor.

Excepto las sinapsis químicas, a continuación se desarrollan cada uno de los mecanismos enunciados.

13.2.1. Señalización endocrina

Se produce cuando un órgano o estructura secreta una sustancia, que recibe el nombre de *hormona,* a sangre o linfa para que actúe sobre otro órgano o parte de él. Atendiendo a su naturaleza química existen dos tipos básicos de hormonas: hidrosolubles y liposolubles. Las primeras no tienen problemas en difundir por sangre o alcanzar las células vecinas pero no pueden atravesar la membrana y, por tanto, se unen a un receptor de membrana específico para ellas. Por el contrario, las segundas tienen serios problemas para alcanzar células lejanas (a las próximas difunden bastante bien) por lo que han de ir asociadas a proteínas transportadoras; normalmente difunden a través de la membrana y no necesitan receptores en ella. Veamos algunos ejemplos de cada una de ellas:

— *Hormonas hidrosolubles.* Lo más usual es que sean proteínas; por ejemplo, insulina, glucagón, paratohormona, calcitonina, oxitocina, vasopresina, angiotensina, hormonas adenohipofisarias (GH, LH, FSH, ACTH, TSH, PR) y sus factores de liberación... También pueden ser derivados de aminoácidos como la adrenalina (epinefrina), noradrenalina (norepinefrina) y melatonina.

— *Hormonas liposolubles.* Se consideran cuatro grandes clases: esteroideas, tiroideas (tiroxina o T_4 y tri-iodotironina o T_3), retinoides (derivados de la vitamina A) y vitamina D (ergocalciferol y 1,25-dihidroxicolecalciferol). Dentro de las esteroideas destacan los estrógenos u hormonas sexuales femeninas (estradiol y estrona), los andrógenos u hormonas sexuales masculinas (testosterona y dihidrotestosterona), la progesterona y las derivadas del córtex adrenal (cortisol, aldosterona y corticoesterona).

13.2.2. Señalización paracrina

Se dice que el mecanismo es paracrino cuando la sustancia secretada actúa en la más inmediata vecindad de la célula que lo secretó, se cree que no más de 1 o 2 mm, y alcanza a las células vecinas por simple difusión. Las hormonas en este tipo de señalización son denominadas *factores locales* o *mediadores locales.* Este mecanismo es típico de un conjunto de células endocrinas dispersas que conforman el sistema endocrino difuso (SED) y que es abundante en digestivo, tracto genitourinario y tracto respiratorio. En un sentido estricto la liberación de neurotransmisores en la sinapsis es un modo de secreción paracrino; esto es aún más cierto en el caso de la liberación de neuromoduladores por parte de sistemas neuromoduladores difusos. Los mediadores locales pueden ser:

— *Mediadores locales hidrosolubles.* Pueden ser proteínas liberadas por las células del sistema endocrino difuso (sustancia P, motilina, encefalinas, bombesina, gastrina, neurotensina, somatostatina, glicentina, secretina, colecistoquinina...), factores de crecimiento de algunos tejidos, citoquinas (interleucinas, interferones, factores estimuladores de colonias...), derivados de aminoácidos (histamina, serotonina, dopamina...).

— *Mediadores locales liposolubles.* El grupo más importante lo componen los eicosanoides. Éstos derivan del ácido araquidónico, por la vía de la lipooxigenasa los leucotrienos y por la vía de la ciclooxigenasa: tromboxanos, prostaciclinas y prosta-glandinas.

— *Mediadores locales gaseosos.* En los últimos años han aparecido mediadores locales de naturaleza gaseosa como el óxido nítrico (NO_2) y el monóxido de carbono (CO) que por su peculiaridad se analizarán en el apartado 13.5.2.

En general, los mediadores locales suelen ser recaptados, destruidos o inmovilizados rápidamente (en estos procesos puede ser importante la matriz extracelular) y las hormonas lo hacen de modo mucho más lento. Algo análogo, aunque con excepciones, suele suceder con los mediadores y hormonas hidrosolubles, de modo que los liposolubles suelen tener una vida más larga.

13.2.3. Señalización autocrina

La molécula actúa sobre la misma célula que la secreta. Esto es bastante usual en el caso de células implicadas en respuesta inmune; por ejemplo, algunos linfocitos T responden al antígeno sintetizando un producto que al actuar sobre ellos mismos induce proliferación. Este tipo de mecanismo también se da durante el desarrollo en los procesos de diferenciación y puede servir para reforzar la vía de diferenciación escogida por la célula. También se ha sugerido que éste puede ser un modo de autorregulación de secreción.

13.2.4. Señalización yuxtacrina

Se dice que existe estimulación yuxtacrina cuando determinados factores de crecimiento se dan como formas ancladas a membrana, pudiendo unir y activar receptores de membrana de las células adyacentes. Obviamente sólo funcionan como molécula señal en el caso de interacción directa entre dos células. Los factores anclados a membrana suelen ser proteínas que incluyen dominios tipo EGF (factor de crecimiento epidérmico) y los receptores a los que se unen son receptores de membrana de tipo catalítico. El dominio EGF está caracterizado por la presencia de 6 cisteínas espaciadas en una secuencia de 45 aminoácidos. Determinadas moléculas fijadas a membrana pueden ejercer secreción paracrina cuando son liberadas por medio de alguna enzima extracelular.

13.2.5. Uniones comunicantes

Las uniones comunicantes, también llamadas *uniones en hendidura* o *uniones "gap"* usando la terminología anglosajona, son uniones del tipo fascia adherente. Las fascias están formadas por la agrupación de cientos o miles de unidades de una estructura básica que es el *conexón*. El conexón es una estructura que posee un canal central de manera que cuando el conexón de una célula entra en contacto con el conexón de la célula vecina permite el paso de moléculas a su través. Las moléculas que pueden pasar son pequeñas, no mayores de 1.000 Da de Pm; esto hace que puedan pasar iones, vitaminas, aminoácidos, nucleótidos, mono y disacáridos... e imposibilita el paso de macromoléculas (ácidos nucleicos, proteínas y polisacáridos). El conexón protruye fuera de la célula, por ello no hay contacto entre las membranas de las dos células en la zona de la unión. El espacio entre las membranas es de 2 a 4 nm y por ello estas uniones también reciben el nombre de *uniones en hendidura* (figura 13.2).

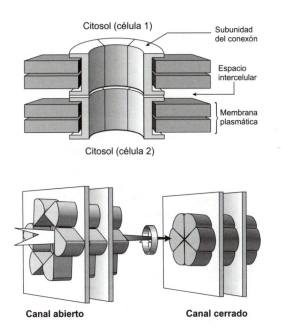

FIGURA 13.2. Unión comunicante. La parte superior de la figura ilustra el anclaje de dos conexones para formar una unión comunicante; sólo se han representado 3 de las 6 conexinas (subunidades del conexón) que componen el conexón. En la parte inferior se ilustra un hipotético modelo estructural de control de apertura y cierre del canal que implica la rotación de las conexinas que integran el conexón.

El conexón está formado por la asociación de 6 proteínas, las *conexinas*, que delimitan un poro central de 1,5 nm. Las conexinas contienen 4 dominios transmembranosos con los extremos amino y carboxilo en el citosol. Existen diferentes tipos de conexinas (al menos 11 en rata) que pueden ser expresadas diferencialmente en unos u otros tejidos o durante el desarrollo. El empleo de unas conexinas u otras determinará cambios en fisiología del conexón; por ejemplo, en su permeabilidad y/o regulación. Determinadas células pueden llegar a expresar diferentes conexinas; por ello, no está claro si todas las conexinas de un conexón son idénticas. Es decir, existe la posibilidad de que el conexón sea un heteropolímero de conexinas.

El conexón puede presentar dos estados: abierto y cerrado. Se ha propuesto un modelo hipotético de cierre del canal central mediante una pequeña rotación de las conexinas que conforman el conexón (figura 13.2). Elevación de la concentración de Ca^{2+} o bajadas de pH cierran el conexón. La fosforilación del extremo carboxilo también determina su cierre. Además, parece que los conexones de algunos tejidos pueden ser modulados por cambios de voltaje o por hormonas.

La función de este tipo de unión es el acoplamiento eléctrico y metabólico entre células. Esto es particularmente importante en tejidos o estructuras que necesitan una alta sincronización; por ejemplo, en la contracción del músculo cardíaco, en el movimiento ciliar en los epitelios o entre células musculares lisas de algunas estructuras tubulares como el tubo digestivo. En la embriogénesis son muy importantes pues el acoplamiento o no acoplamiento de grupos celulares les permitirá iniciar vías de desarrollo iguales o diferentes. Además, un factor importante en el desarrollo como es la información posicional de la célula en función de un gradiente de señal puede ser establecido gracias a las uniones comunicantes (ver *morfógenos*, apartado 14.8). El desacoplamiento de la unión es fundamental en caso de muerte celular pues evita el paso a las células vecinas de moléculas que pudiesen estar implicadas en el proceso de muerte.

13.2.6. Plasmodesmos

Al igual que en el caso anterior son estructuras que ponen en contacto los citoplasmas de células adyacentes pero los plasmodesmos son exclusivos de células vegetales. En el plasmodesmo la membrana plasmática de una célula se continúa con la de la siguiente a través de un canal en la pared celular (20-40 nm de diámetro), ello hace que las células conectadas por plasmodesmos puedan ser consideradas un sincitio (estructura generada por fusión celular). Es bastante usual la existencia de algún tubo de REL (desmotúbulo) pasando a través del plasmodesmo (figura 12.5). Parece ser que el plasmodesmo permite el paso de moléculas de menos de 800 Da, bastante parecido a las uniones comunicantes. Al igual que éstas, son estructuras cuya permeabilidad puede ser regulada. El plasmodesmo permite la circulación de las principales hormonas vegetales (auxinas, giberelinas, citoquininas, ácido abscísico, etileno y poliaminas) pues todas ellas son moléculas pequeñas. El carácter de hormona de las poliaminas (putrescina, espermidina y espermina) es puesto en duda por algunos autores pues es necesario usar altas concentraciones para observar sus efectos y difícil de demostrar su transporte a largas distancias. Un estudio más profundo de los plasmodesmos es contemplado en el tema 12.

13.3. El receptor

Se denomina *receptor* a la molécula encargada de unirse a la molécula señal o *ligando*. Algunos receptores se pueden ubicar en membrana, por lo que se les denomina *receptores de membrana*; en otros casos, debido a que los ligandos pueden penetrar fácilmente en la célula, los receptores se ubican en el interior de la célula y se llaman *receptores intracelulares*. Como resultado de la interacción entre ligando y receptor se activa una cascada de moléculas mensajeras que termina en la producción de un efecto biológico concreto. Esta cascada de moléculas mensajeras es el sistema de transducción intracelular, también llamado vía de señalización.

La célula que posee receptores para una determinada molécula se dice que tiene carácter de *célula diana* para esa molécula. En este sentido, existen receptores de ubicación universal o casi universal, es decir, los presentan todas o casi todas las células; por ejemplo, los receptores para GH (hormona del crecimiento) o para insulina. Sin embargo, existen otros de distribución muy específica pues sólo los presentan unas pocas células en localizaciones muy determinadas. El número de receptores en una célula diana es muy variado, puede oscilar entre 500 y 100.000 para un ligando determinado. La distribución de los receptores de membrana no es homogénea pues, obviamente, se concentran en áreas donde se produce la llegada del ligando. Probablemente uno de los casos de máxima concentración de receptores se produce en la membrana postsináptica.

La molécula que se une al receptor y provoca un efecto biológico recibe el nombre de *agonista*. Aquellas moléculas cuya unión al receptor bloquea el efecto del agonista y no producen efecto biológico alguno reciben el nombre de *antagonistas*. La molécula que al unirse al receptor produce el efecto inverso del agonista recibe el nombre de *agonista inverso*. El conocimiento de la farmacología del receptor, es decir, de los fármacos que funcionan como agonistas, agonistas inversos o antagonistas es muy útil tanto en la investigación dentro de este campo como desde el punto de vista sanitario. Por ejemplo, muchos fármacos anti-histamínicos usados en procesos de alergia funcionan como antagonistas de la histamina.

La unión del ligando al receptor es muy específica; de hecho, la mayoría de los ligandos actúan a muy bajas concentraciones, del orden de 10^{-8} M. Esto está correlacionado con la elevada constante de afinidad que presentan la mayoría de los receptores, del orden de 10^8 litros/mol, lo que implica una alta especificidad en la unión ligando-receptor. Es frecuente que algunas células presenten a la vez receptores de alta y baja afinidad de modo que pueden responder de diferente modo a diferentes concentraciones del ligando.

13.3.1. Receptores intracelulares

Son receptores que se ubican en el interior celular pues sus ligandos atraviesan fácilmente la membrana. Estos ligandos suelen tener naturaleza hidrofóbica y los más conocidos son: hormonas esteroideas, hormonas tiroideas, retinoides y vitamina D (ver apartado 13.2.1). Los receptores de estas moléculas se ubican tanto en citoplasma como núcleo y son proteínas reguladoras de la expresión génica (se amplían en el apartado 13.5). El receptor de prostaglandinas (señalizador liposoluble derivado del ácido araquidónico) es una excepción, pues es un receptor de membrana que activa adenilato ciclasa vía proteínas G.

13.3.2. Receptores de membrana

Son receptores, generalmente de naturaleza proteica, que se localizan en la membrana plasmática y actúan como tal para ligandos hidrosolubles que no pueden atravesar la membrana. Básicamente hay tres tipos de receptores proteicos en la membrana de la superficie celular: asociados a canales, relacionados con proteínas G y catalíticos o asociados a enzimas.

— *Receptores asociados a canales*. El término "asociado" puede resultar equívoco pues, normalmente, el propio canal tiene un dominio que actúa como receptor. La unión del ligando a esta zona determina un cambio conformacional que hace que el canal se abra o cierre modificando la diferencia de potencial a través de la membrana (los canales iónicos se vieron en el tema 2, apartado 2.5.1). En este tipo de receptores no se profundizará más pues son típicos de los mecanismos de neurotransmisión. En cualquier caso, conviene aclarar que su función es transformar señales químicas en eléctricas pues determinan cambios en el potencial de membrana que pueden disparar un potencial de acción o modificar la capacidad de disparo de ese potencial por otras moléculas (modulación).

— *Receptores asociados a proteínas G*. El ligando se une al receptor, se provoca un cambio conformacional que induce a su vez un cambio en una proteína asociada al receptor llamada *proteína G*. Esta proteína se despega del receptor y viaja por la membrana hasta alcanzar una enzima o un canal iónico al que activa. Las proteínas G se llaman así porque se unen a GTP.

— *Receptores catalíticos*. También son denominados *receptores asociados a enzimas*, pero esta denominación es equívoca en la mayoría de los casos pues, en realidad, es el propio receptor el que funciona como una enzima. Generalmente, la región citoplásmica del receptor actúa como una enzima tras su activación.

13.4. Concepto de transducción

En el diccionario, un transductor es aquella entidad biológica (generalmente proteína o conjunto de proteínas, aunque los hay diferentes) que lleva a cabo la transformación de una acción hormonal en una actividad enzimática. Según esto, el receptor es el primer paso en el proceso de transducción y su activación determinará la subsecuente activación de una cascada de transductores que como consecuencia produce una respuesta biológica determinada.

En décadas pasadas fue muy usado el término *mensajero*. Con esta terminología el ligando era el *primer mensajero*. El resto de moléculas cuya aparición o activación venía determinada por la activación del receptor al que se unía el primer mensajero se denominaron *segundos mensajeros*. La categoría de segundo mensajero fue más bien un cajón de sastre pues se incluyeron en ella transductores que actuaban a diferentes niveles de la cascada de transducción; por ejemplo, AMPc, Ca^{2+}, GMPc...

Hoy día, todo el conjunto de moléculas que forman la cadena o vía de señalización intracelular, desde el ligando unido al receptor hasta la molécula más inmediatamente responsable del efecto biológico, reciben el nombre de *transductores* y el proceso es el *mecanismo o vía de transducción* o de *señalización*. Sin embargo, el término *mensajero* todavía es usado pues se dice que las moléculas que ante la llegada de una señal generan otra son transductores y aquellos que se mueven para generar su efecto son considerados como mensajeros. Es decir, que las enzimas –adenilato ciclasa, por ejemplo– serían transductores y algunos de los productos de su actividad –AMPc, por ejemplo– serían mensajeros.

Se ha visto que existen diferentes tipos de receptores y es lógico preguntarse si todos ellos poseen alguna forma general de actuación. La respuesta es doble pues existen mecanismos que no poseen ninguna estrategia común con otras vías de transducción; sin embargo, otras vías sí utilizan estrategias moleculares comunes. Ya se ha comentado que la función fundamental de los receptores asociados a canales iónicos es la modificación del potencial de membrana y que los receptores intracelulares funcionan generalmente como moléculas reguladoras de la expresión génica pues se unen al ADN. Sin embargo, los asociados a proteínas G y catalíticos pueden usar estrategias similares en sus vías de transducción en algunos casos. En estos tipos de receptores, las vías o mecanismos de transducción son cascadas enzimáticas más o menos complejas en las que los mecanismos de activación suelen ir mediados por la transferencia de grupos fosfato o por moléculas que llevan grupos fosfato. En este sentido, existen dos tipos de moléculas que transfieren o llevan estos grupos fosfato:

a) Proteínas kinasas (PKs).
b) Proteínas G.

Las PKs pueden ser de dos tipos:

a) Las que fosforilan en Serina y/o Treonina, más frecuente Serina; también denominadas *Serín-Treonín-kinasas* o *Ser/Treo-kinasas*.
b) Las que fosforilan en Tirosina o Tirosín-kinasas, también *Tir-kinasas*.

Conviene resaltar que existe alguna kinasa que puede funcionar de las dos maneras (MAP kinasa kinasa o MAPKK o MEK) y que en una célula puede haber más de 100 kinasas distintas pero la mayoría son del tipo Ser/Treo-kinasa. En algunos casos sólo la llegada de una señal es capaz de activar toda la cascada de fosforilaciones, en otros se necesitan dos y una integración (figura 13.3). Si los mecanismos de activación van del receptor de membrana hacia el último transductor se dice que son señales corriente abajo (*downstream signals*). La terminología corriente abajo o corriente arriba (*downstream* o *upstream*) sirve para saber cuál es el activador y cuál la molécula activada en cada momento a partir de un determinado punto de la cascada de transducción. Una de las cascadas de transducción más estudiada es la de las MAP kinasas (MAP es el acrónimo de proteínas activadas por mitógenos) que se analizará en el apartado 13.7.4. La defosforilación para volver a la situación basal es llevada a cabo por fosfatasas.

Las proteínas G, o proteínas que unen GTP son enzimas que hidrolizan GTP. Usan GTP en su activación y no la transferencia de un grupo fosfato utilizada por las anteriores. La proteína G está activa cuando se encuentra unida al GTP y la hidrólisis del GTP para generar una proteína G unida a GDP determina la inactivación de ésta. Existen dos grandes grupos de estas proteínas: las proteínas G heterotriméricas y las proteínas G monoméricas o proteínas G pequeñas. Sus mecanismos de activación y desactivación se analizarán al describir ejemplos concretos en los apartados 13.6.1 y 13.7.4 respectivamente.

Es necesario tener siempre presente que diferentes células pueden responder de diferentes maneras a una misma señal química, ya sea por la existencia de diferentes tipos de receptores, ya por el acoplamiento de un mismo receptor a una diferente vía de transducción en cada célula. En otros casos, es necesaria la combinación de varias señales producidas por diferentes células para generar una respuesta.

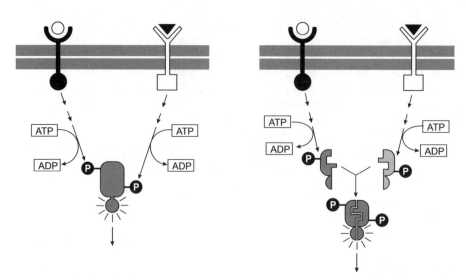

FIGURA 13.3. Modelos hipotéticos de activación de un sistema de transducción que necesita la llegada de dos señales diferentes a la célula. Sólo la integración de los dos sistemas conduce a la activación de una molécula que permite continuar transfiriendo la señal corriente abajo y obtener una respuesta biológica.

13.5. Receptores intracelulares

En este apartado se analizarán dos tipos de receptores: el que se une a hormonas liposolubles y el que se une a mediadores gaseosos.

13.5.1. El receptor de hormonas liposolubles

Las hormonas de tipo liposoluble son moléculas pequeñas (alrededor de 300 Da) e hidrofóbicas, por lo que atraviesan fácilmente la membrana por difusión simple. Todas ellas actúan mediante un mecanismo similar pese a existir diferentes tipos; de hecho, sus receptores son bastante parecidos y pertenecen a lo que se llama la superfamilia del receptor de hormonas esteroideas. Una vez dentro de la célula se unen a un receptor proteico formando un complejo. El receptor puede localizarse en el citosol (por ejemplo, cortisol) o en el núcleo (por ejemplo, retinoides). Este complejo se une a la secuencia reguladora de determinados genes, regulando su transcripción y en general aumentándola (figura 13.4). Esto constituye la respuesta primaria y, en muchos casos la definitiva pero, a veces, el producto génico de la respuesta primaria es el encargado de activar a otros genes provocando así una respuesta secundaria. El receptor posee al menos los siguientes dominios: el de unión al ADN, el de plegado del receptor y el de unión al ligando. En ausencia del ligando o inductor es muy frecuente que este tipo de receptor se encuentre unido a un complejo proteico que lo mantiene inactivo (figura 13.5); la proteína de estrés HSP90 forma parte de este complejo.

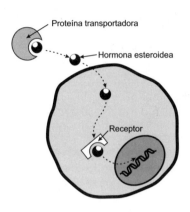
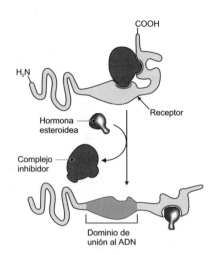

FIGURA 13.4. Mecanismo de transducción de las hormonas esteroideas. En el lado izquierdo se ilustra un proceso muy global donde se destaca la presencia de una proteína transportadora y la localización intracelular del receptor. En el lado derecho se detalla el proceso de activación del receptor: al llegar la hormona esteroidea se libera el complejo inhibidor, se une la hormona esteroidea y se produce un cambio conformacional (el receptor se despliega) que le permitirá anclarse al ADN y regular su transcripción.

La respuesta a las hormonas esteroideas depende del tipo de hormona y de la célula diana y ello parece ser debido a que el mismo tipo de receptor activa diferentes genes en células distintas. Es posible que esto se deba a que para activar un gen es necesario un conjunto de proteínas reguladoras, siendo muchas de ellas específicas de algunos tipos celulares.

13.5.2. El receptor de mediadores gaseosos

Hasta el momento, los mediadores de naturaleza gaseosa más conocidos son el NO_2 y el CO y se incluyen dentro de este apartado pues, al igual que en el punto anterior, estas moléculas atraviesan fácilmente la membrana y su molécula receptora se localiza en el interior de la célula; en realidad, es una enzima citoplásmica.

El NO_2 es un gas poco soluble en agua y tiene una vida muy corta (10-20 segundos) en el tejido pues reacciona con el agua y el O_2 rindiendo nitratos y nitritos. Esta molécula media una gran variedad de fenómenos biológicos en los sistemas nervioso, inmune y vascular. El efecto más conocido es la vasorrelajación, de hecho su primer nombre fue *factor relajante derivado de endotelio,* cuyos efectos más característicos son la regulación de la presión sanguínea basal y la relajación del cuerpo cavernoso del pene. Agentes anti-infarto como la nitroglicerina producen su efecto vasorrelajante porque a partir de ellos se produce el NO_2. Otros efectos son citotoxicidad mediada por macrófagos, inhibición y agregación plaquetaria, depresión o potenciación de la transmisión sináptica a largo plazo... El NO_2 se genera por la actividad de la enzima óxido nítrico sintetasa (NOS, *nitric oxide synthetase*) mediante la siguiente reacción:

$$Arg + NADPH + O_2 \rightarrow Citrulina + NO_2 + NADP^+$$

Esta enzima se haya presente en todas las células donde ejerce función el NO_2 y parece ser que existen dos formas constitutivas, una de membrana y otra soluble, y una forma inducible que es soluble. Esta enzima muestra mucha similitud estructural con el citocromo P-450, por lo que se considera que pertenece a la familia de proteínas relacionadas con él; de hecho, es una flavoproteína que requiere NADPH y tetrahidrobiopterina. Se estimula por un mecanismo Ca^{2+}-calmodulina dependiente, aunque la forma inducible es Ca^{2+}-independiente, y puede ser fosforilada en Ser (PKA, PKC, PKCaM y PKG). La fosforilación disminuye su actividad.

El NO_2 se une al componente hemo de la guanilato ciclasa (que es su receptor) y provoca un cambio en la estructura de este grupo que activa a la enzima y determina finalmente un aumento del GMPc, al que emplea como mensajero. Posee además acciones sobre otras enzimas o proteínas que llevan grupo hemo, como hemoglobina, mioglobina, ciclooxigenasa, lipoxigenasa o el citocromo P-450, pero su papel no es bien conocido. El NO_2 también puede reaccionar con metales como Fe, Cu o Mn; de hecho se cree que la capacidad citotóxica de los macrófagos se debe a que el NO_2 reacciona con enzimas que contienen Fe. Afecta también a otras enzimas como la gliceraldehido-3-P-deshidrogenasa (inhibe), adenosina 5-P-ribosil transferasa (activa), pero su función tampoco está claramente determinada.

Con respecto al CO, se sabe que es un gas tóxico pero que es producido en algunas células y también actúa regulando la guanilato ciclasa en el cerebro de un modo similar al del NO_2. El CO es producido en el organismo en un proceso de transferencia de electrones desde el citocromo P-450 a la hemooxigenasa tipo II.

13.6. Receptores asociados a proteínas G

En este punto estudiaremos los siguientes casos: activación de adenilato ciclasa, activación de fosfolipasa C, activación de fosfodiesterasa de GMPc y activación de canales iónicos por proteínas G.

13.6.1. Activación de adenilato ciclasa

La activación de la adenilato ciclasa, proteína transmembrana, determina la síntesis de AMPc a partir de ATP. El AMPc es un mediador cuya concentración normal es igual o menor de $10^{-6}M$ pero que, bajo estimulación, puede subir hasta cinco veces en cuestión de segundos y descender inmediatamente, al ser degradado por la fosfodiesterasa de AMPc que lo pasa a 5'-AMP. La adenilato ciclasa es una enzima activada o inhibida vía proteínas G heterotriméricas. La proteína G que la activa se llamó *proteína G estimuladora* (G_s) y en el proceso es necesaria su unión al GTP; la proteína G inhibidora recibe el nombre de G_i y actúa por un mecanismo muy parecido. La G_s es un heterotrímero pues la forman tres subunidades diferentes: α, β y γ. Existe una gran variedad de proteínas G heterotriméricas y como primera aproximación es posible decir que distintos tipos de subunidad α comparten subunidades β y γ; sin embargo, existen descritas, al menos, cinco subtipos de β y siete subtipos de γ. En reposo, el heterotrímero se encuentra unido a GDP y la llegada del ligando al receptor produce un cambio conformacional en éste que permite la unión de la proteína G. Esta unión determina un cambio conformacional en la proteína G que conduce a la pérdida de afinidad de la subunidad α por GDP y su unión a GTP, y a su disociación del complejo β-γ. Gα$_s$-GTP viaja por la membrana para unirse y activar a la adenilato ciclasa. El AMPc ejerce su efecto biológico activando una proteína kinasa AMPc-dependiente (PKA), que fosforila en Ser o Treo. PKA puede entrar en una cascada de fosforilaciones y activar algún factor de transcripción que induzca la expresión de determinados genes o bien activar proteínas ya sintetizadas. Cuando el ligando es liberado del receptor, la actividad GTPasa localizada en la subunidad α hidroliza el GTP; esto permite la asociación del heterotrímero. Los productos fosforilados se defosforilan posteriormente por una fosfatasa AMPc-dependiente que se activa cuando la concentración de AMPc es baja. Por otra parte, cuando la PKA está activa fosforila a una proteína inhibidora de la fosfatasa que de este modo queda activada (figura 13.5) e inhibe a la fosfatasa para evitar que defosforile los productos fosforilados por la PKA.

Algunas de las hormonas que emplean esta vía de transducción son TSH, ACTH, LH, adrenalina, paratohormona, glucagon, vasopresina... y los efectos son bastantes variados, pudiendo hasta ser opuestos dependiendo del tejido.

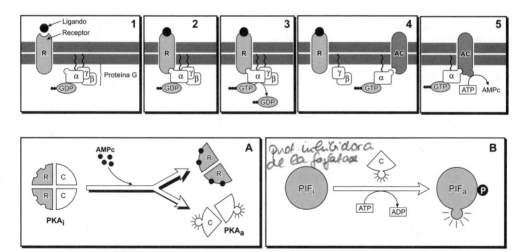

FIGURA 13.5. En la parte superior se muestra un esquema de los acontecimientos moleculares que conducen a la activación de la adenilato ciclasa (AC) y subsiguiente elevación citosólica de AMPc. En la parte inferior, lado izquierdo, se ilustra el mecanismo de activación de PKA (PKA$_i$: PKA inactiva, PKA$_a$: PKA activa, R: subunidad reguladora de PKA, C: subunidad catalítica de PKA). Uno de los efectos mediados por la PKA es la fosforilación de la proteína inhibidora de la fosfatasa (PIF), parte inferior, lado derecho; esto conlleva su activación y la posterior inactivación de la fosfatasa. Esta inactivación es lógica, pues, de lo contrario, la fosfatasa anularía el efecto provocado por PKA.

El olfato también funciona por un mecanismo en el que está implicada la activación de adenilato ciclasa vía proteínas G. Básicamente, al llegar la molécula olorosa al receptor ubicado en los cilios de la neurona olfativa se activa una proteína G asociada a él (G_{olf}). Ésta activa la adenilato ciclasa que produce un incremento de AMPc. En estas células existen canales regulados por AMPc de modo que la unión del AMPc al canal de Na^+ determina su apertura y la subsiguiente despolarización de la célula, iniciándose así un impulso nervioso que se transmitirá al cerebro.

PKA es una enzima que tiene dos subunidades catalíticas y dos reguladoras. El AMPc se une a las reguladoras y causa la disociación y activación de las catalíticas (figura 13.5). Se han descrito tres isoformas catalíticas y cuatro reguladoras. PKA aparece en membrana, citoplasma y núcleo. Su distribución está compartimentada y ello es parcialmente debido a la presencia de unas proteínas que se anclan a PKA (AKAPs, *A kinase anchor proteins*).

13.6.2. Activación de fosfolipasa C

Los fosfolípidos de inositol más abundantes en membrana son derivados fosforilados del PI y entre ellos destaca el PI-P_2 (PI difosfato).

Existe toda una serie de receptores, más de 25 diferentes, que, tras su unión al ligando, activan una proteína G (G_q) que, a su vez, activa a la fosfolipasa C (PLC). PLC degrada al PI-P_2 generando: inositol trifosfato (IP_3) y diacilglicerol (DAG). El IP_3 se encarga de liberar Ca^{2+} del compartimento celular en que está almacenado (REL) mediante la unión a un receptor acoplado a un canal de Ca^{2+} (homotetrámero con cuatro sitios de unión para IP_3). La respuesta al Ca^{2+} es muy rápida pues el IP_3 se inactiva rápidamente por una fosfatasa y el Ca^{2+} vuelve a ser introducido en el REL mediante una ATPasa Ca^{2+}-dependiente. En algunos casos, el IP_3 puede ser fosforilado más veces (IP_4) y mediar respuestas más lentas y prolongadas. El DAG puede utilizarse de dos maneras: *a)* servir como precursor para la síntesis de eicosanoides, que posteriormente serán liberados o secretados, o *b)* activar a PKC (proteína kinasa C), que transfiere un grupo fosfato desde el ATP a restos de Ser o Treo de otras proteínas (figura 13.6).

Este mecanismo es el modo de activación de $PLC\beta_1$, pero hay otras posibilidades de activar a otros subtipos de PLC dependiente de fosfoinosítidos. Uno de ellos lo veremos posteriormente y es la activación de $PLC\gamma$ por receptores catalíticos y el otro es la activación de $PLC\beta_2$ por el complejo β-γ.

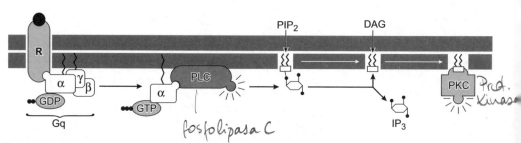

FIGURA 13.6. Esquema de la activación de fosfolipasa C (PLC) y de sus efectos biológicos más inmediatos: producción de IP_3 y activación de la proteína kinasa C (PKC) por medio del diacilglicerol (DAG).

El Ca^{2+} en el citoplasma está a baja concentración, aproximadamente 10^{-7} M; fuera de la célula lo está a 10^{-3} M, parecido a como está en el REL. La concentración citoplásmica se mantiene baja gracias a una ATPasa Ca^{2+}-dependiente que lo extrae del citosol. El Ca^{2+} en el REL se haya unido débilmente a una proteína llamada *calsecuestrina*. Conviene aclarar que existen dos tipos de proteínas kinasa activadas por Ca^{2+}: PKC, a la que el Ca^{2+} se une directamente, y PK-Ca^{2+}-Calmodulina-dependiente (PKCaM), que necesita unirse al complejo Ca^{2+}-Calmodulina para activarse. En cualquier caso, la activación de estas kinasas determina la fosforilación de otras proteínas o en último término la activación de factores de transcripción. En el cerebro, PKC puede fosforilar canales iónicos modificando su capacidad de apertura o cierre; este fenómeno es bastante importante en el establecimiento de mecanismos de memoria como son los fenómenos de potenciación y depresión de largo plazo.

PKC es, en realidad, una familia de proteínas kinasa que recibió este nombre pues la primera descubierta era Ca^{2+}-dependiente. Hoy se sabe que los miembros de esta familia exhiben diferente distribución y diferentes propiedades regulatorias; por ejemplo, algunas requieren Ca^{2+} y DAG para ser activadas y otras sólo DAG. Las proteínas PKC están formadas por un único péptido de 80 kDa con dos regiones, una catalítica y otra reguladora. En condiciones basales, PKC se encuentra mayoritariamente en citoplasma y, tras su activación, se transloca y asocia a la membrana plasmática.

PKCaM, también denominada *CaM kinasa,* es una familia de proteínas kinasa que, probablemente, media los efectos del Ca^{2+} en diferentes tipos celulares. Para su activación, algunos de los miembros de esta familia necesitan la presencia de Ca^{2+}-calmodulina y la fosforilación por una kinasa específica, la kinasa de la PKCaM (PKCaMK). La PKCaMK de la PKCaM IV se fosforila a sí misma y es inhibida por AMPc. Esto es de especial interés pues es un punto de unión entre las cascadas del AMPc y del Ca^{2+}.

13.6.3. Activación de fosfodiesterasa de GMPc

El ejemplo mejor conocido y más ilustrativo es el de los bastones retinianos, encargados de la visión nocturna o con escasa luz. En condiciones basales (oscuridad) los canales Na^+ están abiertos por efecto del GMPc. La llegada de la luz determina la captación de un fotón por parte de la *rodopsina*, molécula formada por la unión covalente de la *escotopsina* (proteína transmembrana de 7 pasos) con el 11-cis-retinal, que hace de cromóforo. Esto determina la ruptura de la molécula en *opsina* y trans-retinal. La opsina activa a una proteína G trimérica, G_T o *transducina,* cuya subunidad α activa a una fosfodiesterasa de GMPc que transforma el GMPc en GMP. El GMPc se encuentra unido al canal de Na^+ (oscuridad) y al ser hidrolizado por la fosfodiesterasa (efecto de la luz) se produce el cierre de los canales de Na^+. Al cerrarse los canales de Na^+ se hiperpolariza la célula y baja el Ca^{2+} en el citoplasma, pues estos canales son permeables a los dos iones. La bajada de Ca^{2+} es responsable de activar la enzima *recoverina* que a su vez activa a la guanilato ciclasa. La formación de GMPc por la guanilato ciclasa y su unión a los canales de Na^+ determina de nuevo la despolarización de la célula. En fin, que en condiciones luminosas los bastones están hiperpolarizados. Esta hiperpolarización-despolarización viene mediada por el equlibrio GMP-GMPc, modulado a su vez por la fosfodiesterasa de GMPc que es activada vía proteínas G (transducina). Es interesante constatar que en este caso el ligando es un fotón y el receptor una proteína unida covalentemente a un cromóforo.

13.6.4. Activación de canales iónicos por proteínas G

El ritmo cardíaco está regulado por dos tipos de fibras nerviosas del sistema autónomo, unas lo suben y otras lo bajan. Las fibras que lo bajan liberan acetilcolina que se une a un receptor de tipo muscarínico. La activación de este receptor determina la activación y disociación de la proteína G que va ligada a él. En este caso, el complejo β-γ se une a la parte citoplásmica de un canal de K^+ y lo abre. Esto determina cambios en el potencial eléctrico de la célula muscular cardíaca (hiperpolarización) que conducen a un menor ritmo de contracción.

Existe una notable diferencia entre este mecanismo de regulación cardíaca y los casos anteriores de visión y olfato. En los mecanismos de transducción de visión y olfato la regulación no es directa por la proteína G sino por un metabolito (GMP y AMPc respectivamente) producido por una enzima (fosfodiesterasa y adenilato ciclasa respectivamente) activada vía proteínas G (G_T y G_{olf} respectivamente). Es importante no confundir canales regulados directamente por proteínas G con canales regulados por GMP o AMPc.

En el tejido nervioso, la interacción de proteínas G con canales es bastante habitual. El caso mejor conocido es el acoplamiento de algunos tipos de receptores (muscarínicos, D2 dopaminérgico, el de opioides...) con la activación de un canal de K^+ que permite su salida de la célula (GIRK, *G coupled inward rectifying K$^+$ channel*). Este canal también sería modulado por el complejo β-γ y parece que determinadas combinaciones de este complejo son más efectivas en su apertura. Estos mismos receptores también están acoplados vía proteínas G a un canal de Ca^{2+} regulado por voltaje. Igualmente, en este caso el complejo β-γ inhibiría este canal.

13.7. Receptores catalíticos

Existe actualmente un buen número de receptores que al activarse funcionan como enzimas; es decir, que tienen la propiedad de catalizar algún tipo de reacción bioquímica. En algunos casos, la actividad catalítica no reside en el receptor sino en algún tipo de enzima estrechamente asociada a él. A continuación estudiaremos los siguientes: 1. Guanilato ciclasas transmembrana, 2. Receptores con actividad Tir-fosfatasa, 3. Receptores con actividad Ser/Treo-kinasa, 4. Receptores con actividad Tir-kinasa, 5. Receptores asociados a proteínas con actividad Tir-kinasa y 6. Integrinas asociadas a proteínas con actividad Tir-kinasa.

13.7.1. Guanilato ciclasas transmembrana

El mejor ejemplo es el efecto mediado por los péptidos natriuréticos atriales (ANPs). Son hormonas secretadas por algunas células cardíacas cuando aumenta la presión sanguínea. Los ANPs estimulan la secreción de Na^+ y agua en el riñón además de producir vasorrelajación; todo ello conlleva una bajada de presión sanguínea. Los receptores de los ANPs están en células renales y músculo liso de los vasos. El receptor es una proteína tipo A (transmembrana unipaso) cuya zona citoplásmica posee actividad guanilato ciclasa. La unión al ANP provoca la dimerización del receptor, la activación del dominio guanilato ciclasa y la producción de GMPc a partir de GTP. Los efectos que media el GMPc son mucho menos conocidos que los mediados por el AMPc. Uno de ellos puede ser la activación de proteínas kinasa dependientes de GMPc (PKG). La activación de PKG en las células diana desembocará en el proceso que conduce a los efectos ya comentados. En otros casos puede modular canales (visto en la retina) o activar fosfodiesterasas.

Es interesante recordar aquí que el NO_2 también media sus efectos por activación de una guanilato ciclasa.

13.7.2. Receptores con actividad Tir-fosfatasa

Las enzimas Tir-fosfatasas son un grupo bastante variado de enzimas que actúan defosforilando tirosinas previamente fosforiladas por las kinasas correspondientes. Son enzimas muy activas, por lo que determinan una vida corta para las fosforilaciones en tirosina. Las hay tanto de membrana como citoplásmicas y su papel defosforilador no sólo es contrarrestar el efecto de las Tir-kinasas; algunas de ellas tienen importantes funciones, especialmente en el control del ciclo celular.

Un buen ejemplo es el caso de CD45, proteína de membrana de leucocitos que juega un importante papel en la activación de linfocitos T y B. CD45 es una proteína de tipo A cuyo dominio citoplásmico posee actividad Tir-fosfatasa. La unión de anticuerpos al dominio extracelular de CD45 (su ligando normal no es conocido) activa el dominio Tir-fosfatasa que actúa específicamente sobre diferentes proteínas de la célula. Algunas de ellas son enzimas Tir-kinasas que al resultar defosforiladas se activan.

13.7.3. Receptores con actividad Ser/Treo-kinasa

El mejor ejemplo es el receptor para TGF-β. TGF-β es una familia (β1-β5) de mediadores locales que regulan proliferación y otras funciones en vertebrados. Junto con la activina y otras proteínas morfogénicas de hueso forman la superfamilia TGF-β. Sus efectos son muy variados y al igual que su mecanismo de activación no son relevantes en este caso.

Los receptores de esta superfamilia son proteínas de tipo A con un dominio Ser/Treo kinasa. Son el único ejemplo conocido y no se sabe muy bien qué vías de transducción activan. La existencia del dominio Ser/Treo kinasa se demostró mediante el análisis de cADNs de estos receptores.

13.7.4. Receptores con actividad Tir-kinasa

La mayoría de los receptores de este tipo, es decir, con actividad Tir-kinasa, lo son para factores de crecimiento. El primero descrito fue el receptor para el factor de crecimiento epidérmico (EGFr); posteriormente se ha demostrado que PDGFr (receptor del factor de crecimiento derivado de plaquetas), FGFr (receptor del factor de crecimiento fibroblástico), HGFr (receptor del factor de crecimiento de hepatocitos), insulina, IGF-1r (receptor del factor de crecimiento tipo insulina), NGFr (receptor del factor de crecimiento neural), VEGFr (receptor del factor de crecimiento vásculo-endotelial), CSF-Mr (receptor del factor de crecimiento estimulador de colonias de macrófagos) también pertenecen a este tipo de receptores. Todos ellos son proteínas de tipo A cuyo dominio citoplásmico transfiere un fosfato obtenido del ATP a una tirosina de otra proteína, forme parte o no del complejo receptor. Lo usual es que estos receptores sean dímeros de modo que, muy frecuentemente, una parte del receptor fosforila a la otra. Es frecuente el uso del término *autofosforilación* para denominar esta propiedad; sin embargo, es mucho más correcto hablar de *fosforilación recíproca* o *transfosforilación mutua* entre las subunidades del receptor. Una vez fosforilado el receptor, y lo puede ser en varios sitios, las regiones fosforiladas pueden ser reconocidas por algunos tipos de proteínas; entre ellas destacan:

— *Enzimas*

- GAP: proteínas que activan GTPasa.
- PLC-γ: fosfolipasa C.
- PI_3K: kinasa del 3'-fosfatidilinositol.
- NRPTK: proteínas Tir-kinasas no receptoras. La mayoría de los miembros de esta familia reconocen al receptor sin fosforilar.
- PTP1-SH y PTP2-SH: proteínas Tir-fosfatasa que contienen SH2 (no poseen SH3).

— *Adaptadores*. Destacan IRS-1(sustrato receptor de insulina), NCK, CRK, GRB2 (proteína que se une al factor de crecimiento) y SHC (proteína tipo colagenoso homóloga a src).
— *Proteínas estructurales*. Las más conocidas son anexinas, clatrina, vinculina, talina, tensina, paxilina, β-catenina, conexina y cadherinas.
— *Otras*. Factores de transcripción como Stat 91, Stat 113 y Stat 3, proteínas que se unen a ARN como p62 y proteínas tipo GAP para Rho (RhoGAP).

Las enzimas poseen uno o dos tipos de dominios comunes no catalíticos: SH2 y SH3 (llamados así por su homología con los dominios 2 y 3 de las proteínas src). El dominio SH2 reconoce tirosinas fosforiladas y capacita a las proteínas que lo contienen para unirse al receptor Tir-kinasa activado o a otras proteínas fosforiladas en Tir. La función del SH3 es menos clara pero parece reconocer a otras proteínas en la célula. Los adaptadores sirven para acoplar al receptor a otras proteínas que carecen de dominios SH2 y SH3. Entre las proteínas que son acopladas por estos adaptadores destacan las proteínas Ras, GTPasas monoméricas.

En células de mamífero se han descrito al menos 50 *GTPasas monoméricas* también llamadas *pequeñas GTPasas;* la familia mejor conocida es *ras,* pero también destacan otros tipos como *ARF* (factor de ADP-ribosilación), *rap, ral, rho, rab* y *ran.* Todas ellas suelen sufrir modificaciones y la modificación más usual es la adición de una molécula de carácter lipídico, generalmente un ácido graso, como mirístico o palmítico; no obstante, también pueden sufrir metilaciones, fosforilación o proteolisis. La modificación por el lípido es muy importante pues les permite interaccionar con membranas. Las proteínas ARF participan en el tráfico vesicular entre RE y Golgi, están implicadas en la formación de vesículas revestidas por COP (apartado 6.3.8), influencian exocitosis y activan la hidrólisis de PC por PLD. A las *rap* se les ha implicado en proliferación, activación plaquetaria y generación microbicida de radicales de oxígeno. *Ral* está implicada en fenómenos de exo- y endocitosis. Las *rho* y relacionadas (*rhoA, rhoB, rhoC, rac* y CDC42, la última es de levaduras) parecen implicadas en control de citoesqueleto y generación de anión superóxido (rac) en macrófagos y neutrófilos. Las *rab* (hay más de 30) están fundamentalmente implicadas en transporte vesicular y se ha sugerido que cada paso en la vía de endocitosis o exocitosis está controlado por su propia *rab* (apartado 6.3.8). Las *ras* han sido las más estudiadas por su implicación en procesos de transducción y carcinogénesis. *Ran* está implicada en transporte a través del poro nuclear (ver apartado 4.2.1). El trío compuesto por *ras-rap-ral* parece tener una gran importancia en fenómenos de crecimiento y proliferación celular. La actividad de estas *GTPasas* se puede modular por GAP y GEF. Las GAP (proteínas activadoras de GTPasas) incrementan la tasa de hidrólisis de GTP unido a estas proteínas y por tanto las inactivan al dejarlas unidas a GDP. GEF (factor cambiador de nucleótidos de guanina) estimula la liberación de GDP de estas proteínas y la subsiguiente carga con GTP; por tanto, tiende a activarlas. Hipotéticamente, el receptor Tir-kinasa podría activar *Ras* tanto activando GEFs como inactivando GAPs. Existe una proteína llamada *Raf* que es activada por *ras;* debido a su nombre es usual considerarla como una GTPasa monomérica, sin embargo, es una proteína Ser/Treo kinasa. De hecho, el nombre *Raf* indica que es un factor activado por *ras*.

Uno de los ejemplos mejor conocidos de un receptor Tir-kinasa se da en la célula R7 del omatidio del ojo de *Drosophila*. R7 es un fotorreceptor para luz ultravioleta y en su membrana posee la proteína *Sev* (*sevenless*) que es un receptor Tir-kinasa cuyo ligando es la proteína *Boss* (*bride-of-sevenless*). La interacción entre R8 y R7 es necesaria para la correcta diferenciación de este último. La figura 13.7 ilustra la cascada de transducción de este receptor. En ella destacan las proteínas *Sos* (*son-of-sevenless*) que es una GEF y *Drk* (*down-stream-receptor-kinase*) que es un adaptador. En este caso y en otros muchos estudiados la activación de Ras depende más de la activación de GEF que de la inactivación de GAP. Las proteínas *ras* activadas tienen vida muy corta; sin embargo, durante ese tiempo activan toda una cascada de fosforilaciones que conduce a la obtención de un efecto biológico. En este caso, el siguiente transductor activado es *Raf,* proteína Ser/Treo kinasa.

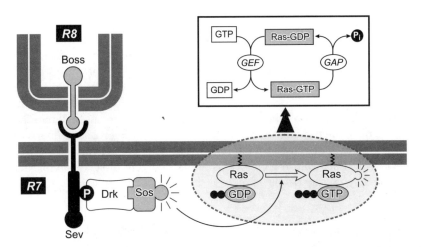

Figura 13.7. Activación de proteínas Ras a partir de la activación de un receptor Tir-kinasa (Sev) por medio de Drk y Sos. Drk funciona como un adaptador para Sos y posee un dominio SH2 para unirse al grupo Tir-fosfato del receptor, y otro dominio SH3 para unirse a Sos. En el recuadro superior se esquematiza el mecanismo de activación-inactivación de las proteínas Ras.

En la célula operan diferentes cascadas de fosforilaciones activadas por diferentes mecanismos que reciben el nombre de *cascadas* o *vías MAP kinasa* (MAP, proteínas activadas por mitógenos). Cada cascada posee sus propias enzimas aunque no se duda de un cierto grado de cruzamiento entre unas cascadas y otras. Con el fin de poder comparar unas cascadas con otras se ha usado una terminología genérica dando un nombre a cada escalón o nivel de la cascada; de este modo tenemos *MAP4K, MAP3K, MAP2K, MAPK* y *MAPKAPK*. El nombre de *MAP2K* es debido a que esta enzima es una kinasa de MAPK; es decir MAP kinasa kinasa. *MAP3K* se origina del mismo modo pues es la kinasa de MAP kinasa kinasa. *MAP4K* se origina de modo idéntico y es el nivel más controvertido; en él se incluyen PKC, PAK (kinasa activada por p21), GAPs (proteína activadora de GTPasa) y GEFs (factor cambiador de nucleótidos de guanina), pero se argumenta que también debería ser incluida PKA e incluso otras enzimas sin actividad kinasa como PLCs. *MAPKAPK* es el acrónimo de proteína kinasa activada por MAPK. En la figura 13.8 se ilustran dos de estas cascadas, la vía SAP y la vía ERK.

13.7.5. Receptores asociados a proteínas con actividad Tir-kinasa

Existen receptores que no tienen zona catalítica, no son canales y tampoco están asociados a proteínas G. Éstos son la mayoría de los receptores para citoquinas, para prolactina y el receptor de antígenos en células T y B. Para poder transducir trabajan con un adaptador que posee actividad Tir-kinasa, es por ello que estos adaptadores son denominados *proteínas Tir-kinasa no receptoras* (NRPTK). Obviamente, a los receptores que están acoplados a ellos se les denomina *receptores asociados a proteínas Tir-kinasa no receptoras*. Existen diferentes familias de NRPTKs: *Src, Janus* (Jak1, Jak2, Tyk2), *Abl* (Abl, Arg), *Tec* (Tec, Bpk, Itk), *Csk, Fes* (Fes, Fer), *Syk* (Syk, Zap) y *FAK*. Las más conocidas son la familia *scr,* asociada al receptor de antígenos en células T y B, y la familia *Janus,* asociada al receptor de citoquinas.

La familia Src tiene 9 miembros: *Src, Yes, Fgr, Fyn, Lck, Lyn, Hck, Blk* e *Yrk*. Estas proteínas contienen dominios SH1, SH2, SH3 y SH4. El SH1 es el dominio catalítico, SH2 y SH3 les sirven para interaccionar con otras proteínas (ver apartado 13.7.4) y SH4 juega un papel en la unión de la proteína a membrana pues va miristoilado o palmitoilado y anclado a la cara P de la membrana. Esta familia interacciona con receptores que no poseen actividad Tir-kinasa pero también lo puede hacer con receptores que la poseen. La familia *Janus* posee un peculiar sistema de activación. Al receptor, en forma de dímero, se le unen dos de estas proteínas que se activan por fosforilación recíproca, y una vez activadas fosforilan en Tir al receptor. Estas fosfotirosinas son reconocidas por la siguiente molécula implicada en la vía de transducción al igual que ocurre en el caso de receptores con actividad Tir-kinasa.

13.7.6. Integrinas asociadas a proteínas con actividad Tir-kinasa

Las integrinas son proteínas integrales de membrana implicadas en la unión de la célula a la matriz extracelular y parece muy posible que estas proteínas medien mecanismos de transducción. Es muy probable que la unión de la integrina a un determinado sustrato

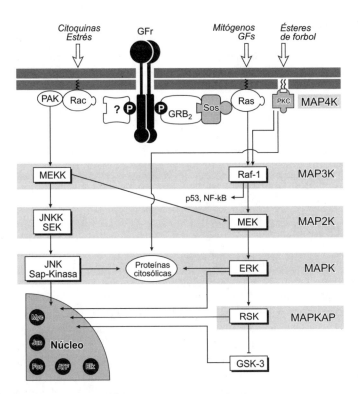

FIGURA 13.8. Esquema de la vía de señalización Sap (lado izquierdo) y de la vía de señalización ERK (lado derecho). Ras y Rac son GTPasas monoméricas. GRB2 es un adaptador análogo a Drk (ver figura anterior), pero específico para receptores de factores de crecimiento (GFr). Sos es una proteína que funciona como GEF promoviendo la activación de Ras. Las proteínas incluidas en el núcleo como esferas negras son factores de transcripción que pueden ser activados por algunas de las kinasas cuyas flechas alcanzan el núcleo. PAK: kinasa activada por una proteína relacionada con p21. MEKK: kinasa de MEK. MEK: kinasa de MAPK/ERK (es usual que ERK también se denomine como MAPK). JNKK: kinasa de JNK. JNK: kinasa amino terminal de c-Jun; esta enzima también es denominada como Sap-kinasa (SAPK: proteína kinasa activada por estrés). Raf-1: es un protooncogén que codifica para una kinasa. ERK: kinasa regulada por señal extracelular. RSK: kinasa ribosomal S6. GSK-3: kinasa 3 de la glucógeno sintetasa (inhibida por RSK). PKC: proteína kinasa C. La terminología MAP4K, MAP3K... hasta MAPKAP es más genérica y hace relación al nivel en que se encuentran las kinasas en la escalera de fosforilaciones. MAPK: MAP kinasa. MAP: proteína activada por mitógenos. MAP-KAP: proteína activada por MAPK; en algunos la proteína activada es, a su vez, una kinasa y recibe el nombre de MAPKAPK (proteína kinasa activada por MAPK). La vía de señalización activada por estrés todavía no está clara. De hecho SEK también parece poder ser activada por proteínas diferentes de MEKK y no dependientes de receptores relacionados con factores de crecimiento (GFs); esta posibilidad no se incluye en el esquema.

provoque la activación de alguna/s proteína/s con actividad Tir-kinasa llamadas *FAK* (*kinasa de adhesión focal*). La presencia de proteínas con actividad Tir-kinasa y de proteínas con regiones SH2 se ha demostrado en uniones mediadas por integrinas (ver apartado 3.1.4). En cualquier caso, es necesario indicar que la integrina actuaría de un modo muy parecido al grupo estudiado anteriormente pues la integrina no posee actividad Tir-kinasa; sin embargo, se pueden unir a ella proteínas que sí la poseen.

13.8. Amplificación

En general, casi todos los mecanismos de transducción llevan intrínsecos sistemas de amplificación y regulación de respuesta a la señal. Veamos un ejemplo hipotético:

1. Una molécula de ligando activa a un receptor.
2. Un receptor puede activar muchas moléculas de proteínas G.
3. Una proteína G activa a una adenilato ciclasa.
4. Una adenilato ciclasa activada produce muchas moléculas de AMPc. Por tanto una molécula de ligando determina la aparición de muchas de AMPc.
5. Dos AMPc son necesarios para activar una PKA.
6. Una PKA activa puede fosforilar y activar a muchas enzimas.
7. Una enzima activada sintetiza bastantes productos; luego, un ligando puede generar miles de productos.

Este tipo de cascadas amplificadoras requieren gran regulación y para ello los segundos mensajeros han de ser metabolizados rápidamente; por ello, suelen estar sometidos a una alta velocidad de recambio. Veamos un ejemplo: una célula posee dos moléculas, X e Y, con idéntica concentración (10.000 moléculas/célula) pero con diferente velocidad de recambio. X tiene una tasa de recambio de 100 moléculas/segundo e Y de 1.000 moléculas/segundo. Si una señal hace aumentar la síntesis en 10 veces a las dos, al cabo de un segundo existirán 10.900 moléculas X en la célula [10.000 + (1.000 − 100) = 10.900], pero de la Y habrá 19.000 moléculas [10.000 + (10.000 − 1.000) = 19.000]. Este tipo de incremento puede activar a otra señal que, a su vez, conlleve un aumento en su degradación, de modo que en pocos segundos se recuperen niveles basales.

13.9. Adaptación de las células diana

Desensibili-
sierung

type

Normalmente, cuando una célula sufre estimulación (positiva o negativa) durante un tiempo más o menos largo puede modificar su capacidad de respuesta al estímulo, generalmente en forma de desensibilización. La desensibilización no es otra cosa que la falta de respuesta o la emisión de una respuesta muy inferior por parte de la célula. Se puede producir por:

1. Disminución de receptores (proceso lento).
2. Modificación de la afinidad de éstos por el ligando (proceso rápido).
3. Cambios en las proteínas que participan en la transducción de la señal (proceso medio).

Un mecanismo no es exclusivo con respecto a cualquiera de los otros:

1. *Disminución de receptores.* Se suele dar en aquellos procesos donde una vez unido el ligando al receptor el conjunto es introducido en la célula mediante mecanismos de endocitosis mediada por receptor. En este proceso el ligando es liberado del

receptor, que es llevado a membrana para su reutilización. La liberación de ligando no siempre es total y esto determina la degradación de aquellos receptores no liberados de ligando. Es obvio que una continua exposición a concentraciones de ligando alta puede acabar provocando una gradual degradación de receptores, una menor presencia en membrana y, por tanto, la emisión de una menor respuesta por parte de la célula.

2. *Fosforilación.* Una vez fosforilado, el receptor no es capaz de activar a la molécula siguiente en la vía de transducción. Existen dos posibilidades: *a)* que sólo sea necesaria fosforilación, y *b)* que además de fosforilación participe una proteína. La fosforilación se suele dar en Ser por una PK que sólo puede fosforilar la forma activa del receptor. En el caso *b)* hay proteínas que reconocen al receptor fosforilado y lo bloquean; por ejemplo, el bloqueo por β-arrestina del receptor β-adrenérgico. En este mecanismo existen dos tipos de desensibilización: homóloga y heteróloga. La homóloga es cuando se desensibiliza a un único tipo de receptor y la heteróloga es cuando se activa alguna PK que puede desensibilizar a distintos tipos de receptores. En el caso de bacterias, la *metilación* del receptor es el proceso que media la adaptación quimiotáctica.

3. *Adaptaciones en la vía de transducción acoplada al receptor.* El cambio más usual han sido modificaciones en las proteínas G o en PKs. El síndrome de abstinencia en morfinómanos es provocado por una activación continuada de Gi (vía receptor de morfina) que conlleva una inhibición de la adenilato ciclasa y la subsecuente caída de los niveles de AMPc. Como mecanismo compensatorio se produce una sobreexpresión de PKA y adenilato ciclasa de modo que, aun tomando morfina, los niveles de AMPc son normales. Al no tomar morfina, el alto nivel de adenilato ciclasa conduce a una elevación de AMPc que activa el también alto nivel de PKA. Todo ello parece que incrementa la facilidad de la neurona para generar un potencial de acción conduciendo a síntomas como ansiedad, sudoración, alucinaciones...

13.10. Integración de señales

Todo el sistema regulador es muy importante cualitativamente, pero también lo es cuantitativamente; por ejemplo, el 2% de nuestros genes codifican para PKs y dentro de una célula puede haber más de 100 diferentes.

En los apartados previos hemos visto diferentes vías de transducción y lo cierto es que muchas de estas vías comparten elementos transductores, principalmente activación de PKs o de proteínas que unen GTP. La existencia de cruces de señales entre unas vías y otras se ha demostrado pero se piensa que el grado de cruzamiento entre unas vías y otras es aún desconocido. Todo esto hace que el sistema de transducción de una célula recuerde más en su estructura a una red que a un sistema de vías independientes. Esto determina que la llegada de una señal pueda activar más de una vía de transducción o que se pueda integrar la llegada de diferentes señales.

Este sistema de red de las vías de señalización intracelular ofrece múltiples ventajas. La contribución de más de una única vía determina una garantía para que la señal logre su efecto, pues la contribución de una única vía podría ser crítica en la consecución del efecto biológico. La ramificación de las vías de señalización también permite un grado de diversificación de la señal pues la activación de una vía puede potenciar o atenuar la señal conducida por otra vía. En condiciones basales se cree que todas las vías están funcionando a un bajo nivel y el balanceo entre todas ellas determina un estado de homeostasis. La perturbación de este balance conducirá a tomar decisiones como diferenciarse o proliferar, crecer o morir...

El hecho de que algunas de las proteínas de una vía puedan sufrir múltiples fosforilaciones (Raf-1, MEK) sugiere que por una vía puede ser simultáneamente transmitida más de una señal. Si esto es cierto, esta multiplicidad añade una nueva dimensión de complejidad al proceso de señalización intracelular.

13.11. Señalización y enfermedad

Existe una alta relación entre la desregulación de transductores y la *aparición de tumores*. Como se vio al inicio del tema, las moléculas implicadas en señalización se pueden agrupar en cuatro clases o niveles: ligandos, receptores, transductores y factores de transcripción. En cualquiera de estos niveles, la mutación de una molécula que conllevase la imposibilidad de su regulación podría provocar la continua activación de la célula, su proliferación incontrolada y la posible transformación en célula tumoral. Es fácil de imaginar el efecto que podría provocar en la célula una mutación que activase permanentemente PKA, PKC, Ras, MAPK, GEFs o factores de transcripción... o, por el contrario, la inactivación de fosfodiesterasas, fosfatasas, GAPs... Alteraciones en el sistema de señalización también pueden explicar el posible papel de génesis de tumores de algunos virus, especialmente en el caso de que alguno de los oncogenes virales codifique para algún receptor, transductor y/o factor de transcripción que tuviese una alta implicación en fenómenos de proliferación, apoptosis, diferenciación... En cualquier caso, este aspecto se ampliará en el tema 14, dedicado al estudio del ciclo celular.

También se han descrito enfermedades provocadas por funcionamientos deficientes en los sistemas de transducción de algunas señales. La acumulación de la proteína β/A4 amiloide parece contribuir a la degeneración neuronal en la *enfermedad de Alzheimer*. Esta proteína deriva de la proteína precursora amiloide (APP) por proteolisis; sin embargo, en condiciones normales los fragmentos no se asocian ni acumulan. Se ha visto que PKC regula el proceso proteolítico de APP y que alteraciones en PKC modifican la proteolisis de APP rindiendo fragmentos amiloidogénicos. El síndrome de abstinencia (apartado 13.9) es provocado por un aumento de AMPc debido a una mayor expresión de adenilato ciclasa y PKA, y existen evidencias de que mecanismos similares podrían mediar adición en los casos de abuso de cocaína y alcohol.

En los últimos años, determinadas enfermedades hereditarias se han vinculado con defectos en los sistemas de señalización. Por ejemplo, la *pubertad precoz mixta, pseudohipoparatiroidismo* o el *síndrome McCune-Albright* se han relacionado con defectos en la proteína Gsα. En otros casos han sido vinculadas con defectos en receptores. La *diabetes insípida nefrógena congénita* se debe a la incapacidad de responder a vasopresina de las células renales; el receptor reconoce a la hormona pero no se une a la proteína G. El *hipertiroidismo* causado por adenoma tiroideo se origina por la activación constitutiva del receptor para TSH (no necesita la llegada de ligando), lo que provoca la continua secreción de la hormona tiroidea.

13.12. La matriz extracelular y la transducción de señales

Parece ser que algunos proteoglucanos podrían actuar en procesos de transducción. Los sindecanos, que representan la mayoría de los proteoglucanos transmembrana de heparán sulfato, parecen tener una gran influencia en comportamientos celulares como proliferación y cambio de forma. Existen cuatro sindecanos y su característica más común es la altísima conservación del dominio transmembrana e intracitoplásmico; este último contiene al menos tres tirosinas (posibilidad de fosforilación). Los ectodominios son bastante variables.

Al sindecano se le pueden unir diversas moléculas, entre ellas numerosos factores de crecimiento (GFs). Estos GF unidos al glucosamínglucano (GAG) del sindecano se pueden unir a su receptor formando así un complejo GF-sindecano-receptor. La dimerización del receptor determinaría la activación de la correspondiente vía de señalización. Además, puesto que los sindecanos mantienen relación con el citoesqueleto, es más que probable que pudiese influenciar su polimerización-despolimerización y, por tanto, la actividad de otras moléculas implicadas en transducción ancladas al citoesqueleto.

Conviene, además, recordar que algunas integrinas, familia de proteínas transmembrana especialmente dedicada al anclaje de la célula a la matriz extracelular, también pueden actuar como transductores (apartados 2.7.2 y 13.7.6) y, por tanto, las moléculas de la matriz extracelular a las que se unen funcionar como auténticas señales (ligandos).

13.13. Lípidos y señalización celular

En este apartado se hará una breve descripción de la importancia que los fosfolípidos de membrana y algunos de sus metabolitos tienen en los fenómenos de señalización celular. La figura 13.9 ilustra un hipotético fosfolípido y los puntos de corte de algunas fosfolipasas.

— PLA1 genera AG (ácidos grasos) y lisofosfolípidos (LP).
— PLA2 genera AA (ácido araquidónico) y LP.
— PLC dependiente de PIP2 genera IP_3 y DAG (respuesta rápida).
— PLC dependiente de PC genera fosfocolina y DAG (respuesta sostenida).
— PLD genera ácido fosfatídico (PA) y la base correspondiente. El PA puede ser hidrolizado a LPA (ácido lisofosfatídico) por PLA2. El PA también puede defosforilarse a DAG mediante la enzima ácido fosfatídico fosfohidrolasa.

A continuación se resume la implicación en procesos de señalización celular de algunos de los metabolitos anteriores. Los *AGs* son importantes en transducción y tienen un gran abanico de efectos: activan las ciclasas de AMP y GMP, activan PKC, regulan canales y modulan las fosfolipasas que los producen. Los *LP* son auténticos detergentes, desestabilizantes de membrana y su aumento puede modificar la fluidez de la membrana; hipotéticamente esto podría afectar a la unión del ligando al receptor de membrana o a la movilidad de proteínas G tanto triméricas como monoméricas. El *PA* posee efecto mitógenico. El *AA* se destina fundamentalmente a la síntesis de eicosanoides. El *IP3* aumenta Ca²⁺ y activa PKC. El *DAG* activa PKC. El *LPA* también es mitogénico y además puede mediar en procesos de activación plaquetaria, contracción del músculo liso y formación de fibras de estrés. La actividad de las fosfolipasas es, al menos, regulable por AG, Ca²⁺, proteínas G y PKC.

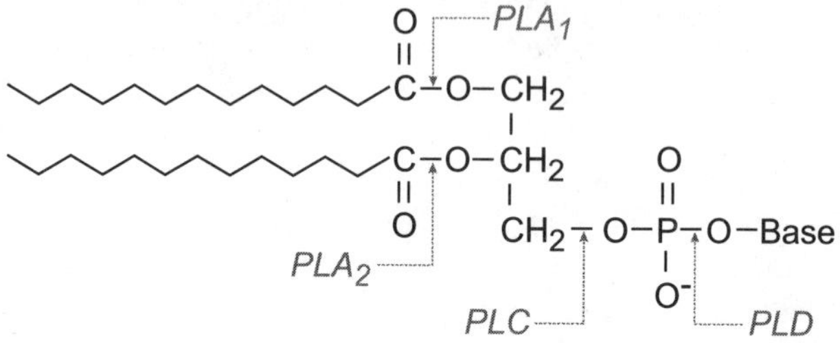

FIGURA 13.9. Puntos de corte de las fosfolipasas A1 (PLA₁), A2 (PLA₂), C (PLC) y D (PLD) sobre un hipotético fosfolípido.

13.14. Respuesta celular

La respuesta biológica que se genera por efecto de la activación de una o diferentes vías de transducción puede ser bastante variada. Puede suponer cambios drásticos como alteraciones en el ciclo celular que conduzcan a la célula a proliferar, a morir (apoptosis) o a diferenciarse; pero también puede suponer cambios menos drásticos que conduzcan a la regulación o modificación de algunas vías metabólicas, cambios en citoesqueleto, modificación del potencial de membrana o de la adhesividad de la célula... Estos cambios, en algunos casos, son resultado de modificaciones producidas sobre moléculas ya existentes en la células; por ejemplo, la modificación de la actividad de una enzima por fosforilación. Sin embargo, en otros casos, son resultado de una diferente expresión génica o de la regulación de la expresión génica ya existente; esto puede conllevar la aparición de nuevas proteínas, el aumento de las ya existentes o, por el contrario, la disminución o desaparición de algunas de ellas.

Ciclo celular y diferenciación 14

El postulado de Virchow (1858) de que toda célula deriva de otra célula implica que la célula que se va a dividir duplique su contenido y lo distribuya entre las células hijas. El ciclo de duplicación-división es conocido como *ciclo celular*. En 1880, Fleming observó que de un núcleo surgían dos y al proceso que determinaba esta duplicación del núcleo lo llamó *mitosis*. Strasburger, en 1882, dio nombres a algunas fases de este proceso: profase, metafase, telofase. A mediados de este siglo, Howard y Pelc (1953) estudiaron la interfase y la dividieron en tres períodos: G1, S y G2. La S proviene de *s*íntesis de ADN y la G lo hace de *g*ap o vacío sintético. Fueron estos mismos autores quienes propusieron la idea de ciclo celular.

14.1. Fases y duración del ciclo celular

El ciclo posee dos etapas bien definidas: la interfase y la fase de división, también llamada *fase M*. Básicamente, en la interfase se duplican los materiales que se han de repartir y en la división se lleva a cabo el proceso de reparto. Como ya vimos, el período interfásico se puede subdividir en otras tres fases: G_1, S y G_2. A su vez, en la fase M acontecen dos fenómenos que se imbrican: la mitosis o cariocinesis (división del núcleo) y la citocinesis (división del citoplasma). Después de la fase M, algunas células que se encuentran en la fase G_1 no continúan el ciclo, salen de él y entran en una fase llamada G_0 o período de quiescencia, donde pueden estar días, meses, años o permanecer allí de por vida (figura 14.1). En general, la interfase abarca alrededor del 80-90% del total del ciclo.

La duración del ciclo celular es muy diferente cuando se estudian diferentes seres vivos e incluso dentro de las diferentes estirpes celulares de un ser pluricelular. Por ejemplo, una bacteria se puede dividir cada 20 minutos, una célula de levadura puede duplicarse en 2-3 horas, un fibroblasto en cultivo lo hace en unas 20 horas y las células hepáticas se duplican una vez al año; incluso algunas células como las neuronas o las células musculares no vuelven a dividirse más *in vivo*. Todas estas variaciones en la duración del ciclo celular se dan en la fase G_1, pues el resto de fases es relativamente constante dentro de la misma especie. Este gran desarrollo de la fase G_1 se debe a que estas células salen del ciclo celular y se instalan en la fase G_0. El que hemos descrito es el ciclo celular estándar; sin embargo, existe una variante que acontece sobre todo en la segmentación del huevo de algunas especies donde el ciclo sólo posee dos fases: S y M. Estos ciclos se denominan *ciclos embrionarios tempranos* y hacen que cada célula hija sea la mitad de la célula parental. Son básicos en la génesis de estructuras embrionarias como la mórula.

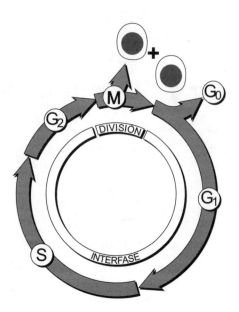

FIGURA 14.1. Fases del ciclo celular. En la mayoría de las células eucariotas el ciclo celular posee 4 fases bien diferenciadas: G_1, S, G_2 y M. Las tres primeras (G_1, S, G_2) se agrupan en la interfase. La fase M también recibe el nombre de *fase de división.* Si la célula sale del ciclo celular se dice que está en fase G_0.

A continuación se analizarán los procesos más importantes que ocurren en cada una de las fases del ciclo, para terminar analizando el control del ciclo celular.

14.2. Fases G_1, S y G_2

La *fase G_1* es determinante para que la célula entre en ciclo. En esta fase la célula ha de crecer hasta alcanzar una masa crítica necesaria para poder repartir material entre dos células. Además, en esta masa estarían incluidos la mayoría de los productos necesarios para terminar el ciclo. En esta fase existe un *punto sin retorno, punto de restricción* o *punto R,* que una vez sobrepasado conduce irremisiblemente a la división. El mecanismo o mecanismos que conducen a la célula hasta este punto no son bien conocidos pero esto será analizado en un apartado posterior dedicado al control del ciclo celular.

Uno de los hechos más notables que acontecen en esta fase es un incremento en la cantidad de ARN. Esto parece debido a que en esta fase del ciclo existe una importante biosíntesis de proteínas. La célula está preparando toda la maquinaria necesaria para llevar a cabo las siguientes fases. En relación con el ADN, hay una alta expresión de toda la maquinaria enzimática implicada en su correcta duplicación y empiezan a ser expresados los genes que codifican para histonas. El centriolo es duplicado al final de esta fase, siempre antes de empezar la fase S.

En la *fase S* se produce la completa y correcta duplicación del ADN (duplicación y reparación) y, además, se continúa la síntetisis de histonas. La velocidad de duplicación del ADN en la fase S no es lineal, es bastante más rápida al principio que al final. En este proceso de duplicación primero se replica el ADN rico en G-C y al final el rico en A-T. La significación biológica de este hecho no es bien conocida. La ralentización de la velocidad de duplicación puede ser debida a que al principio de la fase S predominan los mecanismos de duplicación del ADN y al final puede que predominen más los fenómenos de reparación que los de duplicación. El ADN comienza a duplicarse en puntos específicos denominados *orígenes de replicación*. Secuencias denominadas ARS (*autonomously replicating sequence*) funcionan como auténticos orígenes de replicación en los cromosomas de mamíferos. Estas secuencias suelen tener una longitud de 100 pb y en ellas aparece repetida una secuencia de 11 nucleótidos (*core consensus sequence*). En los cromosomas de mamíferos estos orígenes se presentan espaciados en intervalos de 30.000 a 300.000 pb. Esto determina que en humanos existan alrededor de 30.000 orígenes de replicación. En estos orígenes se forma una horquilla de replicación que al abrirse genera una burbuja de replicación que determina la existencia de dos horquillas de replicación, cada una de ellas avanzando en distinto sentido.

Los orígenes de replicación son activados en grupos simultáneos que incluyen de 20 a 80 orígenes. El conjunto de orígenes de replicación que se activa al mismo tiempo recibe el nombre de *unidad de replicación*. La velocidad de incorporación de nucleótidos en una horquilla es de 50 nucleótidos por segundo.

La *fase G_2* es la fase más corta de la interfase y es la fase preparatoria de mitosis, de modo que si en ella se inhibe la síntesis de proteínas no se alcanza la fase M. En esta fase han de sintetizarse las proteínas encargadas de desestabilizar la envoltura nuclear, una quinasa que fosforila H1 para que permita condensación cromosómica y otra que fosforila las láminas para que despolimerizen. También habrán de sintetizarse algunos de los componentes del huso en los últimos instantes de esta fase.

14.3. Fase de división (Fase M)

En esta fase tiene lugar el reparto del material genético, seguido de la citocinesis en la que se produce la división del citoplasma. El mecanismo es diferente en procariotas y eucariotas. Entre los eucariotas el proceso es bastante constante, aunque existen algunas mitosis bastante peculiares que se comentarán al final.

Los procariotas se dividen por amitosis. Replican su único cromosoma, la célula se estrangula y cada célula hija se lleva una copia del cromosoma. En el proceso de estrangulación, a cada célula hija le corresponde, más o menos, la mitad del material citoplásmico de la célula madre. En eucariotas el proceso es mucho más complejo pues al poseer mayor número de cromosomas ha de existir una maquinaria que garantice el correcto reparto del material génico.

En la fase M acontecen dos procesos que se solapan parcialmente: la división del núcleo, también llamada *mitosis o cariocinesis,* y la división del citoplasma o *citocinesis*. Por ello, la fase M en eucariotas también se puede subdividir en seis estadios: cinco estadios mitóticos y un estadio de citocinesis. El solapamiento entre mitosis y citocinesis se produce porque la citocinesis comienza a partir de la cuarta fase (anafase) de la mitosis.

14.3.1. Mitosis

La mitosis, o división del núcleo, clásicamente se ha dividido en cinco estadios: *profase*, *prometafase*, *metafase*, *anafase* y *telofase*. Básicamente sirve para el exacto reparto del material genético previamente duplicado (fase S) y para ello necesitará una estructura denominada *huso mitótico*, que se genera a partir de los centrosomas previamente duplicados (fase G_1) (figura 14.2).

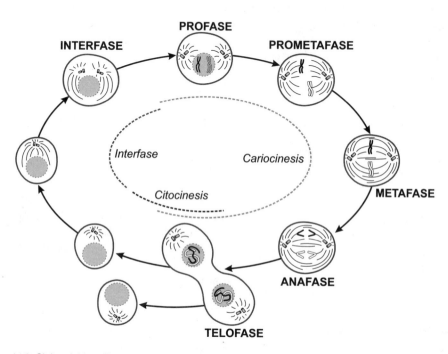

FIGURA 14.2. Ciclo mitótico. El esquema ilustra especialmente los estadios de la mitosis (profase, prometafase, metafase, anafase y telofase) en una célula 2n = 2. En la fase M o fase de división ocurren dos procesos: mitosis o cariocinesis y citocinesis, que solapan entre sí.

No existe un acontecimiento claro que permita separar la fase G_2 de la profase. En cualquier caso, en *profase* la cromatina comienza a condensarse y se pueden observar los cromosomas bien definidos. No obstante, el proceso de condensación cromosómica se inicia al final de la fase S. Sea como fuere, al final de la profase los cromosomas se consideran totalmente condensados. Los microtúbulos citoplásmicos se desorganizan y se produce la formación del huso mitótico por fuera del núcleo. La *prometafase* comienza con la ruptura de la envoltura nuclear en pequeñas vesículas. Esto permite ubicarse a los microtúbulos del huso en lo que antes fue zona nuclear. Los cromosomas aparecen totalmente individualizados y en ellos aparecen los cinetocoros que les permiten unirse a todos ellos a algunos de los microtúbulos del huso. El nucleolo termina de desintegrarse si no lo ha hecho previamente. En esta fase, los cromosomas comienzan a moverse dirigiéndose hacia el centro del huso. La *metafase* se caracteriza por la colocación de todos los cromosomas en un plano llamado *plano ecuatorial* por estar ubicado en el centro del huso mitótico. El inicio de la *anafase* lo marca la separación de las dos cromátidas hermanas del cromosoma debido al corte de las conexiones entre las cromátidas hermanas por enzimas proteolíticas. Esto permite su migración hacia cada uno de los extremos del huso; además, el huso sufre un proceso de alargamiento. La *telofase* comienza cuando los cromosomas terminan su migración hacia los polos del huso, que aún puede seguir alargándose un poco. La cromatina comienza a descondensarse y aparecen los nucleolos. La envoltura nuclear se cierra y termina la descondensación cromatínica.

A continuación se estudiarán detalladamente algunas de las estructuras o procesos más significativos de esta fase.

A) El huso mitótico

Es una estructura que aparece durante la profase y, debido a que está formado por microtúbulos, su formación puede ser bloqueada por colchicina u otras drogas que afectan a la polimerización de tubulina (ver apartado 3.3.4). Está formado por:

   a) Fibras o microtúbulos.
   b) Proteínas asociadas, que pueden ser estructurales y enzimáticas.
   c) Centrosomas, cuyo papel es básico pues inician la polimerización de los microtúbulos, los organiza y define su polaridad.

Todo ello hace que en el huso existan los siguientes tipos de microtúbulos:

1. Cinetocóricos, que se unen a los cromosomas vía cinetocoro.
2. No cinetocóricos; en ellos se pueden considerar dos tipos: los que enlazan con un microtúbulo opuesto o polares y los libres o no estabilizados.
3. Los del áster, implicados en citocinesis.
4. Los del centriolo (figura 14.3).

En las células con centriolo, éste es el responsable de la formación del huso, pero en las que no lo poseen se dan mitosis anastrales; sin centriolos pero con huso que se organiza a partir de dos regiones proteicas no bien conocidas (ver apartado 3.8).

En relación con el huso existen cuatro acontecimientos de interés:

— Unión de los microtúbulos al cromosoma.
— Situación de los cromosomas en la placa metafásica.
— Arrastre de los cromosomas.
— Separación de los pronúcleos.

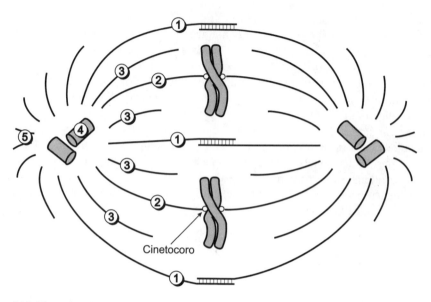

FIGURA 14.3. Tipos de microtúbulos del huso mitótico: no cinetocóricos polares (1), cinetocóricos (2), no cinetocóricos libres (no estabilizados) (3), de los centríolos (4) y astrales (5).

- *Unión de los microtúbulos al cromosoma*

Los microtúbulos son organizados por el centrosoma y están en un constante proceso de polimerización-despolimerización, excepto cuando se unen a estructuras como otro microtúbulo de polaridad distinta o al cinetocoro. En el caso que nos ocupa, el cinetocoro capta el extremo + del microtúbulo que va creciendo desde el centriolo y lo estabiliza. Como cada cromosoma posee dos cromátidas, el cinetocoro de cada una de ellas se ha de unir a microtúbulos de polaridad distinta. El mecanismo por el cual sólo microtúbulos con una misma polaridad se unen a un cinetocoro no es conocido. Sí se sabe que, aunque en un principio pueden unirse microtúbulos de diferente polaridad, las conexiones de los microtúbulos en uno de los polos se desestabilizan y desconectan. Esto hace que sólo queden unidos los del otro polo y, por tanto, todos ellos presenten la misma polaridad. El número de microtúbulos que se unen al cinetocoro es bastante variable; de 20 a 40 microtúbulos por cinetocoro en humanos y 1 microtúbulo en levaduras. Se ha propuesto que el mecanismo de encuentro entre el microtúbulo y el cinetocoro es al azar. Los microtúbulos o fibras del huso están siendo generados de modo continuo y en gran número desde los polos.

Cualquiera de estos numerosos microtúbulos sólo tiene tres opciones: o se ancla a un cinetocoro y se estabiliza, o se une a otro microtúbulo de polaridad distinta y se estabiliza, o no encuentra nada para unirse y despolimeriza. La célula parece haber optado por este sistema al azar de unión de microtúbulos a cromosomas. Obviamente la eliminación de errores, que serían fatales para la célula, se produce elevando el número de microtúbulos que se generan.

- *Situación de los cromosomas en la placa metafásica*

La tensión generada por los microtúbulos cinetocóricos opuestos no sólo va a estabilizar la unión microtúbulo-cinetocoro sino que alineará cada cromosoma en la placa metafásica, porque la fuerza con la que es atraído un cromosoma hacia el centriolo es menor según se acerca a él (figura 14.4). Esto determina que todos los cromosomas acaben situándose en el centro del huso y formen la placa ecuatorial. Sin embargo, el mecanismo que genera la tensión no está tan claro. Se cree que para centrar un cromosoma desplazado el microtúbulo cinetocórico corto (más próximo al polo del huso) crece por polimerización y se acorta por despolimerización el microtúbulo más largo. Tanto un mecanismo como otro tienen lugar a nivel del cinetocoro, pero el motivo por el que a nivel de un cinetocoro se produce despolimerización y en el otro polimerización es desconocido. En el movimiento también se ha implicado a proteínas motoras tipo quinesina que actuarían desplazando los microtúbulos hacia la placa ecuatorial. En la placa ecuatorial de células animales los cromosomas tienden a ubicarse en la periferia y dejar el centro libre. Por otra parte, la posición de un cromosoma en la placa metafásica no es fija pero existen zonas de más probabilidad de ubicación pues los más grandes suelen quedar más periféricos que los pequeños. Las plantas los presentan dispuestos con mayor irregularidad.

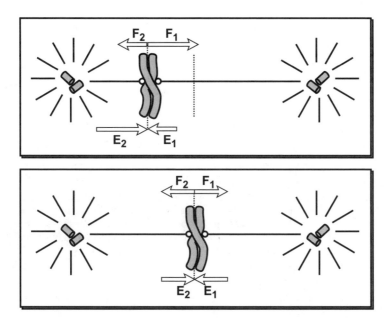

FIGURA 14.4. Ubicación del cromosoma en la placa metafásica. Este proceso se lleva a cabo mediante fuerzas de estiramiento (F) y/o de fuerzas de empuje (E). Como se ilustra en el recuadro superior, cuando el cromosoma no está centrado las fuerzas no son iguales y tienden a colocarlo en la placa metafásica (línea de puntos). La fuerza de estiramiento que ejerce un microtúbulo es mayor cuanto más lejos se encuentra el cromosoma del polo donde se origina dicho microtúbulo ($F_1 > F_2$); por el contrario, la fuerza de empuje es menor cuanto más alejado se encuentra dicho cromosoma ($E_1 < E_2$). En la placa metafásica las fuerzas que ejercen los microtúbulos de cada cinetocoro son iguales.

• *Arrastre de los cromosomas*

Parece ser que la señal que desencadena este proceso es un aumento de Ca^{2+} citosóli-co. El fenómeno de arrastre de cromosomas hacia los polos también es llamado *anafase A* (figura 14.5). El movimiento del cromosoma parece ser fundamentalmente debido a la des-polimerización del microtúbulo cinetocórico, que de este modo se acorta. La morfología del cromosoma que migra hacia el polo es en forma de V, con el centrómero en el vértice de la V que apunta hacia el polo al que se dirige el cromosoma. Esta disposición sugiere la existencia de una fuerza que tirase del centrómero. En este proceso de migración, además de la despolimerización de tubulina a nivel cinetocórico, se ha propuesto la participación de un anillo de dineína próximo al cinetocoro que generaría la actividad motora que va tirando del cromosoma. La participación de otras proteínas relacionadas con la kinesina (KRPs) tampoco debe ser excluida.

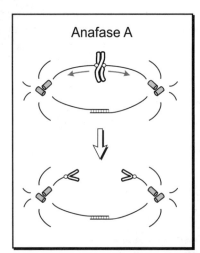
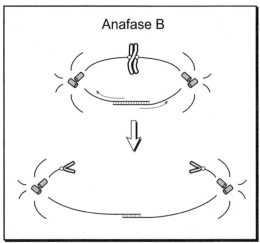

FIGURA 14.5. Anafase. En relación con el desplazamiento de las cromátidas hermanas, la anafase se puede subdividir en anafase A y anafase B. En la anafase A se produce el acortamiento de los microtúbulos cine-tocóricos, esto conlleva la separación y arrastre de las cromátidas hermanas hacia los polos del huso. En la anafase B se produce el crecimiento y deslizamiento de los microtúbulos polares, esto conduce al distan-ciamiento de los polos del huso. La conjugación de estos dos procesos determina una perfecta separación entre el material genético repartido.

• *Separación de los pronúcleos*

También llamado *anafase B*. Esto es debido a que los microtúbulos polares van a seguir polimerizando y deslizando uno sobre otro para alejar los futuros pronúcleos; proteínas motoras del tipo dineína o quinesina podrían ser las responsables de este deslizamiento (figura 14.5). Además, en la anafase B, se cree que también cooperan los microtúbulos del áster dirigidos en sentido contrario al de los microtúbulos cinetocóricos; se cree que estos microtúbulos están asociados con el córtex de la célula y las proteínas motoras que llevan asociadas tiran del microtúbulo para acercarlo hacia el córtex adyacente. El resultado generado por la anafase A y B es la separación total del material genético.

B) El cinetocoro

Es una estructura asociada al centrómero. Generalmente existe uno por cromátida pero puede haber cromosomas con cinetocoro difuso. Es un disco de 0,2-0,25 micras de diámetro y en corte posee tres estratos: capas externa, media e interna. La externa y la interna poseen mucha cromatina; no obstante, la mayoría del material que forma esta estructura es de tipo proteico y se han descrito de 5 a 6 proteínas diferentes por su Pm. La inserción de los microtúbulos es heterogénea pues parece que lo pueden hacer en cada una de las capas, lo cual podría sugerir la existencia de microtúbulos diferentes desde el punto de vista funcional. El número de microtúbulos que se anclan en un cinetocoro ya vimos que era bastante variable.

C) Reorganización de la envoltura nuclear

La envoltura nuclear comienza a reorganizarse en telofase. Para ello se produce la colocación de pequeñas vesículas cerca de los cromosomas seguida de una fusión posterior. Los poros nucleares se reubican en la membrana durante este proceso. Probablemente el paso previo más importante de este proceso sea la defosforilación de las láminas nucleares, que les permite su polimerización. Esta polimerización es la base de la reubicación y fusión de las vesículas que van a formar la nueva envoltura nuclear. Una vez formada la envoltura nuclear, las proteínas nucleares comienzan a entrar al núcleo a través de los poros y, como la cromatina ya está descondensada, la transcripción génica es perfectamente viable.

14.3.2. Citocinesis

La citocinesis o segmentación es el proceso por el que se va a dividir el citoplasma. Empieza a producirse en anafase y se aprecia por la aparición de una ligera invaginación llamada *surco* que se forma siempre en el plano de la placa metafásica. El surco se va a ir cerrando gracias a la aparición del *anillo contráctil,* que empieza a ensamblarse en la anafase. Este anillo está formado principalmente por actina y miosina junto con otras proteínas (probablemente α-actinina) que permiten el anclaje de estas proteínas contráctiles a la membrana. El anillo no se engrosa a medida que el surco se estrecha, sino que pierde filamentos. Se genera así una estructura llamada *cuerpo medio* o intermedio, que contiene un haz de microtúbulos polares (fibras residuales) que lo atraviesan. Al final sólo queda un fino puente, se fusionan las membranas y quedan las dos células separadas (figura 14.6). Usualmente el huso se posiciona centralmente de modo que la citocinesis genera dos células hijas más o menos iguales. Sin embargo, durante el desarrollo son necesarias mitosis que generen una célula hija mayor que la otra; en estos casos, la posición del huso es asimétrica.

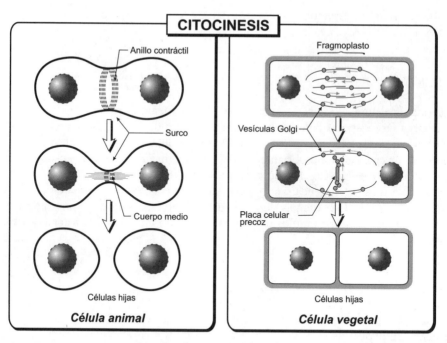

FIGURA 14.6. En la célula animal se produce un estrangulamiento gracias al estrechamiento del anillo contráctil (requiere la participación de actina y miosina); la membrana plasmática altera su forma en el proceso. En la célula vegetal se produce un tabique (placa celular) a partir de vesículas derivadas del aparato de Golgi. La fusión de esta placa con la membrana produce la tabicación de la célula madre; la membrana plasmática no altera su forma en este proceso. Las flechas grises asociadas a las vesículas indican el movimiento de las vesículas hacia la zona central; los microtúbulos polares sirven como guía en dicho movimiento vesicular. El crecimiento de la placa celular es centrífugo pues las vesículas se van agregando por su periferia.

En vegetales, debido a la rigidez de la pared, el mecanismo es diferente. Aparece una estructura, el fragmoplasto, formado por un haz cilíndrico de los microtúbulos del huso. Éstos sirven de guía a vesículas golgianas que, de este modo, alcanzan la zona central, se fusionan entre ellas y forman la placa celular precoz, donde se empieza a ensamblar la pared. El proceso continúa de forma centrífuga hasta alcanzar la pared lateral (figura 14.6). La zona donde ha de formarse la placa viene marcada antes de mitosis por un estrecho haz de microtúbulos y una red de filamentos de actina que persiste durante la fase M. En algunas zonas la pared no es continua y quedan en contacto los citoplasmas de las células hijas, que darán lugar a los futuros plasmodesmos.

El reparto de orgánulos entre las dos células hijas también presenta algunas peculiaridades. El reparto de mitocondrias y/o cloroplastos no es muy problemático pues el número de estos orgánulos es alto y siempre existe la seguridad de que una célula hija no va a quedar sin ninguno. En cualquier caso, aunque el reparto fuese desigual tampoco causaría demasiados problemas a la célula pues su número puede aumentar a partir de los preexistentes. Sin embargo, orgánulos como el Golgi o el RE se fragmentan de modo que se garantiza una distribución lo más equitativa posible entre las células hijas.

14.3.3. Evolución de la mitosis

En los procariotas existe acoplamiento directo entre la división de su citoplasma y el reparto del ADN, pues las dos copias del cromosoma bacteriano se anclan a puntos distintos de la membrana que van a ir a cada célula tras la división. Debido al aumento del genoma en eucariotas se produce un aumento en el número y tamaño de los cromosomas y es necesario desarrollar un mecanismo más sofisticado de reparto cromosómico. La evolución del aparato mitótico de eucariotas ha sido gradual y el estudio de los mecanismos mitóticos en determinados grupos de seres vivos ofrece un plausible proceso evolutivo hasta alcanzar el desarrollo de la maquinaria mitótica presente en las células de los seres vivos más evolucionados.

En los dinoflagelados no se produce rotura de la envoltura nuclear pero algunos haces de microtúbulos atraviesan el núcleo por medio de túneles formados por la propia envoltura. Los cromosomas se desplazan asociados a la membrana nuclear interna en la zona en que la envoltura está en contacto con los haces de microtúbulos. Estos haces de microtúbulos son los encargados de definir la polaridad de la división. En hipermastiginos el núcleo sólo es atravesado por un haz de microtúbulos; además, se genera un huso mitótico extranuclear. El arrastre de cromosomas al principio es producido por su unión a la membrana pero finalmente se anclan al huso a través de microtúbulos de tipo cinetocórico. El cinetocoro se ubica en la membrana nuclear. Levaduras y diatomeas muestran un sistema más complejo pues el huso mitótico es intranuclear (mitosis cerrada); los cinetocoros son independientes de la membrana y se localizan en el centrómero pero la envoltura nuclear sigue todavía manteniéndose intacta. El número de microtúbulos que interaccionan con cada cinetocoro es muy bajo, a veces sólo uno. La rotura de la envoltura nuclear típica de la mitosis que presenta el resto de seres vivos (mitosis abierta) supone la última adquisición en este proceso evolutivo, además hay un aumento en el número de microtúbulos que interaccionan con cada cinetocoro. La necesidad de la destrucción de la envoltura nuclear no tiene hasta el momento una justificación convincente.

14.3.4. Mitosis y reparto cromosómico

En mitosis, puesto que el cromosoma mitótico se escinde en sus dos cromátidas, migra 1 cromátida hermana a cada polo. Por ejemplo, en una célula humana donde 2n = 46, a cada polo irán 46 cromátidas, 23 del padre y 23 de la madre. Al acabar la mitosis, en fase G_1, las células hijas tienen 2n cromosomas de una cromátida, o sea, sin duplicar. Considerando que la cantidad de ADN contenida en un gameto (n) es una carga de ADN (C), una célula en fase G_1 tiene 2C y después de la fase S tendrá 4C. En el siguiente diagrama se ilustran las variaciones en el número de cromosomas, cromátidas y carga que ocurren durante el ciclo mitótico para una célula 2n = 46.

	G_1	S	G_2	M	G_1	S	G_2	M	G_1
N.º cromosomas	46		46		46		46		46
N.º cromátidas	46		92		46		92		46
Carga de ADN	2C		4C		2C		4C		2C

14.4. Control del ciclo celular

Para que una célula quiescente se duplique son necesarios dos tipos de requisitos: entrar en ciclo y terminarlo. El proceso es tan importante para la célula que ha establecido toda una serie de controles que le permiten regular (1) la entrada en ciclo y (2) el avance correcto del mismo. La entrada en ciclo parece estar determinada por señales externas que alcanzan la célula. Estas señales podrían ser hormonas o mediadores químicos locales del tipo factor de crecimiento cuya llegada a la célula induciría a ésta a proliferar. Una vez abandonada la fase de quiescencia o G_0, la célula entra en ciclo. La célula posee al menos tres puntos de control a lo largo del ciclo celular para evitar errores (que serían fatales) en un proceso tan importante como es la autoduplicación: punto de control de restricción o *punto de control R*, el *punto de control G_2-M* y el *punto de control M* (figura 14.7).

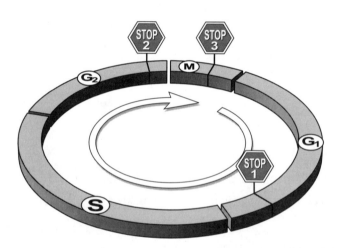

FIGURA 14.7. Puntos de control del ciclo celular. Existen tres puntos: el punto R (Stop 1), el punto G_2-M (Stop 2) y el punto M (Stop 3).

En el punto R la célula chequea las condiciones ambientales y el tamaño celular comprobando que puede seguir adelante y empezar la síntesis de ADN. En el punto G_2-M la célula comprueba la correcta y completa duplicación del ADN y la duplicación de masa de la célula. En el punto M se comprueba la correcta alineación de los cromosomas en la placa metafásica, lo que permite a la célula iniciar la anafase y finalmente la citocinesis.

Básicamente, las moléculas encargadas de regular el ciclo son: *ciclinas* y *quinasas dependientes de ciclinas* (CDKs). La regulación de las CDKs es llevada a cabo fundamentalmente por las ciclinas; pero además, también son reguladas por otras quinasas. Existen dos tipos principales de ciclinas: *ciclinas G_1*, necesarias para entrar en fase S, y *ciclinas mitóticas*, necesarias para entrar en mitosis. A su vez, dentro de las ciclinas G_1 existen las ciclinas D (D_1, D_2 y D_3) y E y dentro de las mitóticas las A y B (B_1 y B_2). Se han identificado otras ciclinas como C, F y G pero su función no ha sido claramente determinada.

Las *ciclinas D* están implicadas en el paso por el punto de control R. Las ciclinas D se pueden unir a diferentes tipos de CDKs: cdk2, cdk4 (sobre todo), cdk5 y cdk6. El complejo *ciclina D-cdk4* probablemente funcione como respuesta a factores de crecimiento y tiene como función principal fosforilar y así inactivar la proteína Rb. Esto permite la expresión de genes implicados en la entrada en fase S. La ciclina E forma complejos con cdk2, (*ciclina E-cdk2*) que se implican en el inicio y avance de la replicación del ADN. También puede fosforilar Rb pero sus efectos no son bien conocidos.

En la fase de síntesis de ADN parece ser importante el complejo *ciclina A-cdk2*, pues fosforila enzimas que intervienen en la duplicación del ADN; por ejemplo, helicasas. Mutaciones en la ciclina A inhiben la iniciación de mitosis y paran las células en fase G_2, por ello se cree que deben estar implicadas en punto de control G_2-M.

Las ciclinas B (B_1 y B_2) forman complejos con cdk1 (*ciclina B-cdk1*) que son esenciales en la mitosis. La quinasa cdk1 también se llamó quinasa cdc2 y p34 y al complejo ciclina B-cdc2 se le denominó *factor promotor de mitosis* (MPF). Los complejos ciclina B_1-cdc2 se acumulan en el citoplasma durante la interfase y se translocan al núcleo al iniciarse la mitosis, asociándose al huso mitótico en metafase. La degradación de ciclina B y subsecuente inactivación de cdk1 (cdc2) es imprescindible en la transición de metafase hacia anafase. El MPF también posee otras importantes actividades como condensación cromosómica, fragmentación de la envoltura nuclear y formación del huso mitótico (figura 14.9).

Es obvio que la regulación de la actividad de las CDKs es crucial en la correcta marcha del ciclo celular. Esta regulación se puede llevar a cabo de dos maneras básicas: por las ciclinas y por proteínas que inhiben o activan los complejos ciclinas-CDK (CDIs). En los primeros estudios acerca del ciclo celular ya se describió la variación de la concentración de ciclina a lo largo del ciclo celular, de ahí su nombre. Hoy se sabe que la concentración de cada tipo de ciclina se eleva y cae bruscamente en la fase del ciclo que cada tipo de ciclina regula (figura 14.8). La elevación de la concentración de cada ciclina es clave en la activación de las CDKs correspondientes, pues la CDK sólo es activa cuando está unida a ciclina; la posterior degradación de cada ciclina determina la inactivación de la CDK correspondiente (figura 14.9). Esta degradación de ciclina es llevada a cabo de modo ubiquitina-dependiente. En relación con los CDIs, se conocen dos bastante diferentes. El primero lo forman un grupo de proteínas entre las que destaca p21 y bloquean el paso por el punto R pues inhiben fundamentalmente a los complejos ciclina-cdk que actúan en este paso. El segundo también actúa en fase G_1 y S pero inhibe a ciclina D, cdk4 y cdk6 cuando están libres, sin formar complejos. Por último, las CDKs también pueden ser reguladas por fosforilación-defosforilación. Por ejemplo, los genes cdc25 codifican para fosfatasas que por defosforilación activan CDKs en fase G_1 y G_2 (figura 14.9).

Un aspecto importante en el desarrollo del ciclo es el mecanismo que la célula emplea para saber que el ADN se ha duplicado completamente y no quedan zonas de ADN sin duplicar. El mejor candidato parece ser la proteína asociada a cromatina llamada RCC1 (regulador de la condensación de cromosomas 1), que además interacciona con Ran (GTPasa monomérica). Su mecanismo de acción no está elucidado pero se ha propuesto que detectaría ADN no replicado y produciría una señal inhibitoria.

Finalmente, conviene recordar la existencia de una proteína de matriz nuclear, el *antígeno nuclear de proliferación celular* (PCNA), a la que también se le ha implicado en una posible regulación del ciclo celular (apartado 4.3). PCNA puede interaccionar con ciclina D y p21, y podría estar implicada en el paso por el punto R en G_1.

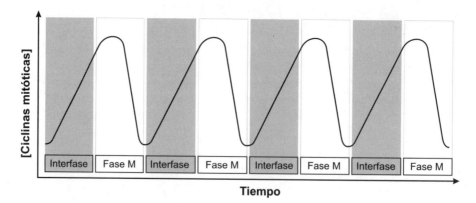

FIGURA 14.8. Evolución de la concentración de ciclinas mitóticas durante el ciclo celular. Las ciclinas mitóticas se van acumulando durante interfase, alcanzan su máximo durante la fase M y se degradan hacia el final de dicha fase.

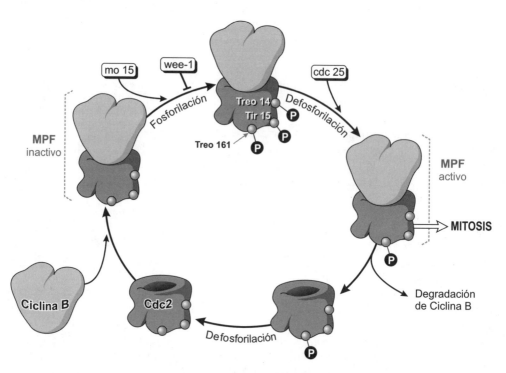

FIGURA 14.9. Regulación de MPF (factor promotor de mitosis). MPF es el complejo formado por la ciclina B y cdc2. MPF inactivo es fosforilado por mo15 (kinasa activadora) y por wee-1 (kinasa inhibidora). La posterior defosforilación de dos restos fosfato por la fosfatasa cdc25 en la transición G_2-M conduce a la activación de MPF. En mitosis la ciclina B es degradada por proteasomas vía ubiquitina dependiente. Durante una nueva fase S y G_2 la ciclina B vuelve a ser sintetizada y formar complejo con cdc2.

14.5. Meiosis

Es un proceso que ocurre en las líneas gametogénicas y cuya finalidad es generar unas células haploides (n cromosomas), los gametos, que al fecundarse restauran el número diploide de la especie. Además, este proceso va asociado a fenómenos de intercambio genético que son básicos para aumentar la variabilidad intraespecífica.

14.5.1. Fases de la meiosis

Está integrada por dos procesos de división: meiosis I y II. La meiosis I es la verdadera meiosis o mitosis reduccional; la división II es una mitosis normal en su procedimiento pero con la salvedad de que se hace en una célula con un número haploide de cromosomas.

A) Meiosis I

Profase I. Se divide a su vez en cinco fases: leptotena, cigotena, paquitena, diplotena y diacinesis. A continuación se describen los acontecimientos más específicos en cada una de ellas (figura 14.10):

— *Leptotena.* Los cromosomas son visibles aunque no han llegado a la máxima condensación. Se observa el centrómero y el cromosoma aparece unido a la envoltura nuclear.
— *Cigotena.* Empieza al iniciarse el emparejamiento de los cromosomas homólogos por medio del complejo sinaptinémico. Cada par de cromosomas así formado se llamará *bivalente* o *tétrada*.

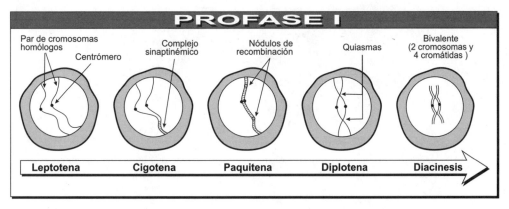

FIGURA 14.10. Esquema de los cambios más relevantes que suceden en cada una de las fases de la primera profase meiótica (Profase I).

— *Paquitena.* Se entra en ella cuando el bivalente está totalmente apareado. Aparecen los nódulos de recombinación, estructuras donde se va a producir el intercambio cromosómico entre cromátidas de cromosomas homólogos. Aunque las representaciones gráficas que se usan inducen a pensar que sólo puede producirse recombinación entre el ADN de las cromátidas relacionadas por el complejo sinaptinémico, la realidad es que la recombinación puede darse entre las dos cromátidas de un cromosoma homólogo con las dos del otro cromosoma. Envoltura nuclear y nucleolo aún permanecen intactos. Los ovocitos de muchas especies pueden pasar años en esta fase.

— *Diplotena.* Se empiezan a separar los bivalentes al disgregarse el complejo sinaptinémico. Pero cada bivalente queda unido por varios puntos; son los quiasmas.

— *Diacinesis.* Se sigue acentuando la condensación del cromosoma y los quiasmas se van desplazando hacia el telómero correspondiente, fenómeno conocido con el nombre de *terminalización de los quiasmas.* El nucleolo se fragmenta.

Dentro de esta profase se considerarán dos estructuras (figura 14.11):

— *Complejo sinaptinémico.* Estructura cuya función es la de estabilizar el apareamiento de cromosomas homólogos y hacer que cada zona aparee con su homóloga. Tal como ilustra la figura 14.11, posee dos componentes laterales y uno central o medial, con toda una serie de fibras que los relacionan. La separación de los cromosomas suele ser de100 nm.

— *Nódulos de recombinación.* Son las estructuras mediadoras de la recombinación. Son ensamblajes proteicos de 90 nm de diámetro ubicados en el complejo sinaptinémico. Se cree que en ellos se ubica toda la maquinaria enzimática y estructural para que se produzca la recombinación.

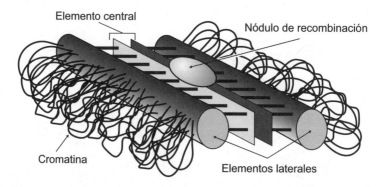

Elemento central

Nódulo de recombinación

Cromatina

Elementos laterales

FIGURA 14.11. Modelo estructural del complejo sinaptinémico que incluye un nódulo de recombinación.

Prometafase I. Marcada por la máxima condensación cromosómica, desaparición del nucleolo y rotura de la envoltura nuclear. Los microtúbulos del huso se unen a los cinetocoros de cada bivalente, cuatro en total, pues un bivalente posee cuatro cromátidas. En este caso, los dos cinetocoros de un cromosoma quedan del mismo lado y opuestos a los del otro cromosoma del bivalente. En la mitosis los dos cinetocoros de un mismo cromosoma quedaban opuestos. Por ello, en la meiosis un cromosoma sólo queda unido a un polo (el bivalente lo está a los dos) y en la mitosis el cromosoma está unido a los dos polos.

Metafase I. Los bivalentes se sitúan en la placa metafásica. Todavía pueden quedar algunos quiasmas.

Anafase I. Se separan los cromosomas homólogos yendo cada uno a un polo, pudiendo mezclarse maternos y paternos. Para ello, las fibras cinetocóricas tiran de los dos cinetocoros del cromosoma en el mismo sentido; el otro cromosoma del bivalente será arrastrado en sentido contrario. El mecanismo de arrastre debe ser molecular y mecánicamente muy parecido al de mitosis. Debido a la recombinación, cuando los cromosomas homólogos se separan difieren de los maternos y paternos de origen. Incluso ninguna de las dos cromátidas de un cromosoma suele ser igual a la inicial y las cromátidas de un mismo cromosoma difieren entre sí.

Telofase I. Comienza con la llegada de los cromosomas a los polos respectivos. Se forman los núcleos envolviendo a cromosomas sin descondensar.

Interfase meiótica. Es muy breve, sólo se aprecia una ligera descondensación cromosómica seguida de una nueva condensación e inmediatamente empieza la meiosis II, sin síntesis previa alguna.

A la interfase meiótica le sigue una auténtica mitosis que empieza por los clásicos acontecimientos de profase y prometafase: formación del huso mitótico, rotura de la envoltura nuclear y anclaje de los cromosomas al huso. A esto le siguen metafase II, anafase II y telofase II. Es necesario recordar que aunque el proceso es típicamente mitótico, el número de cromosomas de partida es "n" y no "2n", como sucede en las clásicas mitosis.

14.5.2. Meiosis y reparto cromosómico

Se considerarán dos aspectos: la generación de células diferentes por el proceso de meiosis y las variaciones de carga de ADN, cromosomas y cromátidas que se producen a lo largo de un ciclo meiótico. El primero de los puntos se analiza en la figura 14.12. Tal como ilustra el dibujo, considerando sólo 2 cromosomas (2n = 2) y un único punto de recombinación en el bivalente se obtienen 4 gametos distintos. Es fácil imaginar el fabuloso número de gametos diferentes que se pueden generar en una especie como la humana, con 46 cromosomas y de más de tres puntos de recombinación por bivalente que, además, pueden afectar a las dos cromátidas de los dos cromosomas del bivalente. Considérese además que la segregación de cromosomas en la meiosis I es al azar (la segregación, ya sea de cromosomas o de cromátidas es siempre al azar), es decir, que no tienen que ir los del padre a una célula y los de la madre a otra; la probabilidad de que esto ocurra es bastante remota: $(1/2)^{n-1}$.

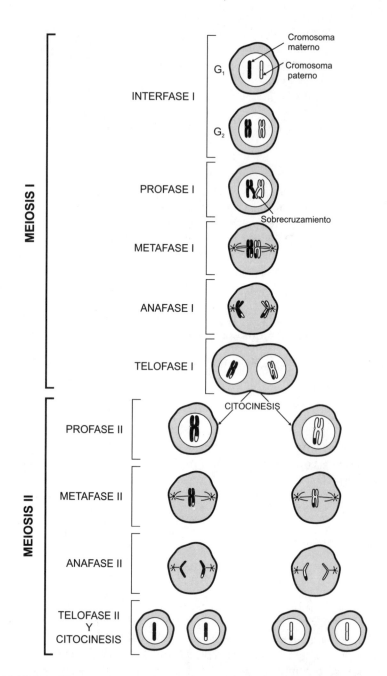

FIGURA 14.12. Meiosis. El esquema ilustra el tipo de reparto cromosómico que acontece en cada una de las dos divisiones meióticas. Además, sirve para demostrar la capacidad de generación de variabilidad genética de este proceso gracias al mecanismo de recombinación (sobrecruzamiento) que tiene lugar en la profase I. En la interfase I los cromosomas se hallan descondensados; sin embargo, se han dibujado condensados con el fin de dar una mayor claridad al esquema.

En relación con el segundo aspecto se utilizará un diagrama análogo al empleado para mitosis:

	G_1	S	G_2	Me. I	Int. Me.	Me. II	G_1
N.º cromosomas	46		46		23		23
N.º cromátidas	46		92		46		23
Carga de ADN	2C		4C		2C		1C

14.6. Intercambio entre cromátidas hermanas

Cuando a células en cultivo se les suministraba repetidamente BrdU (BromodesoxiUridina), un análogo de la timidina, se obtenía un peculiar patrón de bandas (figura 14.13). A este fenómeno se le llamó intercambio entre cromátidas hermanas (*SCE, sister chromatid exchange*) y no afectaba en absoluto a la información genética. Se piensa que se origina en el proceso de duplicación del ADN; tras la rotura de una hebra de ADN, el ligamento no se realiza entre los dos extremos generados en esa rotura, sino con los de la hebra de la otra molécula de ADN que se está originando en el proceso de duplicación del ADN (figura 14.13). La detección de este tipo de intercambio entre cromátidas hermanas fue posible debido a que la bromo-sustitución altera la capacidad de unión de las proteínas con el ADN. La medida del número de SCE basales es interesante puesto que se ha demostrado que su número aumenta ante exposiciones a productos cancerígenos. Esta medida también podría ser utilizada como sistema de detección en la prevención de procesos tumorigénicos.

14.7. Cáncer

El cáncer puede ser entendido como un desarreglo de los mecanismos que controlan el comportamiento celular en relación con el ciclo celular, pues la característica principal de una célula cancerosa es su continua y desregulada proliferación. La pérdida de esta regulación del ciclo celular es lo que hace a la célula cancerosa dividirse de modo incontrolado. El cáncer debe entenderse como el resultado de la acumulación de una serie de errores en las proteínas que operan en los mecanismos de control de proliferación y ciclo celular. De hecho, el estudio del cáncer ha servido para identificar a un buen grupo de proteínas que estaban implicadas en los mecanismos citados o en señalización celular.

14.7.1. Tipos de cáncer

Se puede definir *tumor* como un conjunto de células que proliferan anormalmente. Existen dos tipos de tumores: malignos y benignos. En el benigno, las células jamás invaden otros tejidos, ni próximos ni distantes. Por el contrario, un tumor maligno es capaz no sólo

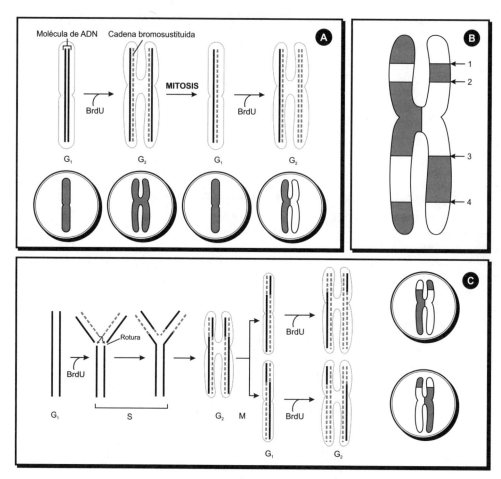

FIGURA 14.13. Intercambio entre cromátidas hermanas (SCE). En el cuadro A se ilustra la técnica de bromo-sustitución. Tras dos ciclos en los que se aplica BrdU (Bromo-desoxiUridina), una de las moléculas de ADN del cromosoma mitótico tiene las dos cadenas bromosustituidas y esto determina que las propiedades tin-toriales de la cromátida sean diferentes. Si no hubiese SCEs, una cromátida tendría que estar teñida y la otra no, tal como se ilustra en el círculo localizado en la zona inferior derecha del cuadro A. Sin embargo, si se producen SCEs aparece un patrón tintorial también conocido como "cromosomas en arlequín". En el cua-dro B aparece un cromosoma en arlequín en el que se han producido 4 SCEs. En el cuadro C se explica el mecanismo molecular que produce este efecto. La rotura de las hebras que actúan como molde seguida de una reparación distinta a la situación inicial conduce a la formación de hebras que poseen fragmentos de ADN bromosustituido. En este proceso no se produce alteración de ningún tipo sobre el ADN.

de invadir los tejidos próximos, sino también de alcanzar, a través del sistema circulatorio (sanguíneo o linfático), lugares muy distantes. La colonización de otros tejidos recibe el nombre de *metástasis* o tumor secundario. Por definición, sólo los tumores malignos son considerados como cáncer.

La clasificación del cáncer se suele hacer atendiendo al tipo celular de origen. En este caso se tienen cuatro grupos principales: *carcinoma,* si la célula de origen es epitelial: *sarcoma,* si deriva de tejidos conectivos (conjuntivo, óseo o cartilaginoso) o tejido muscular; *linfoma, leucemia* y *mieloma* cuando deriva de células formadoras de sangre o de células del sistema inmune, y *neuroblastomas* y *gliomas* cuando derivan de células del sistema nervioso. También es posible clasificarlos atendiendo al tejido/órgano de origen; por ejemplo, cáncer de ovario, de mama, de pulmón, de próstata... Existe además una terminología especial para diferenciar tumores malignos y benignos; por ejemplo, un adenoma es un tumor epitelial benigno y un adenocarcinoma es uno maligno; un condroma es un tumor benigno en tejido cartilaginoso y un condrosarcoma lo es maligno en el mismo tejido.

14.7.2. Desarrollo del cáncer

Todas las células de un tumor, maligno o benigno, derivan de una sola célula; por tanto, el tumor es monoclonal. Uno de los datos que confirma este hecho es que en todas las células de un tumor en mujeres siempre se inactiva el mismo cromosoma X; en las células no tumorales la inactivación de uno u otro es un proceso aleatorio. El hecho de que un tumor sea monoclonal no quiere decir que sus células son genéticamente idénticas, pues conforme el tumor va creciendo las células van acumulando alteraciones. El primer acontecimiento que conduce a un desarreglo en la proliferación celular recibe el nombre de *iniciación del tumor.* Las células que se originan a partir de este punto van acumulando alteraciones, seleccionándose aquellas células que, desde un punto de vista tumoral, poseen mejores características. Estos sucesivos cambios se han denominado *progresión del tumor* y dependiendo del cáncer van ocurriendo a lo largo de meses o años. La mayoría de estos cambios, tanto el inicial como los que posibilitan la progresión del tumor, son producidos por *mutaciones* o alteraciones en los genes que codifican para determinadas proteínas. Normalmente la mutación de iniciación se produce en alguna proteína implicada en proliferación celular.

14.7.3. Agentes cancerígenos

Son aquellos agentes causantes de mutaciones que determinan la aparición de cáncer. El grado de mutagenicidad de un determinado agente puede ser medido por el test de Ames. El carcinógeno a testar se añade a cultivos bacterianos (*Salmonella*) en un medio carente de histidina. Por tanto, sólo podrán vivir aquellas bacterias que por mutación adquieran la capacidad de sintetizar este aminoácido. El número de colonias que crece en cada placa está en relación directa con la mutagenicidad del agente testado.

Los agentes cancerígenos pueden clasificarse en tres grupos: agentes químicos, agentes físicos y virus. Los agentes químicos son muy numerosos y los hay naturales (aflatoxina, producida por *Aspergillus flavus* al contaminar cacahuetes) o generados por la industria (nitrosaminas). Algunos actúan directamente; en otros casos son las transformaciones sufridas por el producto en el organismo las que le facultan como carcinógeno. También existen agentes farmacológicos con capacidad tumorigénica; por ejemplo, los ésteres de forbol como el TPA (*tetradecanoyl phorbol acetate*).

Los agentes físicos más importantes son las radiaciones ionizantes, la luz ultravioleta y las fibras minerales. Las dos primeras causan su efecto afectando la estructura del ADN. Las radiaciones pueden romper la molécula de ADN y la luz ultravioleta induce la formación de dímeros de pirimidinas. De las fibras, el asbesto (amianto, fibras formadas por silicatos de magnesio y calcio) es el mejor conocido pues la inhalación del polvo que deriva de él es causa muy frecuente de cánceres de pulmón. En este caso, el potencial carcinogénico viene determinado por la imposibilidad de ser degradado en el organismo. Los virus también son agentes tumorales y al menos miembros de seis familias de virus –virus de la hepatitis B, papilomavirus, herpesvirus (virus de Epstein-Barr), poliomavirus, adenovirus y retrovirus (virus de la leucemia de las células T)– provocan tumores tanto en el hombre como en animales.

El mecanismo de inducción de tumores es bastante diferente entre unos virus y otros; incluso existen virus como el VIH (virus de la inmunodefiencia humana, causante del sida) que puede provocar la aparición de tumores de forma indirecta como resultado de la inmunodeficiencia que provoca.

14.7.4. Propiedades de las células cancerosas

Las células cancerosas presentan las siguientes características:

— *Proliferación independiente de densidad.* En cultivo, las células proliferan hasta alcanzar una densidad determinada, en parte por la disponibilidad de factores de crecimiento; en ese momento, salen del ciclo y entran en G_0. Esto no sucede con las células tumorales pues parece que tienen reducido su requerimiento de factores de crecimiento para proliferar. Se cree que esta reducción puede venir motivada por dos causas: (1) las células cancerosas producen sus propios factores de crecimiento, en lo que podría ser llamado un mecanismo autocrino de estimulación del crecimiento, y (2) funcionamientos anormales en las vías de señalización de estos factores de modo que permanecen activadas sin necesidad del factor correspondiente.

— *Alteración en la relación con la matriz extracelular.* Las células tumorales son menos adhesivas que las normales pues expresan menos moléculas implicadas en mecanismos de adhesión. Esto les facilita su capacidad de invasión y generación de metástasis. Esto está plenamente relacionado con los cambios que muestran en su morfología y en su citoesqueleto. De hecho, su aspecto redondeado guarda una estrecha relación con esta menor capacidad de unión a la matriz extracelular.

— *No presentan inhibición por contacto.* En un cultivo celular de células que crecen sobre un sustrato, éstas proliferan, formando una monocapa, hasta que ocupan la superficie del área de cultivo. En este momento, al estar totalmente rodeadas por otras células detienen su proliferación (inhibición por contacto). Las células tumorales no presentan este tipo de mecanismo inhibitorio y continúan proliferando creciendo sobre capas inferiores de células; es el crecimiento multicapa.

— *Secretan enzimas degradadoras de matriz.* La característica crucial que permite calificar como maligno a un tumor es su capacidad de hacer metástasis. Esta capacidad le viene dada por la secreción de enzimas degradadoras de matriz por parte de las células cancerosas. Tan importante como la degradación de matriz para permitir el avance de la célula es la rotura de la lámina basal. Las colagenasas son algunas de las enzimas degradadoras de matriz secretadas por las células cancerosas.

— *Secretan factores angiogénicos.* Debido a la continua proliferación se forman masas relativamente grandes de células tumorales. Obviamente, la formación de vasos sanguíneos (angiogénesis) es necesaria para suministrar nutrientes y oxígeno a estas células en continuo crecimiento. Este proceso angiogénico es inducido por las propias células tumorales mediante la secreción de los correspondientes factores. Además, la formación de estos nuevos vasos sanguíneos facilita enormemente los procesos de metástasis, pues los vasos en crecimiento pueden ser más fácilmente atravesados por las células tumorales.

— *No entran en vías de diferenciación.* Las células tumorales, siempre inmersas en una continua proliferación, no se diferencian normalmente. Esto es lógico, pues uno de los efectos que lleva asociado un proceso de diferenciación es una pérdida en la capacidad de proliferación. En realidad, parece que las células tumorales se quedan en un estadio muy temprano del proceso de diferenciación pues expresan algunas características típicas de determinadas líneas celulares; por ejemplo, la expresión de determinados tipos de filamentos intermedios. En este caso concreto, esta característica (expresión de un tipo de filamento intermedio) puede servir para determinar el origen del tumor. El término "puede servir" se ha usado puesto que, a veces, no es extraño que una célula tumoral pueda expresar varios tipos de filamentos intermedios.

— *Inactivan apoptosis.* La apoptosis es un magnífico mecanismo anticanceroso. Por tanto, parece lógico que las células tumorales inactiven aquellas vías que pueden conducir a la célula a entrar en apoptosis. Entre las proteínas que las células tumorales pueden presentar desreguladas destacan p53, bcl-2 y Rb. Información ampliada sobre este aspecto se encuentra en el capítulo siguiente, especialmente en el apartado 15.7.

14.7.5. Oncogenes

Los *oncogenes* son genes virales capaces de inducir la transformación de una célula normal en célula tumoral. Derivan de genes celulares llamados *proto-oncogenes* por un proceso de mutación. Los proto-oncogenes son, principalmente, genes reguladores importantes que actúan en procesos de proliferación o en vías de señalización. Se piensa que el mecanismo de génesis de los oncogenes se debe a la incorporación accidental de algunos genes celulares (proto-oncogenes) en el genoma del virus. Esto es debido a que estos virus tienen que integrar su genoma en el genoma celular durante su ciclo infectivo. En el caso de los retrovirus (grupo viral con mayor capacidad transformante) esta integración se produce tras la copia del ARN viral a ADN por la transcriptasa inversa.

El mecanismo por el cual los oncogenes causan transformación puede ser diverso: *a)* la expresión del proto-oncogén incorporado en el genoma viral puede estar muy aumentada al estar bajo control de promotores y potenciadores virales; *b)* la secuencia del proto-oncogén incorporado en el genoma viral suele diferir de la que presenta el proto-oncogén en la célula; esto suele ser debido a que se pueden truncar por delección uno o sus dos extremos y se expresan fusionados con proteínas virales; esta delección puede determinar la pérdida del dominio regulador que controla la actividad del proto-oncogén, y *c)* el alto número de virus formado en cada ciclo infectivo puede determinar la acumulación de mutaciones, seleccionándose aquellas que han dotado al virus de más potencia transformante. Finalmente, existen retrovirus transformantes débiles que no llevan oncogenes en su genoma. Su capacidad de transformación viene determinada por la estimulación de la transcripción de los genes adyacentes a su lugar de inserción.

Si un oncogén viral era capaz de transformar una célula, era lógico hipotetizar que algunas mutaciones en proto-oncogenes pudiesen ser la causa del desarrollo de cánceres en humanos. Esta hipótesis era correcta y hasta el momento se ha encontrado una treintena de formas mutadas de proto-oncogenes (oncogenes en este caso) en tumores humanos. Algunos de estos oncogenes humanos eran homólogos de los oncogenes virales pero otros fueron nuevos oncogenes.

La mayoría de los oncogenes, tanto humanos como animales, codifican para proteínas implicadas en vías de señalización mitogénica y lo hacen en los diferentes niveles de la vía de señalización: ligando, receptor, transductor intracelular y factor de transcripción. Así, existen oncogenes celulares que codifican para factores de crecimiento; el proto-oncogén *sis* es el factor de crecimiento PDGF-B que adquiere capacidad transformante por sobreexpresión. De modo similar sucede para EGF y TGF-α, IL-2, IL-3, CSF-GM... Existen proto-oncogenes para receptores Tir-K; por ejemplo, el producto del proto-oncogén *erb*B es el receptor del EGF; en este sentido, hay que decir que se ha encontrado un número alto de oncogenes que codifican para receptores mutados de diferentes factores de crecimiento. También se han descrito proto-oncogenes para receptores asociados a proteínas G y otro tanto ha ocurrido para NRPTK: *src* (primer oncogén descrito), *yes, fgr, csk,* y para adaptadores como *grb2, nck, shc, crk...* Igualmente, también han sido descritos para proteínas G (*gip2, ras, rho* y *rac*), para GEF que actúan sobre *ras, rho* o *rac,* para serín-treonín quinasas como *raf, PKC, mos, tpl-2* (es una MAPKKK)... y para múltiples factores de transcripción: *erb*A, miembros de las familias *jun, fos, rel, ets, myc...* Por último, también se han descrito para reguladores del ciclo celular: PRAD1 (ciclina D1), *vin-1* (ciclina D2)... y para bcl-2, proteína mitocondrial de carácter antiapoptótico.

14.7.6. Genes supresores de tumores

Reciben este nombre porque las proteínas codificadas por ellos actúan inhibiendo proliferación celular y desarrollo tumoral. Su disfunción también es causa de la aparición de tumores. También han sido denominados como *antioncogenes.*

Hoy se conocen alrededor de 30 genes supresores de tumores. En general, el conocimiento de su actividad es menor que en el caso de los oncogenes pero su importancia es muy grande en la aparición y desarrollo de tumores en humanos. Entre ellos destacaremos Rb, p53, NF1, wt1, INK4, BRCA1, BRCA2, APC y DCC. En general, en su actividad normal todos ellos determinan la inhibición del ciclo celular.

Rb recibe este nombre pues es el gen mutado en el retinoblastoma, aunque también se le ha visto implicado en otros tumores. Rb regula la progresión del ciclo celular inhibiendo la transcripción de genes implicados en el paso del punto R. Su ausencia o mutación determina la falta de regulación de E2F-DP (factor de transcripción) que entonces puede estimular la progresión del ciclo celular. También actúa sobre la quinasa nuclear Abl, bloqueando su sitio de unión al ATP y otros factores de transcripción. La función de *p53* se comentará en el apartado 15.3.3; sin embargo, hay que recordar que la existencia de ADN dañado inducía la expresión de p53 conllevando la activación de p21; esto determinaba la inhibición general de complejos cdk/ciclina y de PCNA y, por tanto, la detención del ciclo celular. *INK4 (MTS)* codifica para p16, inhibidor de cdk4/6 que regula el paso por el punto R. Su inactivación determina una elevada activación de cdk4/ciclina D y una incontrolada fosforilación de Rb que conlleva su inactivación. *NF1* inhibe a ras por activación de la correspondiente GAP (este tipo de vía de señalización está descrito en el apartado 13.7.4). La inactivación de *wt1* en el tumor de Wilm (tumor hepático infantil) determina la sobreexpresión de un factor de crecimiento tipo insulina II. *BRCA1* y *BRCA2* aparecen implicados en el cáncer de mama, su delección parece ser la responsable de la mayoría de los cánceres de mama. La actividad de BRCA1 es aún desconocida, aunque se ha propuesto que puede funcionar como factor de transcripción o como una proteína de secreción. En cualquier caso, su expresión inhibe el desarrollo de los cánceres de mama. *APC* parece estar relacionada con uniones adherentes; su mutación origina la poliposis adenomatosa familiar (aparición de pólipos benignos en el colon). APC se une a cateninas y puede ser una proteína de unión entre cateninas y citoesqueleto; *DCC* también parece implicada en fenómenos de adherencia celular y su mal funcionamiento parece determinar la pérdida de inhibición por contacto.

14.7.7. Sistemas de reparación del ADN

El genoma de las células tumorales parece ser muy inestable pues acumula un elevado número de mutaciones. Se propuso por ello que las células cancerosas presentaban un *fenotipo mutador*. Esto se asoció con alteraciones en ciertos genes llamados *genes de reparación de los errores de replicación* del ADN (genes *MMR, MisMatch Repair genes*), de modo que, si estos genes no son activos, la posibilidad de errores durante la duplicación es de 100 a 1.000 veces superior. Entre los genes MMR descritos destacan MSH2, MLH1, PMS1, PMS2, GTBP y MSH3. Se puede decir que la mutación de estos genes es, a su vez, causa de otras mutaciones, por lo que favorece la aparición de cánceres.

La reparación de lesiones en el ADN inducidas por agentes externos es reponsabilidad de otro mecanismo llamado *NER (nucleotide excision repair)* o escinucleasa. Este mecanismo está integrado por cerca de una veintena de proteínas que se encargan de reconocer la lesión, desenrollar ADN, cortar, escindir, síntesis para reparar y ligar ADN. Algunos genes NER aparecen alterados en síndromes hereditarios como el xeroderma pigmentoso, el síndrome de Cockayne y la tricodistrofia.

14.8. Determinación y diferenciación

Determinación y diferenciación son dos procesos biológicos íntimamente relacionados; de hecho, se puede decir que la diferenciación es la consecuencia de la determinación. Tan íntimamente ligados están que es frecuente que algunos autores cuando hablan de diferenciación, en realidad, están hablando de determinación y diferenciación. La diferencia entre ambos conceptos es que la determinación sólo es una toma de decisión por parte de la célula que no conlleva cambios en ella; sin embargo, la diferenciación viene definida por el conjunto de cambios que se aprecian en la célula.

Se dice que una célula está determinada cuando de modo irreversible ha escogido una vía de diferenciación pero todavía no ha expresado ninguna característica que permita reconocerla como diferenciada. Se podría decir que una célula determinada es aquella que tiene un compromiso de diferenciación. Una definición más precisa es la que considera que una célula determinada es aquella que ha sufrido un cambio autoperpetuante de carácter interno que la distingue a ella y a su progenie de otras células y la dirige hacia un tipo especializado de desarrollo o una determinada vía de diferenciación.

La determinación celular es un proceso con memoria; al definirlo se vio que una de sus características es ser autoperpetuante. Las células que derivan de células determinadas estarán igualmente determinadas y entrarán en la misma vía de diferenciación. Esto es debido a que las causas del proceso de determinación se mantienen en las células hijas de la célula determinada; por tanto, existe una *memoria de determinación*. La memoria de determinación es, al menos, de tres tipos: citoplásmica, autocrina y nuclear. Las proteínas de determinación codificadas por un grupo específico de genes actúan sobre el genoma para mantener la expresión de este grupo específico de genes; en definitiva, las proteínas de determinación se encargan de mantener siempre activa su propia expresión. Esto es fácilmente comprobable en experimentos de transplante de núcleos entre células diferenciadas. En estos casos, el patrón de expresión génica del núcleo transplantado se cambia para corresponderse con el del tipo celular del citoplasma donde se transplantó dicho núcleo. En el caso autocrino, la célula secreta factores al medio que actúan sobre ella misma manteniéndola en el estado donde ella produce estos factores. Es bastante parecido al anterior, con la salvedad de que hay secreción al medio extracelular y puede afectar a células muy próximas comprometidas en el mismo proceso de determinación. En estos dos casos, las células hijas estarán también determinadas pues los factores citoplásmicos se reparten en la división y las moléculas autocrinas afectarán a las células hijas al secretarse en la inmediata vecindad de la célula progenitora. Los cambios a nivel nuclear son cambios a nivel cromosómico. Estos cambios han de definir los genes que van a ser expresados y van a estar basados en modificaciones en el ADN; por ejemplo, las células hijas y la progenitora presentan el mismo patrón de metilación del ADN (*genomic imprinting*) y el mismo modelo de condensación cromatínica.

Se dice que una célula se diferencia cuando en ella aparecen una serie de características morfológicas o bioquímicas diferentes de las que presentan otras células. Estos cambios son el reflejo de una actividad transcripcional diferente en relación con las otras células. El proceso de diferenciación no implica pérdida de información genética pues todas las células del organismo, sea cual fuere su estado de diferenciación, llevan idéntica información génica. La clonación de individuos es una buena prueba de ello. Existe una excepción en el caso de linfocitos, donde pueden existir reorganizaciones en el ADN con el fin de generar moléculas muy variables; por ejemplo, anticuerpos.

El estudio de la embriogénesis es uno de los mejores modelos de determinación/diferenciación; no en vano, un organismo pluricelular se desarrolla a partir de una célula huevo. La base de la diferenciación inicial parece deberse a que la célula huevo no tiene determinados componentes homogéneamente distribuidos. Esto conlleva que las células generadas en el proceso de segmentación sean diferentes en función de su contenido citoplásmico. Estos componentes asimétricamente distribuidos, que influyen en la actividad génica de las células del embrión, se llaman *determinantes citoplásmicos* y actuarían como factores de transcripción. En los mamíferos, la diferenciación no se produce hasta pasar el estadio de 8 células. Cada una de las células de un embrión de 8 células es totipotente; es decir, capaz de generar por sí misma un individuo completo. Esto implica que durante las 3 primeras divisiones el reparto del material entre las células es más o menos parejo.

Además de los determinantes citoplásmicos, en la embriogénesis existen otros factores responsables de diferenciación. El embrión es alcanzado por diferentes sustancias del medio que no afectan por igual a todas sus células pues la concentración que afecta a cada célula depende de la posición que ésta ocupa. Estas sustancias reciben el nombre de *morfógenos* y, por definición, son sustancias difusibles que provocan respuestas diferentes en células idénticas en función de su concentración. Otro proceso importante en la diferenciación del embrión es la *desaparición de uniones tipo "gap"* entre células que van a escoger un camino distinto de diferenciación. Esta desaparición permite hacer efectivo el gradiente de concentración del morfógeno; de otro modo, todas las células acabarían teniendo la misma concentración de morfógenos por difusión a través de las uniones "gap".

Los determinantes citoplásmicos, los morfógenos y la desaparición selectiva de determinadas uniones "gap" son la base para el establecimiento de procesos de diferenciación futuros. Estos factores de diferenciación determinan la ubicación correcta de unos grupos celulares con respecto a otros y la posibilidad de que puedan influir unas células sobre otras. Estos *fenómenos inductivos* de unas células sobre otras serán la base de muchos de los procesos de diferenciación posteriores. La inducción es el proceso por el que un conjunto de células afecta a la expresión génica de otro. En este sentido existen células inductoras, inducidas y otras que ni inducen ni se dejan inducir. Cuando una célula reacciona ante la presencia de un inductor se dice que es una *célula competente para ese inductor*. La cualidad de ser competente no es una característica muy duradera; en general, la competencia suele abarcar un período de tiempo preciso. En algunos casos el efecto del inductor es nulo si actúa antes o después de que la célula sea competente; en otros casos, la vía de diferenciación escogida por una célula vendrá determinada por el momento en que actúe el inductor. Existen abundantes moléculas inductoras descritas; por ejemplo, activina y dorsalina, pertenecientes a la familia TGF-β; folistatina, noggina, neurogenina... inductoras de tejido neural. La proteína Shh (*sonic hedgehog*) es secretada por la notocorda e induce la formación del tubo neural. Etapas posteriores de diferenciación son controladas por *hormonas*, moléculas producidas en tejidos distantes.

El proceso de diferenciación lleva asociado una *pérdida de potencialidad*. Una célula posee mayor potencialidad que otra cuando es capaz de generar mayor número de tipos celulares. Obviamente, el zigoto es la célula con mayor potencialidad. En el individuo adulto pueden coexistir células con diferente grado de potencialidad; por ejemplo, las neuronas poseen un grado máximo de diferenciación y nada de potencialidad; sin embargo, los fibroblastos, aunque son células diferenciadas, son capaces, bajo determinadas circunstancias, de generar diferentes tipos celulares. La capacidad de proliferación de una célula suele estar directamente relacionada con su potencialidad e inversamente con su grado de diferenciación.

Envejecimiento y muerte celular

15

Todo ser vivo envejece y acaba por morir y la célula aislada no es una excepción a este proceso. De hecho, casi la práctica totalidad de las células de los organismos pluricelulares se encuentra inmersa en un continuo proceso de proliferación, diferenciación, envejecimiento y muerte. A lo largo de este capítulo estudiaremos los procesos, mecanismos y transformaciones que conducen (1) al envejecimiento celular y (2) a la muerte celular. Ambos procesos están asociados a un desarrollo y remodelado continuo del organismo, desde el nacimiento hasta la muerte; por ello, la muerte de determinadas células no puede implicar la enfermedad o muerte del ser vivo; todo lo contrario, es absolutamente imprescindible para su correcto funcionamiento. Por otro lado, ambos procesos pueden ser independientes, es decir, que en muchos casos la muerte celular puede acontecer sin envejecimiento celular previo.

15.1. Envejecimiento celular

El propio ritmo vital de una célula envejece a ésta. Muchos de los productos derivados de su metabolismo o de las células vecinas determinan cambios en algunas de sus estructuras y, como consecuencia, *un funcionamiento defectuoso progresivo*; esto no es otra cosa que envejecer. Existe toda una serie de interesantes cuestiones a las que responder en relación con el envejecimiento y muerte celular: ¿realmente envejecen las células?; si lo hacen, ¿qué estructuras celulares son responsables del envejecimiento y muerte celular?, ¿es la muerte celular una consecuencia de su deterioro o existe algún factor genético involucrado en la muerte celular? A lo largo del capítulo iremos respondiendo, en lo posible, a estas cuestiones.

El envejecimiento celular parece ser un proceso multicausal. Esto parece lógico pues un único error podría determinar el envejecimiento de la célula si sólo un mecanismo fuese el responsable, pero si los mecanismos son varios existen más garantías de evitar fenómenos de envejecimiento por error. Además, algunos mecanismos pueden explicar determinados cambios pero no lo hacen con otros, lo cual apoya la hipótesis de multicausalidad.

El hecho de que las células envejecen es algo probado; un clásico experimento lo demostró taxativamente. Si se toman fibroblastos embrionarios y se les hace crecer en cultivo éstos no suelen llevar a cabo, por término medio, más de 50 duplicaciones. A a partir de ese punto comienzan a degenerar y terminan muriendo. Cuando se toman fibroblastos de individuos de distintas edades se observa que el número de duplicaciones que éstos efectúan en cultivo es inversamente proporcional a la edad del donador. En fin, que los fibroblastos de un individuo de más edad también parecen tener más edad y realizan un menor número de duplicaciones en cultivo. Es interesante apuntar que las personas suelen morir bastante antes de haber agotado la potencialidad de duplicación no sólo de sus fibroblastos, sino de la práctica totalidad de sus células.

Puesto que parece claro que las células envejecen lo lógico es buscar las causas y mecanismos que determinan este envejecimiento. Hay varias teorías al respecto que se irán analizando a continuación:

1. *Alteraciones en la matriz extracelular.* Se dice que el exceso de glucosa puede determinar la glucosilación progresiva de la colágena y, en consecuencia, la relación excesiva entre distintas moléculas de colágena. Ello conduciría a un endurecimiento progresivo de la matriz extracelular que podría afectar al correcto intercambio entre células y vasos sanguíneos. Hay algunas evidencias que parecen apoyar esta hipótesis; la colágena es más insoluble con la edad y la glucosilación de las proteínas del cristalino en relación con la edad es el fundamento de las cataratas seniles.

2. *Aumento de especies reactivas de O_2.* Ésta es una teoría que cada vez goza de mayor base experimental. Es sabido que el anión superóxido (O_2^-), el agua oxigenada (H_2O_2) y el radical hidroxilo (OH^-) (en conjunto denominadas *especies reactivas de O_2*) son moléculas altamente reactivas por su alto potencial de oxidación y capaces de lesionar irreversiblemente a diversas biomoléculas como proteínas, lípidos, ADN...

   La célula posee varios sistemas coordinados capaces de catabolizar estas moléculas. Entre ellos destacan la existencia de un sistema enzimático integrado por dos enzimas: superóxido dismutasa (SODM) y catalasa. En la célula hay dos tipos de SODM: una citoplásmica y otra mitocondrial. La primera une Cu^{2+} o Zn^{2+}, la otra Mn^{2+} (más parecida a la bacteriana), pero ambas son siempre extraordinariamente activas. La SODM transforma el anión superóxido en agua oxigenada, que es degradada por la catalasa tal como se ilustra en las reacciones siguientes:

$$2O_2^- + 2H^+ \rightarrow H_2O_2 + O_2$$
$$H_2O_2 \rightarrow H_2O + 1/2\,O_2$$

   El trabajo de estas enzimas se ve favorecido por antioxidantes no enzimáticos que también eliminan radicales libres de O_2, como son ácido ascórbico, glutation (tripéptido de Glu-Cis-Gli) y vitamina E.

   Existe toda una serie de evidencias experimentales que apoyan a este modelo. Las especies que poseen una SODM más activa tienen mayor longevidad; por el contrario, animales de tasa metabólica más alta producen más radicales libres y poseen menor longevidad. Una variedad de *Drosophila* que puede vivir el doble que el resto posee una SODM mucho más activa debido a que el gen que codifica esta enzima es diferente. La mutación del gen age-1 aumentaba un 70% de vida en un nematodo; se cree que esta mutación provoca la no síntesis de un inhibidor para catalasa y SODM. El papel que el mal funcionamiento mitocondrial puede jugar en algunas enfermedades parece cada vez más importante; en este sentido, es interesante constatar que la mitocondria es el lugar donde más radicales superóxido se generan, y puesto que su ADN es desnudo, y está sometido a miles de impactos oxidativos, puede sufrir alteraciones. La oxidación de proteínas por estos radicales provoca la aparición de grupos carbonilo (C=O) en aminoácidos con grupos -OH. Se ha demostrado que estos grupos aumentan en ancianos; este hecho parece especialmente notorio en tejido nervioso. Es lógico pensar que algunas de estas proteínas pudiesen no funcionar correctamente y esto determinar un resultado fatal para la célula; por ejemplo, la ADN polimerasa podría cometer errores. La peroxidación de fosfolípidos conduce a una pérdida de asimetría de la membrana plasmática, que conlleva el incorrecto funcionamiento de muchas proteínas de membrana. Esta pérdida de asimetría ha sido demostrada en membranas de células viejas.

3. *Existencia de geronto-genes.* Existe un clásico experimento que demostró que el núcleo y por extensión el ADN contenido en él tenía una importancia crucial en el proceso de envejecimiento. Se transplantó el núcleo de un fibroblasto viejo a un citoplasma de una célula joven y viceversa, un núcleo de célula joven al citoplasma de una célula vieja. Se les dejó crecer y se observó que la potencialidad de división (el número de duplicaciones) estaba determinada por la edad del núcleo. Hoy existen evidencias mucho más específicas. En levaduras se ha descrito el gen LAG-1 (*longevity assurance gene 1*) más activo en células jóvenes; mutantes que lo llevan extraactivo se mantienen jóvenes más tiempo.

   La progeria es una enfermedad en la que individuos jóvenes (10-15 años) muestran el fenotipo de ancianos. Esto sugirió la posibilidad de que hubiese genes de envejecimiento. Se hipotetizó que normalmente estos genes no llegaban a expresarse pues el individuo moría antes de que sus células hubiesen llegado a la condición necesaria para su expresión. La posibilidad de clonación a partir de células somáticas permite la obtención de individuos genéticamente muy viejos. Esto podría permitir la expresión de estos supuestos genes de envejecimiento. El principal problema es obtener marcadores que indiquen edad genética celular, pues en el momento actual no se sabe con certeza la edad genética de la célula a partir de la que se obtienen los clones.

4. *Telomerasa.* Ésta es una hipótesis que en los últimos años ha aumentado su credibilidad; sin embargo, todavía necesita ser confirmada. La telomerasa es una enzima –tipo ribozima pues lleva ARN– encargada de sintetizar ADN telomérico. Esta enzima presenta máxima actividad cuando las células son jóvenes pero, con el tiempo, se ha demostrado que pierde actividad y esto conduce a la pérdida de ADN telomérico. El ADN telomérico es un tipo de ADN altamente repetido y, aunque ligeras pérdidas pueden no afectar a las células, si las pérdidas se repiten en cada ciclo proliferativo de la célula, esto puede causar la pérdida de ADN con funciones importantes y terminar dañando a la célula.

5. *Proteínas de estrés.* Parece demostrado que en los animales de experimentación viejos existe una menor respuesta al estrés debido a alteraciones en la inducción de la expresión de proteínas de estrés; en particular, por un mal funcionamiento de los

factores implicados en su transcripción o HSFs (*heat shock factors*). Esto determina una menor capacidad de síntesis de estas proteínas, también llamadas *proteínas de choque térmico* o HSPs (*heat shock proteins*). Las HSPs representan un mecanismo de defensa importante contra diversas agresiones, por lo que su menor capacidad de expresión asociada al envejecimiento puede afectar a la supervivencia celular.

Por último, si, como parece, los daños en el ADN pueden mediar envejecimiento, es lógico pensar que los sistemas de reparación de esta molécula también pueden ser importantes en los fenómenos de envejecimiento. Parece obvio que la posibilidad de tener más y mejores sistemas de reparación de ADN puede redundar en una mayor longevidad y una mejor calidad biológica de vida. En cultivo, los fibroblastos de especies con vida más larga poseen una mayor capacidad de reparación de ADN que los fibroblastos de especies de vida más corta.

15.2. Muerte celular

La muerte celular es un proceso fisiológico/patológico que conduce a la eliminación celular y que tiene una función esencial en la homeostasis de los tejidos y en los estados patológicos. Las causas que la inducen son de índole muy variada; por ejemplo:

1. Cambios en glucoproteínas y glucolípidos de superficie son indicadores de vejez para los eritrocitos, que son destruidos por fagocitosis en hígado y bazo.
2. Células infectadas por virus son destruidas por linfocitos Tc (T citotóxicos), al igual que lo son las células cancerosas (linfocitos NK).
3. Otras muchas células mueren accidentalmente por daños físicos o químicos que se pueden producir en la actividad normal de los seres vivos.
4. Determinadas células han de morir durante el desarrollo de todos los vertebrados. Se cree que esta muerte celular no es por envejecimiento sino por la activación de un programa genético destinado a tal fin, por lo que recibe el nombre de *muerte celular programada*.

En el pasado, la terminología empleada para definir procesos de muerte celular fue variada. La muerte celular fisiológica (regulada por programa génico) se denominó *apoptosis, necrobiosis, autólisis, suicidio celular, muerte celular espontánea...* La muerte no fisiológica o necrosis se denominó *muerte de tipo accidental* u *oncosis*. En el momento actual se utilizan tres términos para definir distintos tipos de muerte celular: *muerte celular programada* o PCD *(programmed cell death), apoptosis* y *necrosis* o *muerte accidental*. En PCD y apoptosis los mecanismos y herramientas que conducen y producen la muerte celular dependen de la activación de un programa genético diseñado para tal fin. Sin embargo, la muerte por necrosis se produce por causas traumáticas o patológicas (apartado 15.9) y, aparentemente, en este proceso de destrucción celular no hay activación de ningún programa genético. El hecho de que no existen demasiadas diferencias en la mecánica de los procesos que conducen a PCD y apoptosis ha llevado a equiparar ambos términos. En sentido estricto, ésta no es una equiparación correcta pues en la PCD la activación del programa genético de muerte aparece especificada en el tiempo; es decir, la célula que va a sufrir PCD tiene desde su origen marcado este fin. En apoptosis, por el contrario, no hay tal predeterminación temporal, es una muerte más influenciada por causas que ocurren en un determinado momento. Por tanto, en la PCD se especifica el momento y las herramientas que conducen a la muerte celular; en la apoptosis sólo se especifican las herramientas.

En adelante, aclarada ya la diferencia entre PCD y apoptosis, y considerando que la mayoría de los autores usan ambos términos indistintamente –mayoritariamente apoptosis– para referirse a cualquier mecanismo de muerte celular regulado por un programa génico, usaremos el término *apoptosis*. Recientemente ha aparecido el término *anoikis,* nombre que recibe el proceso apoptótico cuando se induce por pérdida de contacto de la célula con la matriz extracelular. Es decir, que la anoikis es un tipo de apoptosis relacionado con la pérdida de anclaje de la célula a la matriz. En este proceso parecen implicadas las integrinas; de hecho, la activación de FAK por integrinas suprime anoikis.

15.3. Apoptosis (muerte celular programada)

15.3.1. Funciones de la apoptosis

La apoptosis puede parecer un proceso esporádico y poco común en los seres vivos, quizá debido a que sólo se le ha prestado atención en los últimos años. Nada más erróneo, es un proceso absolutamente ubicuo en todos los seres pluricelulares y esto implica un importante papel funcional. Son muchos los procesos donde la apoptosis es absolutamente necesaria; por ejemplo, durante el desarrollo embrionario, fetal y postnatal mueren desde blastómeros hasta neuronas, y abunda en fenómenos donde hay reabsorción de algunas estructuras; o también, en los procesos de metamorfosis o en los mecanismos de renovación de algunos tejidos como timo, corteza suprarrenal, próstata, intestino, hígado, ganglios linfáticos, glándula mamaria y ovario. En los casos anteriores es evidente su posible funcionalidad; sin embargo, en otros seres vivos parecía que su prevención no afectaba al individuo. Mutantes del nematodo *Caenorhabditis elegans* incapaces de realizar apoptosis no parecían, en principio, sufrir trastorno alguno; sin embargo, se vio que la pérdida de algunas células confería al individuo algunas ventajas adaptativas; por ejemplo, crecían más deprisa y eran más eficientes en quimiotaxis.

A modo de resumen, la apoptosis es esencial en:

1. La eliminación de células que carecen de función por ser auténticos vestigios evolutivos; por ejemplo, las membranas interdigitales.
2. La eliminación de células generadas en exceso; por ejemplo, muchas neuronas del sistema nervioso central, en casos de reparación de lesiones, remodelado de tejidos...
3. La eliminación de células desarrolladas impropiamente.
4. La eliminación de células que ya han cumplido su función, por ejemplo, la cola de anfibios en la metamorfosis.
5. La eliminación de células en procesos morfogénicos; por ejemplo, en la formación de conductos, orificios...

6. La eliminación de células que pueden ser peligrosas; por ejemplo, delección clonal de linfocitos, prevención de carcinogénesis.
7. La producción de células muertas; por ejemplo, formación del cristalino y capa córnea epidérmica.

Vistos los casos anteriores, parece obvio que todas aquellas células sobrantes, sea por su pérdida de funcionalidad, por su exceso o por su potencial peligrosidad, son eliminadas mediante este mecanismo. Por tanto, se puede considerar que la apoptosis sirve a los seres vivos para la regulación precisa del número/masa de células que ha de haber en una zona o tejido y para eliminar células erróneas o potencialmente peligrosas.

15.3.2. Cambios morfológicos en las células apoptóticas

Desde el punto de vista morfológico se pueden subdividir tres etapas (figura 15.1):

— *Primera*. Caracterizada por bruscas alteraciones nucleares. La cromatina se condensa y puede llegar a formar un fuerte anillo periférico en el núcleo; el nucleolo se disocia y desintegra. En el citoplasma hay 1) aglomeración organular, especialmente las mitocondrias y también los ribosomas libres, 2) el citoesqueleto se empieza a fragmentar y 3) se destruyen desmosomas y otros mecanismos de unión, especialmente uniones comunicantes, por lo que se produce pérdida de contacto con las células vecinas y aumenta el espacio extracelular; sin embargo, los orgánulos todavía están intactos. El borde de la célula presenta indentaciones y protuberancias.
— *Segunda*. La envoltura nuclear se indenta profundamente anunciando su próxima ruptura. La membrana plasmática también es muy irregular pues hay fenómenos de burbujeo y de génesis de cuerpos apoptóticos; el volumen celular disminuye bruscamente. Los cuerpos apoptóticos son fragmentos de citoplasma que pueden o no llevar fragmentos nucleares y que permanecen conectados por puentes al resto de la célula al principio del proceso; después se van independizando poco a poco.
— *Tercera*. Degradación de los cuerpos apoptóticos debido a que se producen fuertes cambios a nivel de membrana que les permite ser reconocidos por macrófagos. Todo ello ocurre muy rápidamente, no más de 3 a 6 horas.

La apoptosis de algunos tipos celulares puede mostrar algunas características diferenciales; por ejemplo, en las células del músculo esquelético se produce una confluencia del RE y un empaquetamiento de los miofilamentos; en los queratinocitos se produce un aumento de tonofilamentos (filamentos intermedios de queratina).

15.3.3. Cambios moleculares en la apoptosis

Analizaremos modificaciones moleculares en A) núcleo, B) citosol, C) mitocondria y metabolismo energético y D) membrana plasmática.

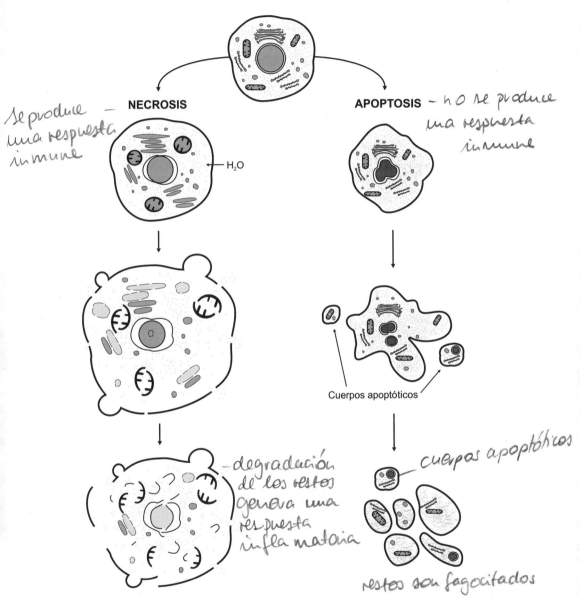

FIGURA 15.1. Apoptosis y necrosis. Desde el punto de vista estructural, estos mecanismos de muerte celular presentan diferencias importantes. En la necrosis se produce un hinchamiento de la célula y de los orgánulos debido a la pérdida de control del flujo iónico y a la entrada de agua. La célula acaba rompiéndose y la degradación de sus restos genera una potente respuesta inflamatoria. En la apoptosis, se produce una disminución del tamaño celular que hace al citosol mostrar un aspecto más denso. El contorno de la célula se irregulariza, la cromatina se condensa y el núcleo se fragmenta. La célula también se fragmenta y estos fragmentos reciben el nombre de *cuerpos apoptóticos*. La fragmentación de la célula no conlleva la rotura ni de los orgánulos ni de la membrana plasmática; por ello, en la apoptosis, aunque los fragmentos celulares también son fagocitados, prácticamente no se produce una respuesta inmune.

A) Cambios en el núcleo

La condensación e inmediata fragmentación de la cromatina es el cambio inicial más característico de la apoptosis, aunque tambien suceden otras modificaciones. Todo el conjunto de transformaciones va a estar mediado por la activación de enzimas del tipo endonucleasas, transglutaminasas y proteasas. Más específicamente analizaremos los cambios que ocurren en cromatina, matriz y envoltura nuclear.

• *Cromatina*

La cromatina sufre una primera fragmentación que rinde fragmentos de gran tamaño (algunas decenas de kilobases); esta primera fragmentación se ha intentado correlacionar con la condensación, colapso y adhesión de la cromatina a la envoltura nuclear. No se ha aislado la enzima encargada de este primer proceso pero se cree que la topoisomerasa II puede ser responsable. La segunda fragmentación es internucleosomal y genera fragmentos de 180 a 200 pares de bases (pb), que corresponden a la longitud de ADN enrollado al nucleosoma. Esta fragmentación genera un patrón característico "en escalera" al analizar el ADN en geles de agarosa. El corte se produce en el lugar de unión de la histona H1, que previamente ha sido degradada por proteolisis. Las enzimas implicadas en este proceso pueden ser varias: DNAsa I (Ca^{2+}-dependiente), DNAsa II (Ca^{2+}-independiente), nuc-1, nuc-18, nuc-40 y nuc-58. La actividad de estas enzimas genera un número alto de extremos 3'-OH en el ADN; de hecho, la detección de estos extremos se usa como marcador de apoptosis.

• *Matriz y envoltura nuclear*

Se ha descrito redistribución de poros y desorganización de las láminas, en este caso proteolítica y no por fosforilación como en el caso mitótico. En la matriz nuclear abundan muchos procesos de tipo proteolítico donde se degrada β-actina, fodrina, histonas, la enzima poli-ADP ribosa polimerasa (PARP) y PK-ADN (proteínkinasa dependiente de ADN). La mayoría de las proteasas implicadas en estos procesos degradativos son de tipo caspasa (se verán posteriormente). PARP y PK-ADN son enzimas implicadas en la reparación de ADN, su degradación es muy importante pues al hidrolizarlas se bloquean los mecanismos de reparación del ADN. La identificación de los fragmentos resultantes de la hidrólisis de PARP también es un excelente marcador apoptótico.

B) Cambios en el citosol

Los cambios son muy importantes, pero siempre menos drásticos que los que provoca la necrosis. Consideraremos tres aspectos diferentes:

• *Síntesis, degradación y/o activación de macromoléculas*

Los resultados obtenidos en este campo son bastante discordantes; en determinados modelos apoptóticos, los inhibidores de transcripción y/o traducción previenen apoptosis y en otros casos la activan. Esto sugiere la existencia de diferentes rutas que regulan el proceso apoptótico y que pueden ser usadas de modo diferente por diferentes tipos celulares. En general, la mayoría de los modelos estudiados en humanos no suelen necesitar síntesis de moléculas, pero sí los modelos de murinos. En cualquier caso, se consideran tres posibilidades para explicar estos resultados tan dispares: *a)* los componentes para destruir la célula están sintetizados previamente pero son inactivos, *b)* no existen estos componentes y hay que sintetizarlos, y *c)* la mayoría de los componentes están sintetizados pero es necesario sintetizar los componentes que permiten acoplar las señales externas a la maquinaria efectora de apoptosis. En los experimentos que se llevan a cabo para saber cuál de las posibilidades anteriores rige un mecanismo determinado de apoptosis es necesario ser muy cauteloso en el análisis de resultados pues puede suceder que el agente empleado para inhibir la síntesis de un determinado tipo de moléculas pueda actuar por sí mismo como inductor de apoptosis. Por ejemplo, la cicloheximida, que se emplea como inhibidor de síntesis de proteínas, parece tener *per se* un efecto apoptótico pues parece que su efecto principal viene determinado por alterar el transporte de glucosa provocando un fallo energético que activa apoptosis.

Una de las moléculas importantes sintetizadas/activadas en algunos modelos de apoptosis son las *transglutaminasas*. Éstas son enzimas Ca^{2+}-dependientes que catalizan la polimerización de proteínas pues forman puentes entre restos de Glu y Lis; esto produce aglomeración y densificación de los componentes del citoplasma y ayuda a la aparición de cuerpos apoptóticos. Sin embargo, lo más habitual es un gran predominio de procesos degradativos donde, dependiendo del modelo de apoptosis a estudiar, se ha demostrado la actividad de enzimas como tripsina, proteinasa K, colagenasa, granzima B (media la actividad lítica de linfocitos), catepsinas B y D, calpaínas (degradan PKC) y quizá el grupo más interesante y peculiar de apoptosis que son un grupo de proteasas llamadas *caspasas*.

Las *caspasas* reciben este nombre por ser *"Cysteine aspartases"*. También se les denomina *ICE*, que es el acrónimo de enzima convertidora de la interleucina IL-1β; por ejemplo, la ICE-1β es la caspasa-1. Están presentes en las células en forma de proenzimas inactivas. En mamíferos hay descritas una decena que son denominadas por números árabes. En función de sus sustratos se agrupan en cuatro clases:

— Clase 1: caspasas que activan determinados sustratos. Como sustratos destacan las propias caspasas, algunos tipos de PKC, PLA_2, PAK (p21 *activated kinase*), SREBPs (proteínas que se unen a elementos reguladores de esteroles)...
— Clase 2: caspasas que inactivan determinados sustratos. La PK_{cs}-ADN (subunidad catalítica de la PK de ADN), la proteína supresora del retinoblastoma...
— Clase 3: caspasas que alteran las propiedades de ensamblaje-desensamblaje de las proteínas sobre las que actúan. Por ejemplo las láminas A y B, Gas2 (es una ABP)...
— Clase 4: caspasas cuyo efecto sobre las moléculas que actúan no es claro. Por ejemplo, las caspasas que actúan sobre PARP, actina, fodrina...

Existen cuestiones interesantes acerca de las caspasas, especialmente acerca de su variedad y de su activación. Con respecto a su activación se sabe que todas las caspasas aparecen como zimógenos que necesitan un corte cerca de Asp para su activación, produciéndose así una subunidad grande y una pequeña que se asocian en un tetrámero α_2-β_2. La cuestión de su variedad era especialmente interesante pues algunas células de diferentes tejidos del nematodo *Caenorhabditis elegans* eran capaces de realizar apoptosis y sólo se había descrito una caspasa. Para explicar la variedad encontrada en mamíferos se han aducido las siguientes razones:

— Existe especificidad de tejido. Mediante ratones *knock-out* para el gen de la caspasa 3 se sabe que ésta es esencial en apoptosis en tejido nervioso, pero su falta no afecta a mecanismos apoptóticos de otros tejidos.
— Existe especificidad de sustrato. Por ejemplo, la caspasa 3 rompe muy bien PARP y mal láminas; la caspasa 6 al contrario.
— La existencia de cascadas de caspasas obliga a que exista un mayor número de ellas.
— Algunas caspasas podrían ser específicas de orgánulos.
— Diferentes estímulos podrían activar diferentes caspasas.
— Las caspasas presentan múltiples variantes de procesado de sus mRNAs y otras modificaciones posteriores.

Además de por su función sobre determinados sustratos (clases 1-4), las caspasas también pueden ser clasificadas desde un punto de vista más estructural. En función de la longitud del extremo N-terminal existen dos tipos de caspasas: con extremo largo (1, 2, 4, 5, 8 y 10) y con extremo corto (3, 6, 7 y 9). Se cree que las que poseen el extremo largo podrían actuar en los primeros pasos de la apoptosis y serían de tipo regulador; las cortas, por el contrario, serían auténticos efectores apoptóticos. En la región larga existen zonas que median la unión con otras proteínas y que servirían para poder anclar estas caspasas a algunos receptores; por ejemplo, a los receptores del TNF (factor de necrosis tumoral) y FAS-Apo-1 (FAS-Apo-1 es un gen que codifica para una proteína de membrana parecida al receptor de TNF que, cuando es bloqueado con anticuerpos, determina la inducción de apoptosis). Existen ya bastantes tipos de adaptadores propuestos entre caspasas y receptores; por ejemplo, FADD, TRADD, RIP y RAIDD (figura 15.2).

Se han descrito algunos inhibidores de estas enzimas, especialmente en virus. El mejor conocido es el CrmA (*cytokine response modifier A*). Es una proteína parecida a las serpinas (las serpinas son serín-proteasas implicadas en recambio de matriz) e inhibe algunos mecanismos de apoptosis pero no otros; parece que bloquea aquellos activados por caspasa 8 pero no los activados por caspasa 2. También se ha asociado a los proteasomas con la regulación de la actividad de las caspasas.

Además de las caspasas, en determinados modelos puede ser de gran importancia la activación de otras proteasas; por ejemplo, granzimas y catepsina D. La granzima B es una serín-esterasa que activa a caspasas y es liberada junto con perforina en la muerte inducida por linfocitos Tc (T citotóxicos). La perforina forma poros que permite pasar a la granzima y activar caspasa 3 y 9. La catepsina D es una aspártico-proteasa implicada en los mecanismos apoptóticos inducidos por IFN-γ, TNF y FAS.

• *Moléculas implicadas en vías de transducción*

Receptores. Los receptores que tras su activación conducen a apoptosis se denominan, de modo genérico, *receptores de muerte celular*. Éstos son receptores específicos que detectan la presencia de determinadas señales extracelulares y, como respuesta, activan la maquinaria intracelular de apoptosis. Funcionan en determinados tipos de apotosis y pertenecen a la superfamilia de genes de los receptores *TNF* (factor de necrosis tumoral), que poseen un dominio extracelular rico en cisteína.

El gen CD95 = FAS/Apo1 (FAS en ratón y Apo en el hombre) codifica una proteína de membrana (receptor) cuya activación induce la apoptosis. Este receptor se activa por oligomerización cuando se le une su correspondiente ligando al dominio extracelular. Sus dominios intracelulares son diferentes a los de otros receptores y comparten una secuencia de aminoácidos que se denomina *dominio de muerte*. Este dominio está implicado en interacciones con otras proteínas citoplásmicas, que también contienen el motivo y que son necesarias para la transducción de la señal. Estas proteínas funcionan como adaptadores entre el receptor FAS/Apo1 y las caspasas y ya han sido descritos previamente (FADD, TRADD, RIP y RAIDD) (ver caspasas y figura 15.2).

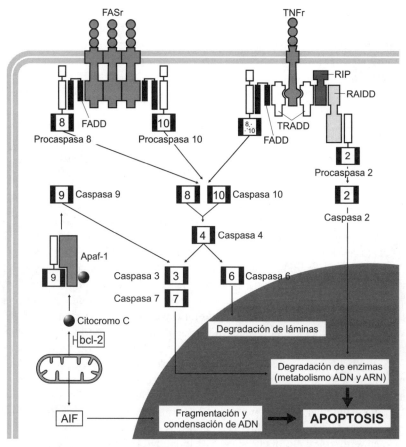

FIGURA 15.2. Mecanismo de apoptosis inducida por la activación del receptor FAS (FASr) y del receptor para TNF (TNFr); el posible papel de la mitocondria en la inducción de la apoptosis también se ha considerado. La importancia de los adaptadores (FADD, TRADD, RIP y RAIDD) es crucial en la activación de caspasas que sigue a la activación de los receptores FAS y TNF. Apaf-1: factor apoptótico activador de proteasas. AIF: factor inductor de apoptosis.

Calcio. La elevación de su concentración determina apoptosis en algunos casos; de hecho, en estos casos, los quelantes se muestran como moléculas antiapoptóticas. En otros modelos, por el contrario, la elevación de Ca^{2+} previene apoptosis. En los modelos dependientes de Ca^{2+}, éste actuaría activando endonucleasas Ca^{2+}-dependientes y algunas serín-proteasas implicadas en la degradación de láminas o histona H1. También se ha propuesto que podría activar la transcripción de FAS-l (ligando para el receptor FAS) y FAS-r (receptor FAS), este proceso recibe el nombre de *autosuicidio*.

PKC. Dependiendo de los modelos de apoptosis algunos tipos específicos de PKC pueden activar o prevenir apoptosis. Su papel es claro en casos de prevención pues inhibidores de PKC como estaurosporina estimulan apoptosis.

AMPc. Al igual que en el caso anterior, presenta efectos contrapuestos dependiendo del modelo apoptótico en estudio. Obviamente, en este caso, el efecto del AMPc vendría determinado por PKA.

Ceramida. Esta molécula resulta de la hidrólisis de la esfingomielina (rinde DAG y ceramida). Parece un excelente iniciador de apoptosis en caso de inducción por TNF, aunque es probable que también pueda tener el efecto contrario. Parece que el efecto de la ceramida sería inducir la expresión de c-Jun (factor de transcripción) vía Ras.

PTKs. Teóricamente su activación frenaría apoptosis pues no en vano muchas de ellas son receptores de factores de crecimiento. Parecen estar especialmente implicadas en modelos inducidos por radiación.

CDks. Puesto que determinados reguladores de ciclo celular promovían ciertos tipos de apoptosis, parecía lógico que las kinasas dependientes de ciclina (CDks) también pudiesen estar implicadas. Se ha visto que, en algunos modelos, pueden jugar papeles de importancia; por ejemplo, las ciclinas B y E estarían implicadas en apoptosis inducidas por daño en ADN y las ciclinas A en la inducida por Myc (factor de transcripción).

Ras. Las proteínas ras son una familia de GTPasas monoméricas (ver apartado 13.7.4) que parecen promover muerte celular o supervivencia dependiendo de su interacción con distintas proteínas efectoras. Todo parece indicar que ras parece tener el potencial de producir dos efectos biológicos contrapuestos: muerte celular si activa raf (vía ERK) y superviviencia celular si activa PI_3K (ver apartado 13.6.2). El efecto de la activación de PI_3K viene determinado por la inactivación de Bad (por fosforilación), proteína que modula bcl-2. La regulación de una u otra vía es, obviamente, de capital importancia en la iniciación y progresión de tumores. La promoción de la muerte celular por activación de raf puede ser una buena manera de limitar la expansión de tumores mientras que la activación de PI_3K puede conducir a su expansión.

Proteína Rb. La proteína Rb o del retinoblastoma es una fosfoproteína nuclear codificada por el gen Rb-1 y puede actuar como supresor de tumores. Es sustrato de kinasas ciclina dependientes y está implicada en control de ciclo celular. Rb controla el paso de G1 a S y para ello Rb se fosforila durante toda la G1; al inicio de G1 está defosforilada y activa, al final fosforilada e inactiva, lo cual permite a la célula avanzar en el ciclo. Su fosforilación corre a cargo de los complejos ciclina-cdk, algunos de ellos regulados positivamente por myc y negativamente por p21. Mucha de la funcionalidad de Rb se debe a su capacidad para unirse y suprimir la actividad de los factores de transcripción del tipo E2F que coordinan la expresión de genes responsables de la transición G1-S en el ciclo celular.

La capacidad de regulación de apoptosis por Rb deriva de su papel de control en la transición G1 a S. Señales proliferativas negativas o agentes que dañan el ADN bloquean la fosforilación de Rb a través del inhibidor p21 que es activado por p53 (proteína que será estudiada posteriormente) y conducen a que la célula no entre en ciclo celular y posea cierta susceptibilidad de entrar en apoptosis. Sin embargo, también parecen existir rutas de inducción de apoptosis mediadas por Rb e independientes de p53; en estos casos, es posible que la defosforilación de Rb sea por fosfatasas activadas por los agentes que inducen apoptosis. Por otra parte, también hay evidencias de que la proteolisis de Rb por ciertas caspasas se produce en apoptosis inducida por Fas y se cree que este procesado proteolítico de Rb puede ser un acontecimiento pivotal en la ejecución del programa de muerte en algunas células.

En conclusión, no existe una evidencia clara que implique a segundos mensajeros y a algunas PKs en la regulación de apoptosis. Esto es lógico por cuanto que señales que conducen hacia apoptosis en unos sistemas promueven supervivencia en otros y parece indicar que las moléculas con capacidad de decisión para promover muerte celular o supervivencia están ubicadas corriente arriba (*upstream*) en la vía de transducción de estos segundos mensajeros y PKs. La reciente implicación de ras en la posible toma de decisión de la célula entre muerte o supervivencia así parece confirmarlo. Por otra parte, la implicación en la regulación de apoptosis de proteínas con capacidad de control en el ciclo celular está plenamente justificada pues la toma de decisión de la vía apoptótica ha de conllevar la inhibición de los mecanismos que inducen proliferación o entrada en ciclo celular.

- *Factores de transcripción*

Factor de transcripción AP-1. Actúa en desarrollo, proliferación y diferenciación celular y parece que también en apoptosis. Los AP-1 (*activating protein*-1) los forman homo o heterodímeros de las proteínas nucleares Fos (c-Fos, Fos B, Fra1 y Fra2), Jun (c-Jun, JunB y JunD) y proteínas con cremallera de leucina bZIP (ATF-2, ATF3/LRF1, B-ATF).

La posible participación de AP-1 en apoptosis fue sugerida por la sobreexpresión de c-fos y c-jun en células apoptóticas. También se vio que en los modelos de deprivación de NGF (factor de crecimiento neural) era requerido c-jun y en algún modelo también JNK (jun-kinasa, tipo de MAP kinasa, figura 13.8). En general, hay modelos que necesitan AP-1 pero en otros no es necesario; por ejemplo, la inducción por TNF-α en linfocitos. En este sentido se ha sugerido que AP-1 sería necesario en aquellos modelos en los que se precisa síntesis proteica *de novo*. Todo parece indicar que AP-1 no parece ser una parte básica de la maquinaria apoptótica, aun jugando un papel importante en algunos casos. AP-1 regula muchos genes y lo interesante sería saber cuáles ejercen actividad promotora y cuáles protectora en relación con la apoptosis.

Factor de transcripción NF-kB. Estos factores modulan la expresión de genes de respuesta rápida, por lo que son importantes en activación, proliferación y diferenciación celular, desarrollo del sistema inmune y apoptosis. Estos factores pasan del citoplasma al núcleo uniéndose a su correspondiente secuencia consenso del ADN (sitio kB). En el citoplasma están inhibidos por unión a la proteína inhibidora IkB. El NF-kB activo es un complejo dimérico (homo o heterodímero) de proteínas Rel/NFkB (p50, p52, c-Rel, v-Rel, RelA(p65) y RelB); p50-p65 es el dímero más abundante.

En principio, el NF-kB se consideró un inductor de apoptosis pues aumentaba en células con ADN dañado, expuestas a TNF, infección viral..., pero otros trabajos subrayaban una acción antiapoptótica pues activaba genes como el de la SODM. En linfocitos B activos, que lo expresan de modo constitutivo, su inactivación induce apoptosis. Se piensa que el efecto protector o promotor de la apoptosis depende de la línea celular y el estímulo inductor.

Proteínas Myc. Son una familia de fosfoproteínas nucleares de vida media muy corta (20-30 minutos) que actúan como factores de transcripción y controlan proliferación, diferenciación, transformación tumoral y apoptosis. En mamíferos se han descrito tres miembros c-myc, N-myc y L-myc, y para actuar como factor de transcripción deben dimerizar con la proteína Max o relacionadas.

C-myc no se expresa en células no proliferantes, pero la activación de estas células induce rápidamente su expresión y esto es esencial para progresar en el ciclo. Agentes que promueven diferenciación inhiben la expresión de myc y su inhibición en células proliferantes determina parada en la proliferación y rápida diferenciación. Existe, por tanto, una alta correlación entre la expresión de myc y proliferación. No obstante, existen algunas excepciones, los queratinocitos, células muy diferenciadas, lo expresan altamente.

En relación con apoptosis se ha propuesto que la sobreexpresión de este gen conferiría susceptibilidad a las células para entrar en apoptosis y que la anulación de su expresión las haría más resistentes a ella. En la modulación de la entrada en apoptosis por myc parecen intervenir dos proteínas como son bcl-2 y p53. El mecanismo preciso no está claro pues hay numerosas evidencias experimentales controvertidas, pero se cree que c-myc conduciría a procesos de proliferación o apoptosis celular dependiendo de la presencia o ausencia de señales apropiadas para la supervivencia. Por ejemplo, la sobreexpresión de c-myc en algunas células tumorales induciría apoptosis pero puede ser contrarrestada por una alta expresión de bcl-2 y una p53 no funcional.

p53. Es una fosfoproteína fosforilada en multiples sitios por PKs. Los dos papeles más importantes que p53 desempeña en la fisiología celular son: *a)* la regulación de la toma de decisión entre apoptosis o la progresión del ciclo celular, y *b)* la reparación de ADN. Además, puede actuar como factor de transcripción. La pérdida de control por p53 ofrece una explicación plausible para el desarrollo de algunos tumores, de hecho, parece que alteraciones en p53 son la causa más frecuente de cáncer en humanos. Por todo ello, p53 ha recibido el nombre de *guardián del genoma.* p53 parece funcionar, al menos parcialmente, como un factor de transcripción que regula tanto positiva como negativamente la expresión de un buen número de genes.

La fosforilación de p53 parece ser fundamental en su fisiología. p53 puede ser fosforilado por caseína kinasa II (CKII), ciclina B/cdk1, ciclina A/cdk2, PKC, ADN-PK y JNK1 entre otras. La fosforilación parece provocar dos efectos sobre p53; por un lado, afecta de forma importante a su estabilidad pudiendo disminuirla o aumentarla dependiendo del sitio de fosforilación y, por otro, parece provocar una mayor afinidad por el ADN (fosforilación en el extremo C). Experimentalmente se ha demostrado que el tratamiento con PMA (éster de forbol de carácter tumorigénico que activa PKC) incrementa la fosforilación de p53 vía PKC y determina una mayor capacidad de unión de p53 al ADN y la detención del ciclo celular. El efecto protector de p53 contra daños en el ADN podría estar regulado por un cambio conformacional tras la fosforilación por ADN-PK y JNK1. Además, parece que la diferente funcionalidad de p53 puede tener reflejo en su diferente localización subcelular; de hecho, su translocación ha sido detectada tras estimular con suero a las células o durante las diferentes fases del ciclo celular.

Considerando un punto de vista amplio parece que p53 es capaz de evaluar y responder ante daños en el ADN, de modo que p53 induce apoptosis si los daños en el ADN son grandes y determina la parada del ciclo celular para su reparación si los daños son leves. Por ello, la inducción de apoptosis por p53 sería un mecanismo útil de eliminación de células tumorigénicas o con muchos daños en el ADN y, por tanto, un mecanismo protector. La detención del ciclo celular por p53 podría estar mediada por la activación de p21, proteína que inhibe ciclinas y, consecuentemente, la no fosforilación de Rb, efecto que conduce a la detención del ciclo celular. También se ha sugerido que p53 podría ser un silenciador transcripcional del bcl-2 y, por el contrario, un activador de la expresión de Bax; lo cual le haría un magnífico agente apoptótico.

C) *Cambios en mitocondria y metabolismo energético*

En general, la apoptosis necesita energía, por tanto, moléculas inhibidoras del metabolismo energético deberían parar la apoptosis. Sin embargo, en la mayoría de los casos se obtiene el efecto contrario; por ejemplo, el bloqueo del transporte de glucosa o el de la cadena mitocondrial de transportadores electrónicos determina apoptosis. En la apoptosis inducida por TNF_α se sabe que se genera un número alto de moléculas que pertenecen a las llamadas especies reactivas de oxígeno (O_2^-, NO_2^-). El NO_2^- tiene efectos inhibitorios sobre la aconitasa (ciclo de Krebs), por lo que acaba determinando una fuerte caída en el sistema de obtención de energía de la célula y una total dependencia de la vía glucolítica como fuente de energía. El sistema se agrava cuando esta pérdida de sustratos energéticos afecta al potencial de membrana plasmática y subsecuentemente al transporte de glucosa.

Alteraciones del metabolismo mitocondrial parecen jugar un papel importante en los procesos de disparo de apoptosis, ya por alteraciones en la síntesis de energía química, ya por la liberación de productos mitocondriales. Al menos dos productos pueden ser liberados a partir de la mitocondria y a través de poros alcanzar el citoplasma. Estos productos son el *citocromo c* y una proteína denominada *factor inductor de apoptosis* (AIF, *apoptosis inducing factor*). AIF es una proteína de 50 kDa con actividad proteasa que le permite activar a otra proteasa parecida a la caspasa-3. La translocación del citocromo c al citosol parece ser un paso crucial de la entrada en apoptosis en un buen número de modelos. El citocromo c se ubica en el espacio intermembranoso asociado (se cree que electrostáticamente) a la membrana interna (ver figura 7.4) y una vez liberado a través de los poros previamente citados determina la activación de caspasas de tipo ejecutor. En el proceso de activación de caspasas se ha descrito la participación de otro componente llamado Apaf-1 (*apoptosis protease-activating factor*). Apaf-1 en combinación con Apaf-2 (citocromo c) y un factor citosólico (Apaf-3) terminarían activando la caspasa-3 (figura 15.2). Apaf-1 resulta extraordinariamente parecido a ced-4, proteína implicada en apoptosis en el caso del nematodo *Caenorhabditis elegans* (este modelo se verá posteriormente). La liberación del citocromo c y de AIF no parece estar mediada por el mismo mecanismo. El mecanismo responsable de la liberación de AIF es una disminución en el potencial de membrana mitocondrial. Esta caída de potencial, que ha sido demostrada en muchos procesos apoptóticos, estaría ocasionada por la apertura de algunos poros (todavía no bien conocidos) situados en la membrana externa mitocondrial. Estos poros se denominan *poros PT* (*permeability transition*), son permeables a moléculas menores de 1500 Da y se pueden considerar como canales dependientes de voltaje que pueden ser inhibidos por ciclosporina A. El citocromo c parece que puede ser liberado antes de la caída de potencial mitocondrial aunque también puede serlo por la caída de potencial mitocondrial. AIF y el citocromo c también son funcionalmente distintos pues el primero provoca apoptosis nuclear y el segundo parece restringir su acción al citoplasma.

D) Cambios en la membrana plasmática

Modificaciones importantes, tanto en proteínas como en lípidos de membrana, se han sugerido y demostrado en algunos casos, aun a pesar de que la membrana mantiene su integridad hasta el final del proceso de apoptosis. Entre ellos están:

a) Pérdida de contacto con las células vecinas, la matriz extracelular o el sustrato; también puede haber pérdida de algunas especializaciones como microvellosidades. Esto implicaría modificaciones en uniones adherentes (integrinas y cadherinas) y comunicantes (cierre y desenganche de conexones).

b) Aparición de nuevas proteínas o epitopos nuevos de las ya existentes que actúen como marcadores para el proceso de fagocitosis por macrófagos. En este sentido se han descrito algunas alteraciones:

1. Pérdida de asimetría que hace aflorar en la capa E de la membrana a fosfolípidos como PS y PE (típicos de la capa P); su traslocación podría ser debida a la activación de alguna flipasa. Estos fosfofolípidos podrían ser importantes en el proceso de reconocimiento por el macrófago vía receptor SR. Se ha sugerido que estos receptores no interactúan directamente con los ligandos; el macrófago habría de secretar otra molécula capaz de unirse a estos fosfolípidos y ser después reconocida por el receptor SR.
2. Modificación de los hidratos de carbono de membrana por pérdida de ácido siálico, que también facilita su reconocimiento por macrófagos.
3. Se ha descrito la aparición de nuevas proteínas como los receptores para vitronectina y trombospondina que serían reconocidos por los macrófagos que reconocen los cuerpos apoptóticos.

15.3.4. Fases de la apoptosis

Un proceso apoptótico se puede dividir en las siguientes fases:

1. Especificación de las células que van a morir, también se le llama *toma de decisión* o *compromiso*.
2. Mecanismo de muerte o ejecución en el que se pone en marcha todo el proceso.

3 Fagocitosis.
4. Degradación de los restos.

Obviamente, en los modelos apoptóticos desarrollados en células cultivadas no se dan las dos últimas. En la primera etapa se situarían todos los elementos reguladores del proceso de apoptosis que actúan antes de las proteasas. La activación de las proteasas, auténticos ejecutores del proceso, marcaría el inicio de la segunda etapa. Es muy importante diferenciar las moléculas que inician o deciden el proceso de las que actúan en puntos corriente abajo en la cascada de muerte celular y que no tienen capacidad decisoria, pese a que su bloqueo pueda determinar la anulación del proceso de apoptosis.

15.3.5. Factores inductores y factores de control de la apoptosis

Es muy posible que las condiciones que promueven apoptosis sean muy diferentes dependiendo de cada tipo celular. Sin embargo, se puede considerar la apoptosis como un proceso en el que actúan dos tipos de factores: factores extracelulares (factores de inducción) y factores intracelulares (factores de control).

Los factores extracelulares que inducen apoptosis pueden ser de diferentes tipos:

1. Hormonas (por sus cambios).
2. Factores de crecimiento (por su presencia o ausencia).
3. Otras moléculas que se unen a receptores de membrana.

Por ejemplo, la ecdisona está implicada en los procesos apoptóticos que conlleva la muda en insectos, y, en mamíferos, la supervivencia de ciertas células prostáticas depende de los niveles de testosterona. Otros factores exógenos como sustancias externas (toxinas, carcinógenos, drogas quimioterapéuticas...) y agentes físicos (radiación...) también deben ser considerados.

Los factores intracelulares serían moléculas responsables de decidir si la apoptosis se lleva a cabo o no y, obviamente, han de ser parte del mecanismo que disparan las señales extracelulares. Es muy probable que, aunque los factores extracelulares sean distintos, las moléculas intracelulares puedan ser bastante comunes en muchos casos. En este sentido, es decir, en relación con el control de la regulación de apoptosis a nivel intracelular, parece que la molécula más importante es bcl-2, sin menoscabo del papel en el control de la apoptosis que pueden jugar otras moléculas ya vistas como Rb, p53, ras y algunas caspasas (especialmente 2, 8 y 10).

Familia bcl-2. Bcl-2 es el acrónimo de B-cell linfoma/leucemia gen 2. Se llegó a descubrir porque aparecía traslocado y continuamente activado en linfomas de tipo B. Esto conducía a una sobreexpresión de bcl-2 y conllevaba una prolongación de la supervivencia celular. Ratones knock-out para bcl-2 sobrevivían bien, por lo que se pensó que podría haber otros relacionados. Efectivamente, bcl-2 es el miembro más representativo de una familia de, al menos, 15 proteínas diferentes que se pueden agrupar en dos clases. Una clase de homólogos a bcl-2 como bcl-x_L, bfl-1, mcl-1, A1 y algunas proteínas virales que suprimen apoptosis y otra clase que promueve sensibilidad a la apoptosis como Bax, Bad, Bak, bcl-x$_S$... En *Caenorhabditis elegans* su homólogo es ced-9. Bcl-2 actúa en numerosos modelos de apoptosis, lo que sugiere que es una molécula importante, o quizás la más importante, en las tomas de decisión de los programas de supervivencia celular, entendiendo que la función de bcl-2 es más la de un regulador positivo de la supervivencia que la de un estimulador de proliferación.

Bcl-2 es una proteína de 25 kDa, anclada en membrana mitocondrial externa principalmente, pudiendo aparecer en retículo y membrana nuclear externa. Para funcionar ha de formar un dímero (homo o heterodímero) con otros miembros de su familia. La proporción de unos miembros y otros determinará la formación de dímeros que promueven apoptosis o que la inhiben; por ejemplo, bcl-2/Bax predomina en células resistentes a apoptosis y Bax/Bax lo hace en las susceptibles. Bax fue el segundo miembro identificado de la familia bcl-2. Tiene 21 kDa y también aparece en membrana mitocondrial. Puede interaccionar con bcl-2 y en ensayos funcionales, elimina la capacidad de bcl-2 para suprimir apoptosis previa dimerización. Por tanto, la cantidad relativa de los miembros de una u otra familia parece crucial en la toma de decisón entre apoptosis y supervivencia. Esta proporción parece depender de señales externas que afectan a la regulación de los miembros de la familia bcl-2.

La función de bcl-2 es controvertida y se ha sugerido un papel de anulación para especies reactivas de oxígeno que se generan de modo abundante en algunos modelos de muerte celular; pero su capacidad para inhibir apoptosis en condiciones casi anaeróbicas sugieren que esto podría ser una consecuencia y no una función primaria. En los últimos años, la homología estructural entre bcl-2 y las toxinas bacterianas que forman poros ha conducido a pensar que su papel en apoptosis puede estar relacionado con la inhibición de la liberación del citocromo c. Proteínas, tales como el citocromo c, que inducen apoptosis mediante redistribución citoplásmica (vía canales) y una subsecuente activación de caspasas podrían ser retenidas por bcl-2. Esta retención del citocromo c por bcl-2 parece ser la clave de su función pues la adición de citocromo c al citosol determinaba apoptosis aun cuando hubiese altos niveles de bcl-2. El mecanismo exacto que modula la liberación del citocromo c no es todavía conocido del todo; no obstante, se sabe que bcl-2 es susceptible de ser fosforilado en Ser y esto le hace perder su funcionalidad. Otra función sugerida para bcl-2 ha sido la inactivación de caspasas, proponiendo que bcl-2 reconocería y secuestraría a Apaf-1 imposibilitando de este modo la activación de la caspasa-3 (ver apartado 15.3.3C).

La sobreexpresión de bcl-2 no sólo se ha demostrado en linfomas, también ocurre en la mayoría de los tumores de mama y en numerosos casos de tumores de pulmón y colon, donde parece cooperar con c-myc y ras. La selección negativa de Bax, proteína miembro de la familia bcl-2, funcionalmente antagónica pues promueve apoptosis, también parece implicada en tumores de colon. Por ello, desde el punto de vista terapéutico, la inhibición de bcl-2 puede ser una estrategia antitumoral interesante.

15.3.6. Modelos de apoptosis

Existe un alto número de modelos tanto naturales como de diseño experimental para estudiar el mecanismo de apoptosis.

Uno de los modelos naturales más estudiados es el que presenta *Caenorhabditis elegans,* nematodo de 1.090 células de las que 131 sufren muerte programada. La especificación de las células que van a sufrir apoptosis parece venir determinada desde el origen de la célula, pues las que van a morir son más pequeñas desde la mitosis que las genera. Se piensa que la marca de muerte les viene del ancestro y no por efecto de las células vecinas, pero el marcado es distinto dependiendo del tipo de célula; por ejemplo, la expresión de los genes ces-1 y ces-2 (*cell death specification*) marca en faringe y el egl-1 (*egg laying defective*) a neuronas; mutaciones en estos genes previenen de la muerte. En cualquier caso, la responsabilidad del inicio del proceso recaería sobre unas determinadas condiciones del entorno celular que activarían una o varias vías de transducción, obteniendo una respuesta integrada que terminaría activando un programa genético de muerte celular. Algunas de las proteínas implicadas en la apoptosis de *C. elegans* son homólogas a las descritas en mamíferos; por ejemplo, ced-9 es el homólogo de bcl-2 y ced-3 y ced-4 lo son de caspasa 3 y Apaf-1 respectivamente.

Existen otros modelos como el de metamorfosis de la polilla nocturna donde la especificación viene dada por una bajada general de la hormona 20-OH-ecdisona acompañada de señales específicas para cada tejido; por ejemplo, los músculos que han de atrofiarse son, además, señalizados por la liberación de la hormona de eclosión que actúa vía GMPc y las neuronas lo son por estimulación de otras neuronas que contactan con ellas. El mecanismo de la destrucción de timocitos es también uno de los más estudiados. Los timocitos cuyo receptor T reconoce a proteínas propias son destruidos (selección clonal negativa) por apoptosis probablemente por la unión de este receptor a una proteína propia; este es un mecanismo muy importante pues se cree que alrededor del 95% de los timocitos T muere sin salir del timo debido a lo que se puede considerar como una expresión inapropiada de receptores T. Otro modelo de estudio interesante se lleva a cabo en la próstata de rata; en este órgano, muerte y proliferación celular han de estar en equilibrio para mantener el tamaño normal de la glándula. Esta glándula se reduce hasta un 85% de su tamaño a las dos semanas postcastración por muerte celular de tipo apoptosis; si se inyectan andrógenos, la glándula recupera su tamaño normal. En este caso la responsabilidad del inicio de muerte celular parece ser el nivel de andrógenos y en la célula podría estar implicada la proteína TRPM-2 (mensaje prostático reprimido por testosterona). TRPM-2 o clusterina aparece en células prostáticas después de castración, aunque no se excluye que también actúe en apoptosis de tejidos que pudiesen estar controlados hormonalmente.

15.4. Apoptosis inducida experimentalmente

Existe un buen número de modelos experimentales que inducen apoptosis, aunque la mayoría de los agentes que se usan para ello inducen necrosis a altas concentraciones. Por otro lado, los mecanismos de inducción no son generales, o sea, algunos inducen apoptosis en unas estirpes celulares pero no en otras.

Los agentes inductores se pueden agrupar en:

1. Agentes físicos: frío, hipertermia, radiación UV, X, β, γ...
2. Metales: Zn.

3. Hormonas: glucocorticoides, hormonas sexuales...
4. Agentes biológicos: TGF β1, TNFα, IL-3, IL-6, supresión de factores de crecimiento...
5. Xenobióticos: etanol, metanol, DMSO, H_2O_2, azida sódica, ionóforos de Ca^{2+}, ácido retinoico, tetracloruro de carbono, aflatoxina, ésteres de forbol...
6. Productos anticancerosos como vincristina, ara A, cisplatino, etopóxidos, camptotecina, metotrexato...

15.5. Virus y apoptosis

La relación tan estrecha que los virus mantienen con los sistemas moleculares que inducen apoptosis es lógica, pues al virus, como parásito, no le interesa que la célula que parasita haga apoptosis. En este sentido, es muy interesante estudiar las estrategias que los virus han desarrollado para inhibir los mecanismos de apoptosis. Se sabe que, al menos, los virus han desarrollado las siguientes estrategias:

a) Los virus, al menos el de Epstein-Barr (EBV), poseen una proteína análoga a bcl-2, BHRF-1, que puede bloquear apoptosis.
b) El EBV también posee un regulador que hace que la célula infectada sobreexprese bcl-2.
c) Algunos virus bloquean p53.
d) En algunos casos pueden inactivar caspasas. La proteína Crm A y la p35, producidas por el virus de la viruela bovina y por baculovirus respectivamente, son ejemplos de ello.

15.6. Justificación evolutiva de la existencia de la apoptosis

Teniendo en cuenta el papel importante que bcl-2 desarrolla en el control y regulación del proceso de apoptosis se ha sugerido que todo este mecanismo de muerte puede haber derivado del origen simbióntico mitocondrial. Las bacterias endosimbiónticas podrían haber contenido moléculas letales para la célula hospedadora; por ello, la célula se habría visto obligada a controlar los intercambios entre mitocondria y citosol. Es posible que, en los eucariotas unicelulares (no hacen apoptosis), el daño mitocondrial provoque la liberación de estas moléculas en el citoplasma; sin embargo, los pluricelulares (si hacen apoptosis) parecen haber desarrollado estrategias para controlar esta liberación y aprovechar los productos liberados como efectores de las vías que conducen hacia la apoptosis.

Por otra parte, la comparación de los mecanismos de apoptosis que presentan mamíferos y *C. elegans* demuestra una alta analogía, lo que hace pensar que dichos mecanismos se han conservado en la evolución. Es lógico pensar que la conservación de un proceso biológico determinado sea una muestra de la importante funcionalidad del mismo y, en este sentido, ya ha quedado demostrado anteriormente que la apoptosis cumple un importantísimo papel funcional. Los seres vivos más evolucionados, además de la apoptosis poseen otros mecanismos de muerte celular, como la inducida por linfocitos Tc o la destrucción de células tumorales. El estudio en conjunto de todos los mecanismos de muerte demuestra bastantes analogías entre unos y otros. Parece que esto es probablemente debido a un caso de convergencia entre mecanismos de destrucción celular, de modo que en algunos o en bastantes procesos se usan herramientas biológicas parecidas (caspasas). No es posible saber cuál de estos mecanismos (apoptosis, destrucción por linfocitos Tc, o destrucción de células tumorales) es el principal responsable y en qué grado el resto de mecanismos habría aprovechado y modificado parcialmente herramientas ya existentes. Probablemente sea anterior la apoptosis pues la respuesta inmune en nematodos no está muy desarrollada y, sin embargo, su mecanismo apoptótico es muy parecido al de vertebrados.

15.7. Apoptosis y cáncer

Cáncer y apoptosis han de mantener una relación inversa estrecha. La toma de decisión de apoptosis por parte de una célula puede evitar la malignización de ésta y, por tanto, la aparición de tumores. Esto hace que la apoptosis puede ser contemplada como un importante mecanismo antitumoral. En este sentido, si consideramos que un tumor puede aparecer cuando la tasa de proliferación es mayor que la de muerte celular, el reajuste de la tasa de muerte por apoptosis conduciría a evitar la posible aparición del tumor. El tubo digestivo ofrece un ejemplo interesante de esta relación entre apoptosis y tumores. El intestino delgado prolifera muy rápido y presenta menor índice de tumores que el intestino grueso que prolifera más lentamente. El tratamiento experimental con carcinógenos demostró que la apoptosis en el intestino delgado se producía en las zonas bajas (zonas proliferativas), pero en el intestino grueso tenía lugar en las zonas altas de la vellosidad; esto podía hacer que en el intestino grueso algunas células proliferativas acumulasen mutaciones y se malignizasen. Además de este ejemplo, existen otros datos que demuestran esta estrecha relación entre apoptosis y la prevención de carcinogénesis:

1. El TPA, éster de forbol, es un agente tumoral e inhibe apoptosis (vía activación PKC).
2. El ácido ocadaico, agente tumoral, inhibe apoptosis (vía inhibición fosfatasas).
3. Al igual que en el caso de los virus, las células tumorales también desarrollan estrategias para evitar la apoptosis. Por ejemplo, algunos linfomas de células B expresan altamente bcl-2 y también se ha sugerido que la resistencia de algunos tumores a la quimioterapia podría estar relacionada con la pérdida de expresión de Bax (antagoniza el efecto de bcl-2). La inactivación de p53 podría hacer escapar de apoptosis a células tumorales; de hecho, se dice que entre el 50 y 70% de los tumores podrían estar causados por un mal funcionamiento de p53. Este último dato ha de considerarse con sumo cuidado pues conviene en cada caso determinar correctamente la causa y el efecto; piénsese que si bien es innegable el efecto causal de la mutación de p53 en algunos tumores, también es innegable que su posible inactivación o mal funcionamiento pueda ser un efecto en otros casos.

Esta relación ha hecho pensar en utilizar algunas de las herramientas o reguladores apoptóticos como estrategia de prevención antitumoral; por ejemplo, la inactivación de bcl-2 o la activación de Bax entre otros.

15.8. Apoptosis en plantas

La apoptosis es un proceso bastante generalizado en plantas y de tal importancia que puede considerarse, al igual que para los animales, absolutamente esencial para la supervivencia de éstas. El aspecto mecanístico de la apoptosis no parece ser muy distinto al que ocurre en animales; sin embargo, en plantas no hay fagocitosis de las células muertas e incluso en algunos casos estas células muertas o lo que queda de ellas es de vital importancia; por ejemplo, xilogénesis.

Aun cuando existen bastantes casos y ejemplos de la implicación de procesos de apoptosis en plantas consideraremos sólo los siguientes:

1. Xilogénesis. Las células mueren y la oquedad generada sirve como sistema de conducción.
2. Reproducción. En el maíz la determinación sexual implica la muerte selectiva de los primordios femeninos si se van a generar estambres (flor masculina). La señal podría ser alguna molécula de tipo esteroideo. En el avance del tubo polínico se cree que las células que mueren cumplen dos funciones: mecánica, al generar un hueco para el avance, y nutritiva.
3. Senescencia. La apoptosis ocurre en algunas partes de la planta como hojas, pétalos, frutos... Los procesos no son bien conocidos pero se ha demostrado la participación de proteínas análogas a las caspasas o Ced-3.
4. Protección. En algunos casos de infección por patógenos se produce una respuesta rápida que implica muerte celular seguida de deshidratación. Este mecanismo recibe el nombre de *respuesta HR* (respuesta hipersensitiva) y sirve para limitar el crecimiento del patógeno. La HR se dice que es una forma de apoptosis en la que es necesaria síntesis activa de productos, que puede ser inducida por harpinas (factores bacterianos) y donde la participación del H_2O_2 es importante aunque no única.

15.9. Necrosis

La necrosis o muerte accidental suele acontecer cuando una célula se encuentra de modo repentino ante condiciones extremas no fisiológicas. Esto determina de modo inmediato una pérdida de control del flujo iónico, entrada de agua y rotura celular. El hinchamiento mitocondrial es típico de este tipo de muerte, al igual que les sucede a los lisosomas, que también terminan rompiéndose y esparciendo sus enzimas por el citoplasma de la célula (figura 15.1). Este tipo de muerte suele afectar a grupos contiguos de células y suele llevar asociada una respuesta inflamatoria debido a los restos celulares que van a quedar en las inmediaciones de las células viables restantes. En general, muestra bastantes diferencias con la apoptosis (cuadro 15.1).

CUADRO 15.1
Diferencias entre necrosis y apoptosis

Características	Necrosis	Apoptosis
Tipo de muerte	Catastrófica	Programada
Modo	Pasivo	Activo (ATP dependiente)
Volumen celular	Aumenta	Disminuye
Densidad celular	Disminuye	Aumenta
Lisis de membrana plasmática	Al principio	Al final
Hidrólisis de ADN	Al final	Temprana
Orgánulos	Lisados	Compactos
Respuesta inflamatoria	Sí	No

Además de las diferencias enumeradas en esta tabla es necesario considerar que la necrosis es el resultado de un déficit funcional en el organismo; sin embargo, la apoptosis acontece con el fin de mejorar la función del mismo.

Las causas de la necrosis suelen ser muy variadas, por ejemplo: hipertermia, hipoxia, isquemia, ataque del complemento, envenenamiento metabólico y trauma directo.

Bibliografía

- *Libros consultados y recomendables*

Alberts, B.; Bray, D.; Lewis, J.; Raff, M.; Roberts, K. y Watson, J.D. (1994): *Molecular Biology of the Cell*. Garland. 1996, Omega (versión en castellano).

Alberts, B.; Bray, D.; Johnson, A.; Lewis, J.; Raff, M.; Roberts, K. y Walter, P. (1997): *Essential cell biology*. Garland. 1999, Omega (versión en castellano).

Avers, Ch.J. (1991): *Biología Celular*. Grupo Editorial Iberamericano.

Berkaloff, A.; Bourguet, J.; Favard, P. y Lacroix, J. C. (1981): *Biología y Fisiología Celular* (4 vols.). Omega.

Cooper, G. M. (1997): *The Cell. A molecular approach*. ASM Press-Sinauer Associates.

Darnell, J.; Lodish, H. y Baltimore, D. (1993): *Biología Celular y Molecular*. Omega.

De Duve, C. (1989): *La célula viva*. Labor.

De Robertis, E. D. P. y De Robertis, E. M. F. (1986): *Biología Celular y Molecular*. El Ateneo.

De Robertis, E. M. F., Hib, J. y Ponzio, R. (1996): *Biología Celular y Molecular*. El Ateneo.

De Robertis, E. M. F. y Hib, J. (1998): *Fundamentos de Biología Celular y Molecular*. El Ateneo.

Fawcett, D. W. (1966): *The Cell. Its organelles and inclusions. An atlas of fine structure*. Saunders Company.

Fernández, B. y Muñiz, E. (1987): *Fundamentos de Biología Celular*. Síntesis.

Ferrer, J. R. (1997): *Las células de los tejidos vegetales*. Vedrá.

Junqueira, L. C. y Carneiro, J. (1997): *Biología Celular y Molecular*. McGraw-Hill Interamericana.

Karp, G. (1998): *Biología Celular y Molecular*. McGraw-Hill Interamericana.

Maillet, M. (1995): *Citología*. Masson.

Paniagua, R. (1999): *Biología Celular*. McGraw-Hill Interamericana.

Peinado, M. A.; Pedrosa, J. A.; Aranda, F.; Martínez, M. y Ríos, A. (1996): *Biología Celular*. Universidad de Jaén.

Rhodin, J. A. G. (1966): *Atlas de ultraestructura (Microscopía electrónica de células y tejidos)*. Editorial Científico-Médica.

Roland, J. C.; Szöllösi, A. y Szöllösi, D. (1976): *Atlas de Biología Celular*. Toray-Masson.

Sadava, D. E. (1997): *Biologia Cellulare*. Zanichelli.

Sheeler, P. y Bianchi, D. E. (1993): *Biología Celular. Estructura, Bioquímica y Función*. Limusa.

Smith, C. A. y Wood, E. J. (1997): *Biología Celular.* Addison-Wesley Iberoamericana.

Wolfe, S. L. (1977): *Biología de la célula*. Omega.

- *Revistas consultadas y recomendables*

— *Annual Review of Cell Biology*
— *Annual Review of Cell Biology and Development*
— *BioEssays*
— *Cell*
— *Current Biology*
— *Current Opinion in Cell Biology*
— *Investigación y Ciencia*
— *Journal of Cell Biology*
— *Mundo Científico*
— *Nature*
— *Nature Cell Biology*
— *Science*
— *Trends in Cell Biology*

Abreviaturas y acrónimos

A	Adenina
AA	Ácido araquidónico
ABP	Proteína de unión a actina (*actin binding protein*)
ACTH	Hormona adrenocorticotrófica
ADN	Ácido desoxirribonucleico
AGP	Proteína con arabinogalactano
AIF	Factor inductor de apoptosis
AMP, ADP, ATP	Adenosina-5'-mono-, di- y trifosfato
AMPc	Adenosín monofosfato cíclico
ANP	Péptidos natriuréticos atriales
Apaf	Factor de apoptosis que activa proteasas
APC	Célula presentadora de antígeno
APP	Proteína precursora amiloide
APS	Adenosina 5'-fosfosulfato
ARF	Factor de ADP-ribosilación (GTPasa monomérica)
ARN	Ácido ribonucleico
ARNm	Ácido ribonucleico mensajero
ARNr	Ácido ribonucleico ribosómico
ARNt	Ácido ribonucleico transferente
C	Citosina
CAM	Molécula de adhesión celular (*cell adhesion molecule*)
CC	Complejo central (forma parte del RC)
CDI	Proteína inhibidora de los complejos ciclina-CDK
CDK	Kinasa dependiente de ciclina
CGN	Cisterna cis del aparato de Golgi (*cis-Golgi network*)
CMP, CDP y CTP	Citidina mono-, di- y trifosfato
CoA	Coenzima A
COMT	Centro organizador de microtúbulos
COP	Proteína de revestimiento de vesículas (*coat protein*)
CSF- GM	Factor estimulador de colonias granulocito-monocito
CSF-M	Factor estimulador de colonias de macrófagos
CURL	Vesícula de desacoplamiento del complejo ligando-receptor
Da	Dalton
DAG	Diacilglicerol
DMSO	Dimetilsulfóxido

DNP	Dinitrofenol
DPG	Difosfatidilglicerol o cardiolipina
EGF	Factor de crecimiento epidérmico
ERK	Kinasa regulada por señal extracelular o MAPK
ES	Superficie exoplásmica de la membrana
FAD, FADH₂	Flavín-adenín-dinucleótido y su forma reducida
FAK	Kinasa de adhesión focal
Fd	Ferredoxina
FGF	Factor de crecimiento fibroblástico
FMN, FMNH₂	Flavín mononucleótido y su forma reducida
FSH	Hormona estimulante del folículo
G	Guanina
GAG	Glucosamínglucano
GAP	Gliceraldehído 3-fosfato
GAP	Proteínas activadoras de GTPasa
GEF	Factor intercambiador de GDP por GTP
GFAP	Proteína gliofibrilar ácida
GH	Hormona de crecimiento
GIP	Poro de importación general
GMP, GDP y GTP	Guanosina mono-, di- y trifosfato
GMPc	Guanosín monofosfato cíclico
GRP	Proteína regulada por glucosa (tipo de HSP)
GRP	Proteína rica en glicina
HDL	Lipoproteína de alta densidad
HGF	Factor de crecimiento de hepatocitos
HRGP	Glucoproteína rica en OH-prolina o extensina
HSC	HSP expresada constitutivamente
HSE	Región de ADN donde se une el HSF
HSF	Factor de regulación de transcripción de HSP
HSP	Proteína de choque térmico
IC	Índice centromérico
ICE	Enzima convertidora de IL-1β
IFAP	Proteína asociada a filamento intermedio
IGF	Factor de crecimiento tipo insulina
IL	Interleucina
IP₃	Inositol trifosfato
KRP	Proteína relacionada con la quinesina
LDL	Lipoproteína de baja densidad (low density lipoprotein)
LH	Hormona luteinizante
LHC	Complejo captador de luz o complejo antena
LP	Lisofosfolípido
LPL	Lipasa lipoproteica
MAP	Proteína asociada a microtúbulo
MAPK	Kinasa de MAP (proteína activada por mitógenos) o ERK
MAPKAPK	Proteína kinasa activada por MAPK
MAPKK	Kinasa de la MAPK o MAP2K

MAPKKK	Kinasa de la MAP2K o MAP3K
MAPKKKK	Kinasa de la MAP3K o MAP4K
MEK	Kinasa de MAPK/ERK
MHC	Complejo mayor de histocompatibilidad
MPF	Factor promotor de mitosis o ciclina B-cdc2 o ciclina B-cdk1
MPR	Receptor de manosa-6-fosfato
NAD⁺, NADH	Nicotinamida-adenín-dinucleótido y su forma reducida
NADP⁺, NADPH	Fosfato de nicotinamida-adenín-dinucleótido y su forma reducida
NANA	N-acetilneuramínico o ácido siálico
NES	Señal de exportación nuclear
NGF	Factor de crecimiento neural
NLS	Señal de localización nuclear
NOR	Región organizadora nucleolar
NOS	Sintetasa del óxido nítrico
NRPTK	Proteína tirosina kinasa no receptora
NSF	Proteína de fusión sensible a la N-etilmaleimida
ORP	Proteína regulada por oxígeno (tipo de HSP)
PA	Ácido fosfatídico
PAK	Kinasa activada por p21
PPAR	Receptor activado por el proliferador de peroxisomas
PAPS	3'-fosfoadenosina 5'-fosfosulfato
PARP	Poli-ADP ribosa polimerasa
pb	Pares de bases
PC	Fosfatidilcolina
PC	Plastocianina
PCD	Muerte celular programada (*programmed cell death*)
PCNA	Antígeno nuclear de proliferación celular
PDGF	Factor de crecimiento derivado de plaquetas
PE	Fosfatidiletanol
PE	Superficie de fractura de la capa exoplásmica de la membrana
PEP	Fosfoenolpirúvico
PF	Superficie de fractura de la capa protoplásmica de la membrana
PG	Fosfatidilglicerol
PGA	3-fosfoglicerato
PI	Fosfatidilinositol
Pi	Fósforo inorgánico
PI₃K	Kinasa del 3'-fosfatidilinositol
PIP₂	Fosfatidil inositol difosfato
PK	Proteína kinasa
PKA	Proteína kinasa A
PK-ADN	Proteína kinasa dependiente de ADN
PKC	Proteína kinasa C
PKCaM	Proteína kinasa dependiente de Ca^{2+}-Calmodulina
PKCaMK	Proteína kinasa de la PKCaM
PKG	Proteína kinasa G
PLA, PLC, PLD	Fosfolipasas A, C y D

Pm	Peso molecular
PQ, PQH₂	Plastoquinona y su forma reducida
PR	Prolactina
PRP	Proteína rica en prolina
PRS	Partícula de reconocimiento de señal
PS	Fosfatidilserina
PS	Superficie protoplásmica de la membrana
PS I	Fotosistema I
PS II	Fotosistema I
PTAC	Complejo de direccionamiento al poro nuclear
PTK	Proteína tirosina kinasa
PTP	Proteína tirosina fosfatasa
PTS	Señal de direccionamiento al peroxisoma
RC	Centro de reacción del fotosistema
RE	Retículo endoplásmico
REL	Retículo endoplásmico liso
RER	Retículo endoplásmico rugoso
RNP	Complejos de ARN y proteína
RNP	Relación núcleo-plasmática
RuBP	Ribulosa 1,5-difosfato
S	Svedberg (unidad de medida del coeficiente de sedimentación)
SAP	Proteína activada por estrés
SCE	Intercambio entre cromátidas hermanas
SED	Sistema endocrino difuso
SH	Homólogo de src
SM	Esfingomielina
SNAP	Proteína soluble de unión de las NSF
SNARE	Receptor de SNAP
SODM	Superóxido dismutasa
SREBP	Proteína de unión a elementos reguladores de esteroles
T	Timina
TGF	Factor de crecimiento transformante
TGN	Cisterna trans del aparato de Golgi (*trans-Golgi network*)
TIM	Translocador de membrana interna mitocondrial
TMP, TDP y TTP	Timidina mono-, di- y trifosfato
TNF	Factor de necrosis tumoral
TOM	Translocador de membrana externa mitocondrial
TPA	Éster de forbol (*tetradecanoyl phorbol acetate*)
TRPM	Mensaje prostático reprimido por testosterona
TSH	Hormona estimulante del tiroides
U	Uracilo
UMP, UDP y UTP	Uridina mono-, di- y trifosfato
UQ, UQH₂	Ubiquinona o coenzima Q y su forma reducida
UV	Ultravioleta
VEGF	Factor de crecimiento vásculo-endotelial
VLDL	Lipoproteína de muy baja densidad

Índice de términos